21世纪高等学校计算机教育实用规划教材

大学计算机

——思想、架构与硬件

刘兴长 樊友洪 马静恒 李娜 编著

清华大学出版社
北京

内容简介

计算机基础素质教学是大学公共基础教育的重要组成部分。本书试图从思想、架构、硬件几个角度，揭开隐藏在计算机背后的结构组成和工作原理。

全书共7章，涉及设计思想、信息编码方法、基础架构、系统工作原理、实际硬件、应用领域等相关知识。

本书以通俗易懂的语言阐述有关计算机的知识，适合作为高等院校非计算机、非自动化类专业计算机基础教学的教材，也可作为计算机爱好者的入门读物。

图书在版编目(CIP)数据

大学计算机：思想、架构与硬件/刘兴长等编著. —北京：清华大学出版社，2016（2018.8重印）

21世纪高等学校计算机教育实用规划教材

ISBN 978-7-302-44919-5

Ⅰ. ①大… Ⅱ. ①刘… Ⅲ. ①电子计算机－高等学校－教材 Ⅳ. ①TP3

中国版本图书馆CIP数据核字(2016)第212903号

责任编辑：贾 斌 薛 阳
封面设计：常雪影
责任校对：梁 毅
责任印制：刘海龙

出版发行：清华大学出版社
网　　址：http://www.tup.com.cn，http://www.wqbook.com
地　　址：北京清华大学学研大厦A座　　**邮　　编**：100084
社 总 机：010-62770175　　**邮　　购**：010-62786544
投稿与读者服务：010-62776969，c-service@tup.tsinghua.edu.cn
质量反馈：010-62772015，zhiliang@tup.tsinghua.edu.cn
课件下载：http://www.tup.com.cn,010-62795954
印 装 者：北京建宏印刷有限公司
经　　销：全国新华书店
开　　本：185mm×260mm　　**印　张**：12.25　　**字　　数**：299千字
版　　次：2016年8月第1版　　**印　　次**：2018年8月第2次印刷
印　　数：2001～2100
定　　价：29.00元

产品编号：070856-01

出版说明

随着我国高等教育规模的扩大以及产业结构调整的进一步完善，社会对高层次应用型人才的需求将更加迫切。各地高校紧密结合地方经济建设发展需要，科学运用市场调节机制，合理调整和配置教育资源，在改革和改造传统学科专业的基础上，加强工程型和应用型学科专业建设，积极设置主要面向地方支柱产业、高新技术产业、服务业的工程型和应用型学科专业，积极为地方经济建设输送各类应用型人才。各高校加大了使用信息科学等现代科学技术提升、改造传统学科专业的力度，从而实现传统学科专业向工程型和应用型学科专业的发展与转变。在发挥传统学科专业师资力量强、办学经验丰富、教学资源充裕等优势的同时，不断更新教学内容、改革课程体系，使工程型和应用型学科专业教育与经济建设相适应。计算机课程教学在从传统学科向工程型和应用型学科转变中起着至关重要的作用，工程型和应用型学科专业中的计算机课程设置、内容体系和教学手段及方法等也具有不同于传统学科的鲜明特点。

为了配合高校工程型和应用型学科专业的建设和发展，急需出版一批内容新、体系新、方法新、手段新的高水平计算机课程教材。目前，工程型和应用型学科专业计算机课程教材的建设工作仍滞后于教学改革的实践，如现有的计算机教材中有不少内容陈旧（依然用传统专业计算机教材代替工程型和应用型学科专业教材），重理论、轻实践，不能满足新的教学计划、课程设置的需要；一些课程的教材可供选择的品种太少；一些基础课的教材虽然品种较多，但低水平重复严重；有些教材内容庞杂，书越编越厚；专业课教材、教学辅助教材及教学参考书短缺，等等，都不利于学生能力的提高和素质的培养。为此，在教育部相关教学指导委员会专家的指导和建议下，清华大学出版社组织出版本系列教材，以满足工程型和应用型学科专业计算机课程教学的需要。本系列教材在规划过程中体现了如下一些基本原则和特点。

（1）面向工程型与应用型学科专业，强调计算机在各专业中的应用。教材内容坚持基本理论适度，反映基本理论和原理的综合应用，强调实践和应用环节。

（2）反映教学需要，促进教学发展。教材规划以新的工程型和应用型专业目录为依据。教材要适应多样化的教学需要，正确把握教学内容和课程体系的改革方向，在选择教材内容和编写体系时注意体现素质教育、创新能力与实践能力的培养，为学生知识、能力、素质协调发展创造条件。

（3）实施精品战略，突出重点，保证质量。规划教材建设仍然把重点放在公共基础课和专业基础课的教材建设上；特别注意选择并安排一部分原来基础比较好的优秀教材或讲义修订再版，逐步形成精品教材；提倡并鼓励编写体现工程型和应用型专业教学内容和课程体系改革成果的教材。

（4）主张一纲多本，合理配套。基础课和专业基础课教材要配套，同一门课程可以有多本具有不同内容特点的教材。处理好教材统一性与多样化，基本教材与辅助教材，教学参考书，文字教材与软件教材的关系，实现教材系列资源配套。

（5）依靠专家，择优选用。在制订教材规划时要依靠各课程专家在调查研究本课程教材建设现状的基础上提出规划选题。在落实主编人选时，要引入竞争机制，通过申报、评审确定主编。书稿完成后要认真实行审稿程序，确保出书质量。

繁荣教材出版事业，提高教材质量的关键是教师。建立一支高水平的以老带新的教材编写队伍才能保证教材的编写质量和建设力度，希望有志于教材建设的教师能够加入到我们的编写队伍中来。

21世纪高等学校计算机教育实用规划教材编委会

联系人：魏江江 weijj@tup.tsinghua.edu.cn

前　言

1992年，作者在学习FORTRAN 77时第一次操作计算机，那时还是一个分时共享的小型计算机。2015年，作者参观了国防科技大学的“天河二号”的工作，虽然只是一部分，但也足够震撼。2016年，霍金提出的“突破摄星”(Breakthrough Starshot)计划中，仅有数克重的星芯片上携带着摄影、导航和通信等设备。计算机的发展如此迅猛。

实际上，自20世纪40年代以来，计算机就开始深刻地影响着科学与社会的发展。现今，人类社会已经进入信息社会，以计算机为中心的IT技术正在渗透到社会的各个角落——教育、科研、生活、生产……随着计算机逐步成为每一个人日常无法离开的工具，随着各种事务，无论是自然的还是人工的、经济的还是社会的，都被数字化而成为计算机处理的对象时，信息处理已经成为人们日常工作和生活的基本手段，掌握和驾驭计算机这一基本工具，已经成为现代公民适应信息时代所必需的基本素质。

虽然我国计算机发展起步较晚，但幸运的是，我们跟上了这个时代，计算机、互联网在我国已经普及。作为国民素质教育的主阵地，高等院校也十分重视计算机基础素质的教育。20世纪80年代，FORTRAN、ALGOL等编程语言开始进入高等院校的课堂；1997年，教育部高等教育司提出了计算机基础教学的“计算机文化基础—计算机技术基础—计算机应用基础”三个层次的课程体系；2006年，教育部高等教育司确立了“4领域×3层次”的总体架构，构建了“1＋X”的课程设置方案；2013年7月，教育部高等学校大学计算机课程教学指导委员会制订并发布了《计算思维教学改革白皮书》(征求意见稿)，计算思维教育开始受到重视。近几年，与计算思维相关的一批教材相继出版。但是，大部分教材忽略了计算思维的物质基础——计算机，或者仅以很少文字做简单描述。

另一方面，除了传统意义上的铁皮柜子、方形盒子，计算机也化身成为72变的孙悟空，各种形式、各种用途的计算机层出不穷。从超级计算机到个人台式计算机，再到智能手机和工厂测控设备，到处充斥着计算机的身影。这些都为计算机基础教学带来了困难，尤其对于非计算机、非自动化类专业的学生，如何在没有计算机相关专业基础课程背景下，快速有效地进行教与学，一直以来都让作者感到十分困惑。经过这些年的思考与实践，作者认为，抓住纷繁复杂的表象背后的内在逻辑，是计算机基础教育的关键，就像金庸先生笔下的独孤九式、太极剑法一样，只有抓住了事物本质，才能更好地使用它，对于计算机也是如此。这也是本书编写的初衷。

本书试图从历史中发现计算机的设计思想、从信息编码的角度看计算机如何实现与现实世界的对话、从基础架构角度抽丝剥茧地展现计算机的结构组成、从系统的角度阐述计算机的工作过程及原理、打开机箱展示实际硬件，从而循序渐进地展示计算机的基本结构和工作原理。

全书共分为 7 章，刘兴长负责第 1 章、第 2 章和第 7 章的编写，樊友洪负责第 3 章、第 4 章的编写，马静恒负责第 5 章、第 6 章的编写，李娜负责资料的收集与整理。

本书以通俗易懂的语言阐述有关计算机的知识，适合作为大学非计算机、非自动化类专业学生学习计算机的入门教材，学习过程中不需要相关专业基础课程的知识背景。本书将为大学生更好地掌握计算思维能力奠定物质基础，有助于他们更高效地使用计算机完成各类专业任务。

由于作者学识水平所限，书中难免存在不足之处，希望读者批评指正。

编　者

目　录

第1章 思想：历史串起的珍珠

1.1 从蛮荒走向文明：数与计算

文字是创造文明的关键因素，但对今日科技文明而言，数与计算可能具有更为关键的影响。

没有数与计算的族群部落，都无法精确地测量与管理，也无缘创造出探究科学技术所需的基本数学工具。但是，没有文字的族群部落，也可以有口耳相传的生活知识，有游唱诗人从事文学创作，有令人羡慕的工艺美术和音乐，甚至伦理规则、社会制度、统治阶层与神祇祭祀也都可以一应俱全。例如，遭遇西班牙人之前的中美印加帝国，已经是发展庞大的国家组织，但是没有文字；古中国的诗经和古希腊的伊利亚德，都是不识字或文字尚未普及时所作，事后由识字的人记录下来。

数的概念的形成可能与火的使用一样古老，大约是在30万年以前，它对于人类文明的意义也绝不亚于火的使用。人类先是产生了“数”的朦胧概念。他们狩猎而归，猎物或有或无，于是有了“有”与“无”两个概念。连续几天“无”兽可捕，就没有肉吃了，“有”、“无”的概念便逐渐加深。

后来，群居发展为部落，部落由一些成员很少的家庭组成。所谓“有”，就分为“1”、“2”、“3”、“多”等4种(有的部落甚至连“3”也没有)。任何大于“3”的数量，他们都理解为“多”或者“一堆”、“一群”，他们已经可以用双手说清这样的话(用一个指头指鹿，三个指头指箭)：“要换我一头鹿，你得给我三支箭。”这是他们当时的算术知识。

再后来，一些石器时代的狩猎者开始了一种新的生活方式——农耕生活。他们碰到了怎样记录日期、季节，怎样计算收藏谷物数、种子数等问题，甚至交纳租税的问题。这就要求数有名称，并且计数必须更准确些，只有“1”、“2”、“3”、“多”，已远远不够用了。同时，人们的10个指头已经不敷应用，开始采用刻痕记数、结绳记数。美索不达米亚(底格里斯河与幼发拉底河之间及两河周围)人在树木或者石头上(祭司则是写在松软的泥板上)刻痕画印来记录流逝的日子，用单画表示“1”，并用其他符号表示“十”或者更大的自然数，他们重复地使用这些单画和符号，以表示所需要的数字。这是世界上最早的自然数书写系统之一。现在可考的最早文字记录，是5000年前苏美尔人(最早美索不达米亚文明的创造者)遗留的泥板。这些泥板上的大部分文字其实是数字：它们几乎全是账本，上面写着采买、分配或管理的记录，例如，考古学家发现了当年某位铁匠赊欠了三头驴子。

公元前1500年，南美洲秘鲁印加族(印第安人的一部分)习惯于“结绳记数”——每收进一捆庄稼，就在绳子上打个结，用结的多少来记录收成。“结”与痕有一样的作用，也是用来表示自然数的。根据我国古书《易经》的记载，上古时期的中国人也是“结绳而治”，就是用在绳上打结的办法来记事表数。后来又改为“书契”，即用刀在竹片或木头上刻痕记数，用一画代表“1”。直到今天，我们中国人还常用“正”字来记数，每一画代表“1”。当然，这个“正”字还包含着“逢五进一”的意思。

早期记数系统还有：公元前3400年左右的古埃及象形数字；公元前2400年左右的巴比伦楔形数字；公元前1600年左右的中国甲骨文数字；公元前500年左右的希腊阿提卡数字；公元前500年左右的中国筹算数码；公元前300年左右的印度婆罗门数字以及年代不详的玛雅数字。

与此同时，随着数的概念的发展，逐渐出现了一些特殊的记数符号，形成数码。如古希腊的阿提卡数码和字母记数、罗马数码、中国的筹算记数与暗码、玛雅人的符号记数、印度-阿拉伯数码等。

公元3世纪，古印度的一位科学家巴格达发明了阿拉伯数字。最早的记数目大概至多到3，为了要设想“4”这个数字，就必须把2和2加起来，5是2加2加1，3这个数字是2加1得来的，大概较晚时候才出现了用手写的5指表示5这个数字和用双手的10指表示10这个数字。

公元500年前后，随着经济的发展、婆罗门文化的兴起，印度次大陆西北部的旁遮普地区的数学一直处于领先地位。天文学家阿叶彼海特在简化数字方面有了新的突破：他把数字记在一个个格子里，如果第一格里有一个符号，比如是一个代表1的圆点，那么第二格里的同样圆点就表示10，而第三格里的圆点就代表100。这样，不仅是数字符号本身，而且是它们所在的位置次序也同样拥有了重要意义。公元8世纪，印度出现了有零符号的最老刻版记录，当时称零为首那。

公元7—8世纪，随着地跨亚、非、欧三洲的阿拉伯帝国的崛起，阿拉伯人如饥似渴地吸取古希腊、罗马、印度等国的先进文化，大量翻译其科学著作。大约公元700年前后，阿拉伯人征服了旁遮普地区，他们吃惊地发现：被征服地区的数学比他们先进，于是设法吸收这些数字。公元771年，印度天文学家、旅行家毛卡访问阿拉伯帝国阿拔斯王朝(750—1258)的首都巴格达，将随身携带的一部印度天文学著作《西德罕塔》献给了当时的哈里发·曼苏尔(757—775)，曼苏尔命令翻译成阿拉伯文，取名为《信德欣德》。此书中有大量的数字，因此称为“印度数字”，原意即为“从印度来的”。由于印度数字和印度记数法既简单又方便，其优点远远超过了其他的计算法，阿拉伯的学者们很愿意学习这些先进知识，商人们也乐于采用这种方法去做生意。

后来，阿拉伯人把这种数字传入西班牙。公元10世纪，又由教皇热尔贝·奥里亚克传到欧洲其他国家。公元1200年左右，欧洲的学者正式采用了这些符号和体系。至13世纪，在意大利比萨的数学家斐波那契的倡导下，普通欧洲人也开始采用阿拉伯数字，15世纪时这种现象已相当普遍。那时的阿拉伯数字的形状与现代的阿拉伯数字尚不完全相同，只是比较接近而已，为使它们变成今天的1、2、3、4、5、6、7、8、9、0的书写方式，又有许多数学家花费了不少心血。

阿拉伯数字起源于印度，但却是经由阿拉伯人传向四方的，这就是后来人们误解阿拉伯数字是阿拉伯人发明的原因。

阿拉伯数字传入我国，是在13—14世纪。由于我国古代有一种数字叫“筹码”，写起来比较方便，所以阿拉伯数字当时在我国没有得到及时的推广运用。20世纪初，随着我国对外国数学成就的吸收和引进，阿拉伯数字在我国才开始慢慢使用。虽然阿拉伯数字在我国推广使用才有一百多年的历史，但是现在已成为人们学习、生活和交往中最常用的数字了。

今天，我们所应用的数系——自然数、整数、分数、小数、有理数、无理数、实数、虚数……已经构造得如此完备和缜密，以至于在科学技术和社会生活的一切领域中，它都成为基本的语言和不可或缺的工具。

人类发明数系的目的是为了计算，计算是人类内在的、本质的需求。

从4000年前开始，巴比伦和埃及人，为了土地丈量和税捐、交易等问题，发展了一些实用的数学。2500年前，希腊人毕达哥拉斯到这些地方游学之后，开创了自己的学派：纯粹以严格的轮回法则、先决假设和已证明的事实，证明出新结论的数学演绎风格。同时，出于在测绘、建筑、天文和各种工艺制作中的实际需求，希腊人利用长度、角度、面积和体积的经验原理，积累了平面几何的知识，欧几里得的《几何原本》集成了当时的成就。这些纯数学的发展，看似与计算并无直接关系，但是，较高的数学成熟度，可以引导后人有较多的知识来面对更难的计算问题，阿基米德的圆周率估计，即为代表之作。

公元9世纪，巴格达的数学家阿布·阿卜杜拉·穆罕默德·伊本·穆萨·花拉子密(Al Khwarizmi，约780—850)接受了印度数字，并用阿拉姆语编著了一本教科书，阐述了印度数字及应用方法，列举了加、减、乘、除、求平方根、计算圆周率、三角函数等方法，后来该书传到欧洲，推动了阿拉伯数字在欧洲的普及。

在之后的数学发展中，集合论、图论、数论、概率论、微积分……关于计算的理论在不断更新。同时，物理学、化学、生物学、地理学、经济学等科学的发展，仍然对计算不断地提出新的需求。计算不仅是数学的基础技能，而且是整个自然科学的工具。天文学研究组织需要计算来分析太空脉冲、星位移动；生物学家需要计算来模拟蛋白质的折叠过程，发现基因组的奥秘；药物学家想要研制治愈癌症或各类细菌与病毒的药物，医学家正在研制防止衰老的新办法；数学家想计算最大的质数和圆周率的更精确值；经济学家要分析计算在几万种因素下某个企业/城市/国家的发展方向从而宏观调控；工业界需要准确计算生产过程中的材料、能源、加工与时间配置的最佳方案。由此可见，人类未来的科学，时时刻刻离不开计算。

计算是人类发展永恒的主题。

1.2 黑暗中的思想火花：将思维注入机械

长期以来，人类的文明史就像一部工具进化史。通过制造刀斧弓箭、农耕机具、蒸汽机、电动机等工具，人类可以获取生存资源，更重要的是，这些工具使人类从繁重的体力劳动中得以解脱，物化延伸了人类的能力。同时，值得注意的是，工具的发明依赖于科技文明的进步，而计算对于科技文明的重要性，就像工具对于人类的重要性一样。

不可否认，计算是一项繁重的脑力劳动，尤其是那些烦琐的、重复的、复杂的计算。人类也一直不断地尝试发明计算工具，试图使人类自身从计算这种劳动中解放出来。随着生产的发展和社会的进步，计算工具也经历了从简单到复杂、从低级到高级的发展过程。

1.2.1 原始工具：辅助存储

1. 中国算筹

据史书记载和考古发现，算筹约始于周代，直至明代才被算盘代替。算筹实际上是一根根同样长短和粗细的小棍子，多用竹子制成，也有用木头、兽骨、象牙、金属等材料制成的，具体尺寸和形状，在各个朝代略有不同，到了魏晋期间，更是用颜色来代表正、负。

一定数量的算筹捆成一束，如汉代 271 枚算筹捆成六角形，隋代 216 枚算筹则捆为六角形乾策(正)、144 枚算筹捆为方形坤策(负)，成束的算筹放在算袋或算子筒里，系在腰部随身携带。需要记数和计算的时候，就把它们取出来，放在桌上、炕上或地上。

用算筹表示数，有纵式和横式两种方式：在纵式中，纵摆的每根算筹都代表 1，表示 6～9 时，则上面摆一根横的代表 5；横式中则是横摆的每一根都代表 1，其上面纵摆的一根代表 5，见图 1.1。如要表示一个多位数字时，即把各位的数字从左到右横列，各位数的筹式需要纵横相间，个位数用纵式表示，十位数用横式表示，百位、万位用纵式，千位、十万位用横式。

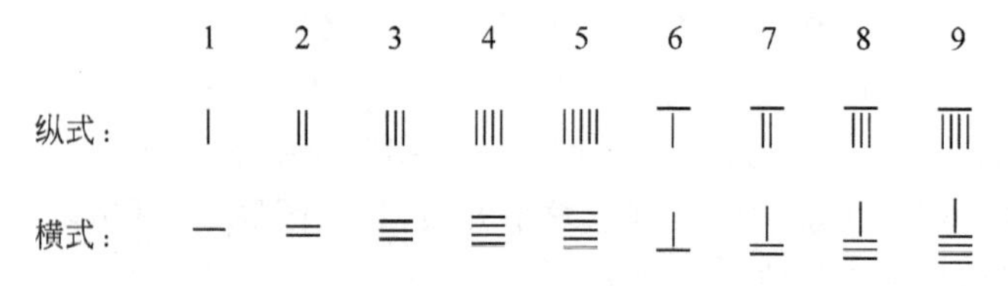

图 1.1 算筹的纵式和横式

使用算筹进行计算，称为筹算。计算时，使用者按照相关规则挪动、摆放算筹，即可完成计算。例如，算 49 乘 36 的步骤如图 1.2 所示，结果是 1764。

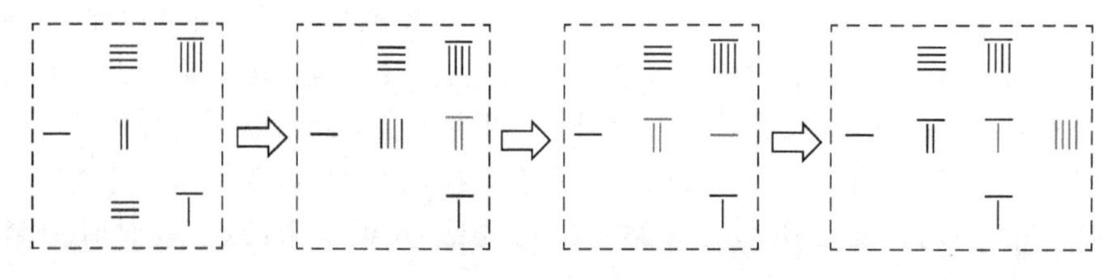

图 1.2 筹算示例

算筹在发明之初就已经有了快速准确的筹算加减法规则，而完整的乘法表也早在公元前 305 年的战国竹简中就出现了。中国人不仅用算筹计算正、负整数与分数的四则运算和开方，还利用其在算板上各种相对位置排列成特定的数学模式，用以描述某种类型的实际应用问题。《九章算术》给出了最大公约数筹算法、筹算联立一次方程法、筹算开立方法，其中第 3 章衰分术讲解了比例分配问题。《孙子算经》还涉及分数四则筹算法和筹算开平方法。北宋贾宪则发明了筹算增乘开立方法，能给百万数量级的大数精确开立方，并被南宋秦九韶推广，发展出了特定一元四次方程的解法。筹算的巅峰应用则出现在元代，朱世杰在《四元玉鉴·四象会元》中给出了特定四元高次方程组解法(图 1.3)，可用算筹逐次消元化为一元高次方程。

算筹对中国古代数学的发展功不可没，祖冲之用筹算"调日法"得到了精确到小数点后 7 位的圆周率，刘徽的《九章算术注》和《海岛算经》也离不开算筹的帮助，著名的中国剩余定理、精密的天文历法等都是利用算筹进行计算的。

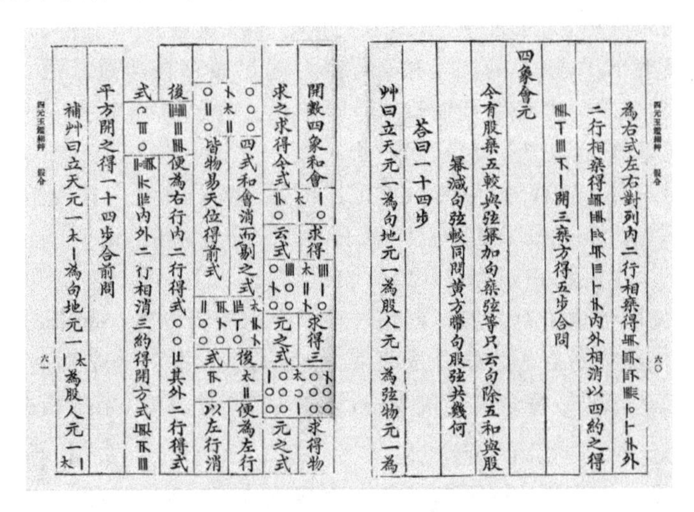
為右式左右對列內二行相乘得……外
二行相乘得……內外相消以四約之得
……開三乘方得五步合問
四象會元
今有股乘五較與弦冪加句乘弦等只云句除五和與股
冪減句弦較同問黃方帶句股弦共幾何
荅曰一十四步
艸曰立天元一為句地元一為股人元一為弦物元一為
開數四象和會……求得……求得三……求得物
求之求得今式……云式……元之式……元之式
四式和會消而剔之式……後……便為左行
皆物易天位得前式……式……以左行消
後……便為右行內二行得式……其外二行得式
式……內外二行相消三約得開方式……
平方開之得一十四步合前問
補艸曰立天元一……為句地元一……為股人元一……

图 1.3　朱世杰《四元玉鉴·四象会元》中的四元术

算筹也有严重缺点：运算时需要较大的地方摆算筹，位数越多，问题越难，需要摆的面积越大，用起来不大方便。另一个重要问题是运算过程不保留。

2. 古希腊算板和罗马算盘

西方最早的原始计算工具出现在公元前 2700—2300 年左右的苏美尔文明中，最初只是一个有横隔的泥板，摆上泥丸或者石子，按位累加，放满清空，并在下一列加 1，如图 1.4 所示。

到了古希腊时期，人们在板上刻上若干平行的线纹，上面放置小石子(称为“算子”)来记数和计算，这就是古希腊算板。19 世纪中叶在希腊萨拉米斯发现的一块一米多长的大理石算板，就是古希腊算板，现存在雅典博物馆中。算板一直是欧洲中世纪的重要计算工具，不过形式上差异很大，线纹有直有横，算子有圆有扁，有时又造成圆锥形(类似跳棋子)，上面还标有数码。

古罗马将前人的计算工具改良成便携的青铜工具，拉丁语称为“abacus”，也就是罗马式算盘，见图 1.5。罗马式算盘采用一种双五进制，横档上，上 1 珠每珠当 5，下 4 珠每珠当 1，例外的是最右两列：θ 列上 1 珠每珠当 6，下 5 珠每珠当 1，可以表示 0～11 的数字，专门用来处理罗马单位制中的十二进制。

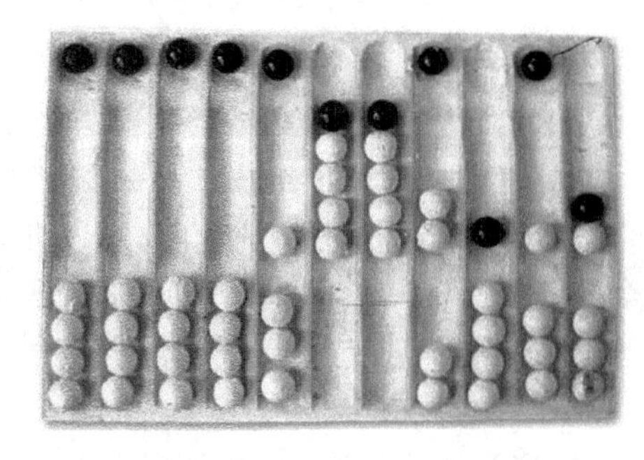

图 1.4　苏美尔文明中的计算工具

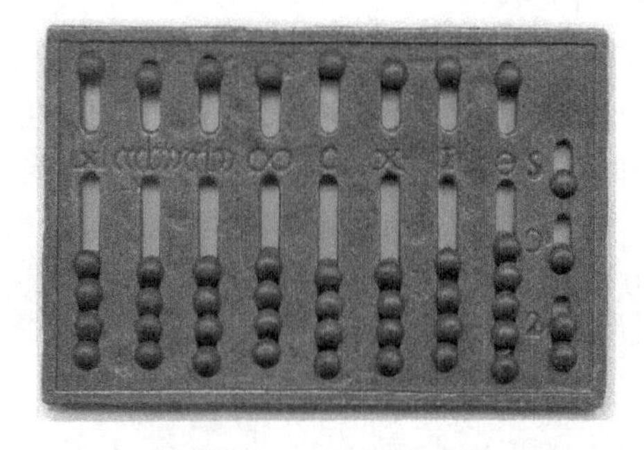

图 1.5　罗马式算盘(现藏伦敦科学博物馆)

3. 中国算盘

在算筹的使用过程中，为了便于记忆，人们把筹算规则编成口诀。口诀出现后，算筹原来存在的缺点就更突出了，口诀的快捷和摆弄算筹的迟缓存在严重矛盾。同时，算筹零散，携带麻烦且易丢失，摆放时容易错乱而造成计算错误。为了得心应手，人们在算筹的基础上创造出更加先进的计算工具——算盘。

中国算盘最早见载于东汉末年的《数术记遗》，是像罗马算盘一样的游珠算盘，到唐代改良为现在的串珠算盘。现存最早的算盘图像见于北宋张择端的《清明上河图》，卷左赵太丞家药铺柜台上有一个十五档一四算盘，和现代会计算盘几乎一样。

算盘用算珠(扁圆形珠子)代替算筹，用一根根小木棍将算珠穿起来，并将小木棍固定在木框上，中间一根横梁将所有小木棍分成两部分，每根小木棍的上半部有两个珠子，每个珠子当五，下半部有 5 个珠子，每个珠子代表一，见图 1.6。计算时，用手指拨动算珠代替移动算筹。

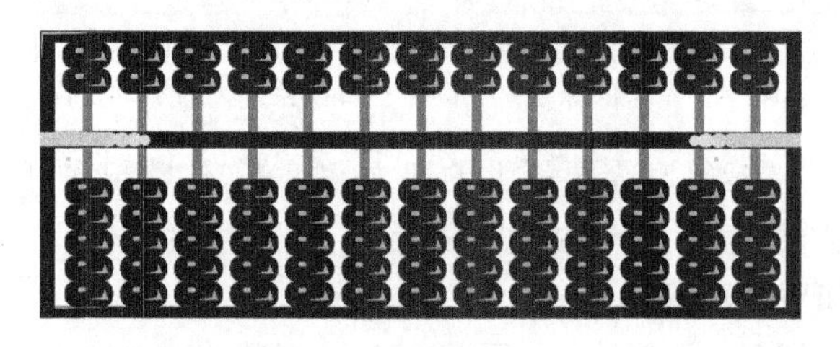

图 1.6　中国算盘

用算盘进行计算，称为珠算。珠算有对应四则运算的相应法则，统称珠算法则，为了便于掌握还将法则编成了口诀。在明代，珠算已相当普及，并且出版了不少有关珠算的书籍，其中流传至今，影响最大的是程大位(1533—1606)的《直指算法统宗》(1592)，他主张上法诀加法、退法诀减法、留头乘法、归除法、盘上定位法等。

除中国算盘外，还有日本算盘和俄罗斯算盘。日本算盘叫“十露盘”，和中国算盘不同的地方是，日本算珠的纵截面不是扁圆形而是菱形，尺寸较小而档数较多。俄罗斯算盘有若干弧形木条，横镶在木框内，每条穿着 10 颗算珠。

虽然关于算盘的发明一直存在争议，但无可争辩的事实是，算盘因它的灵便、准确、快速等优点，一直被普遍使用，即使在近现代社会，仍然有它的身影存在。我国在研制“两弹一星”时，大量的计算工作仍是依靠算盘完成的。

4. 计算尺

对于计算的苦恼，约翰·纳皮尔曾经说过：“在数学实践中，尤其对于亲爱的数学专业学生来说，没有什么比那些大数的乘法、除法、开平方和开立方更为恼人、给计算者造成更多麻烦和阻碍的了，它们不仅费时费力，一般而言还容易出错”。约翰·纳皮尔是一位富有的英格兰人，是莫奇斯顿城堡的第 8 代领主、神学家和著名的天文学家，还爱好数学。1614 年，纳皮尔从差和比之间关系的角度思考乘法计算，将一个等差数列与一个等比数列并排放置：

0	1	2	3	4	5	…
1	2	4	8	16	32	…

通过这种并排放置，为计算者找到了一种将乘法转变为加法的途径，他在爱丁堡出版了一本书，许诺“将数学计算中一直以来的困难一扫而光”，从而提出了对数的概念。可以看

出，对数是一种用作工具的数。采用对数，加法代替了乘法，减法代替了除法，乘法代替了求幂，从而降低了计算问题的求解难度。

亨利·布里格斯当时是伦敦格雷欣学院的第一位几何学教授，读过纳皮尔的书后，立即在当年夏天到纳皮尔家里进行了数周的研习。其后，布里格斯修订、扩展了必要的数列，并出版了一本他自己的书《对数算术》，在其中给出了各种应用实例。除了对数表，他还给出了部分年份的太阳赤纬表、已知经纬度时计算两地距离的方法，以及一张标明赤纬、极距和赤经的星图，此外还考虑了金融应用，给出了利率的计算规则。

1627 年，约翰内斯·开普勒开始运用对数整理了第谷·布拉赫辛苦积累的数据，完善了他的天体表。开普勒的表比他的中世纪前辈要精确得多，大概要精确 30 倍，正是这种精确性才使他有可能提出全新的日心说理论。从那时起一直到电子计算机出现以前，人类大部分的计算都是借助对数进行的。

纳皮尔的对数概念发表后不久，牛津的埃德蒙·甘特发明了一种使用单个对数刻度的计算工具，当和另外的测量工具配合使用时，可以用来做乘除法。1630 年，剑桥的 William Oughtred 发明了圆算尺，1632 年，他组合两把甘特式计算尺，用手合起来成为可以视为现代的计算尺的设备。1722 年，Warner 引入了 2-和 3-十进刻度，1755 年，Everard 导入倒数刻度。更现代的计算尺形式是由法国炮兵中尉 Amédée Mannheim 于 1859 年发明，大约也就是在那个时间，随着工程师成为受到承认的一种职业活动，计算尺在欧洲开始广泛使用。20 世纪 50—60 年代，计算尺是工程师身份的象征，如同显微镜代表了医学行业一样。

普通计算尺的样子像个直尺，由上下两条相对固定的尺身、中间一条可以移动的滑尺和可在尺上滑动的游标三部分组成，见图 1.7。游标是一个刻有极细的标线的玻璃片，用来精确判读。尺身和滑尺的正反面备有许多组刻度，每组刻度构成一个尺标。尺标的多少与安排方式是多种多样的，常用的是十对数刻度和倒数刻度标尺（用来进行乘除计算）。尺标上还有用于其他运算的函数刻度，包括常用对数、自然对数和指数函数刻度，有些计算尺包含一个毕达哥拉斯刻度，这是用来算三角形边的，还有算圆的刻度和计算双曲函数的刻度。为了满足不同的工程、商业和银行的计算需求，人们还发明了特殊的计算尺，即把常用计算直接用特殊刻度表示，例如，贷款计算、最佳买入数量或者特殊的工程方程。著名物理学家费米曾经为他的学生李政道制作过一个两米长的计算尺计算太阳中心温度，这大概是史上最长的计算尺了。

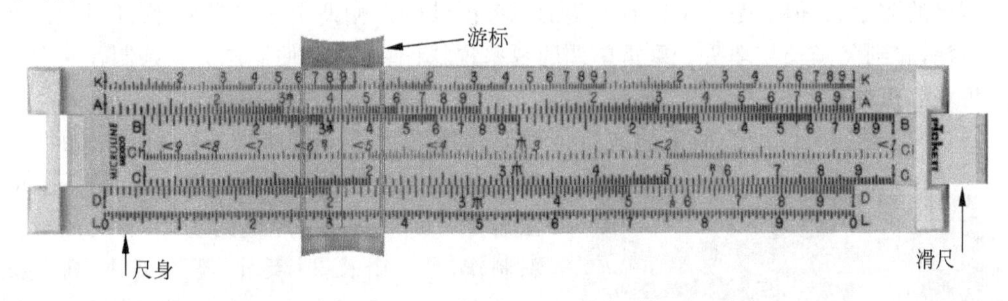

图 1.7　计算尺

把游标上的标线和其他固定尺上的刻度对齐，观察尺子上其他记号的相对位置，便能实现数学运算了。计算尺上的刻度都是按对数增长分布的，数 x 到左端起始刻线位置的距离

与 $\log x$ 成正比，由于对数满足：

$$\log(x \cdot y) = \log x + \log y$$

$$\log(x \div y) = \log x - \log y$$

因此，乘或除就可以用尺身和滑尺上的两段长度相加或相减来求得。

这一时期，人们使用的计算工具都是力图通过某种具体的物来表示数，利用对物的机械操作来进行计算，从而借助人的体力来延伸脑力，提高计算精度，加快计算速度。也就是说，计算工具实际只起到了辅助存储的功能。

1.2.2 初期机械式计算：自动计算萌芽

17 世纪，为了适应寻找正确航线的需要，天文学变得兴盛起来，同样为了航海的需要，也需要对数据量非常庞大的天文历和航海历进行计算。同时，工业生产的出现促使人类的社会活动更加频繁。因此，无论是科学家，还是一些行业的人群（如税务），常常困于大量的数据计算，被繁杂的计算搅得精疲力尽，这就促使他们创造一种新的计算工具，来减轻计算上的沉重负担。

同期，欧洲的钟表工业已经比较发达，机械钟表采用齿轮转动进行计时，体现了计算和进位的思想，为机械计算的研究奠定了基础。

1. 契克卡德的设计

契克卡德是德国蒂宾根大学东方语教授，与天文学家开普勒是好朋友。1957 年，在开普勒的档案中发现了契克卡德在 1623 年写给开普勒的两封信，信中叙述了契克卡德发明的计算机器，能自动计算加、减、乘、除，并画有示意图，建议开普勒用来进行天文计算。据说，契克卡德只造了两台原型，原物已经失传，因此无法考证该计算机器是否实际制造出来。契克卡德设计的计算机器能做 6 位数加减法，机器上部附加一套圆柱型“纳皮尔算筹”，也能进行乘除运算。1960 年，契克卡德家乡的人根据示意图重新制作出了机器，惊讶地发现它确实可以工作。1993 年 5 月，德国为契克卡德诞辰 400 周年举办展览会，隆重纪念这位被一度埋没的计算机先驱。

2. 帕斯卡的加法器

帕斯卡于 1623 年 6 月 19 日出生于法国中部克勒蒙菲朗的一个贵族家庭中，父亲是位并不著名的数学家，但却是一位较有名望的税务统计师。帕斯卡三岁丧母，因此对他的父亲一往情深，看到父亲长年埋头于繁重单调的税率税款计算工作，便立志为父亲制作一台可以计算税款的机器。

1642 年，帕斯卡借助于精密的齿轮传动原理发明了第一台能做加法和减法的计算机器，准确地说，是加法器，见图 1.8。帕斯卡的加法器是一种系列齿轮组成的装置，外壳用黄铜材料制作，是一个长 20 英寸、宽 4 英寸、高 3 英寸的长方盒子，面板上有一列显示数字的小窗口，用儿童玩具那种钥匙旋紧发条后才能转动，用专用的铁笔拨转轮来输入数字。

图 1.8　帕斯卡的加法器

帕斯卡的加法器用齿轮表示数字，每个齿轮

均分成 10 个齿，每个齿表示 0～9 中的一个数，并按大小排列。几个齿轮在上面组成垂直齿轮组，从左到右分别表示个位数、十位数、百位数……另外一些齿轮在下面组成水平齿轮组，从左到右可以进行数的加减。

聪明的帕斯卡通过齿轮的比来解决进位问题。低位的齿轮每转动 10 圈，高位上的齿轮只转动 1 圈。同时，他还采用了一种小爪子式的棘轮装置，当定位齿轮朝 9 转动时，棘爪便逐渐升高；一旦齿轮转到 0，棘爪就“咔嚓”一声跌落下来，推动十位数的齿轮前进一档。

帕斯卡发明成功后，一连制作了 50 台这种被人称为“帕斯卡加法器”的计算机，至少现在还有 5 台保存着，在法国巴黎工艺学校、英国伦敦科学博物馆都可以看到帕斯卡计算机原型。

帕斯卡的加法器是人类历史上第一台机械式计算机，是人类在计算工具上的新突破。它的意义远远超出了这台机器本身的使用价值，它告诉人们用纯机械装置可以代替人的思维和记忆。从此，欧洲兴起了“大家来造思维工具”的热潮。

帕斯卡是真正的天才，他在诸多领域内都有建树。后人在介绍他时，说他是数学家、物理学家、哲学家、流体动力学家和概率论的创始人。凡是学过物理的人都知道一个关于液体压强性质的“帕斯卡定律”，这个定律就是他的伟大发现并以他的名字命名的。他甚至还是文学家，其文笔优美的散文在法国极负盛名。可惜，长期从事艰苦研究损害了他的健康，于 1662 年英年早逝，死时年仅 39 岁。他留给了世人一句至理名言：“人好比是脆弱的芦苇，但他又是有思想的芦苇。”

全世界“有思想的芦苇”，尤其是计算机领域的后来者，都不会忘记帕斯卡在混沌中点燃的亮光。1971 年，瑞士苏黎世联邦工业大学的尼克莱斯·沃斯把自己发明的一种通用的高级程序设计语言命名为 Pascal，就是为了表达对这位先驱的敬意。沃斯还为此获得了 1984 年度“图灵奖”，Pascal 语言也一度被用在高等学校计算机程序语言教学上。

3. 莱布尼茨的乘法器

戈特弗里德·威廉·莱布尼茨(1646—1716)，德国哲学家、数学家，被《不列颠百科全书》称为“西方文明最伟大的人物之一”。

1672 年，莱布尼茨因外交事务到法国和英国居住了 4 年，期间结识了许多科学家，激发了他对数学研究的浓厚兴趣，并深刻领悟到计算的烦琐与痛苦，认为“让一些杰出的人才像奴隶般地把时间浪费在计算上是不值得的”。在研读了帕斯卡撰写的关于加法器的论文后，决心改进帕斯卡的加法器，因为帕斯卡的加法器只能用于加减运算，对乘除只能用连加和连减的方法来解决，使用时必须记住加减的次数，很不方便，速度又很慢。

1674 年，在巴黎的一些著名机械专家和能工巧匠协助下，莱布尼茨制造出了一台可以进行乘除的计算机器，后人称之为乘法器，见图 1.9。

图 1.9　莱布尼茨的乘法器

莱布尼茨乘法器是一个长 100cm、宽 30cm、高 25cm 的盒子，主要由不动的计数器和可动的定位机构两部分组成：不动部分有 12 个小读数窗，分别对应带有 10 个齿的齿轮，用以显示数字；可动部分有一个大圆盘和 8 个小圆盘，用圆盘上的指针确定数字，然后把可动部分移至对应位置，并转动大圆盘进行运算。可动部分的移动用一个摇柄控制，整个机器由一套齿轮系统传动。莱布尼茨乘法器的主要部件是梯形轴，即带有不同长度齿的小圆柱，圆柱的齿像梯形的样子，这种装置被称作"步进轮"。步进轮有 9 个齿，依次分布于圆柱表面，旁边另有个小齿轮可以沿着轴向移动，以便逐次与步进轮啮合，每当小齿轮转动一圈，步进轮可根据它与小齿轮啮合的齿数，分别转动 1/10、2/10 圈……直到 9/10 圈，这样一来，它就能够连续重复地做加法，从而实现乘法运算。通过步进轮的设计，有助于顺利实现比较简便的乘除运算；同时，把机器分为可动与不动部分的设计，导致滑架移位机构的产生，简化了多位数的乘除运算。

这一时期的机械式计算机器以齿轮来存储数，在内部的齿轮机构预存了计算的方法，通过齿轮的转动来实现自动计算，操作者完全不需要知道计算方法就能操作。虽然每次只能执行一次加法或乘法计算，但这也为人类追求自动计算带来了第一抹曙光。

1.2.3 巴贝奇与阿达：将思想的力量注入机械

今天出版的许多计算机书籍扉页里，都登载着查尔斯·巴贝奇的照片。巴贝奇是一位富有银行家的儿子，1791 年圣诞节后一天出生在英国泰晤士河南岸的瓦尔沃斯。巴贝奇童年时的伦敦，工业时代的进步带来了蒸汽机和各种机械装置，将人们从各种劳动中解放了出来，机器时代的痕迹已经无处不在，人们相信机械的力量可以做到一切。

巴贝奇热爱数学，并于 1810 年进入了剑桥的三一学院，这是牛顿学习和工作过的地方。1828 年，巴贝奇赢得了剑桥大学备受尊敬的卢卡斯数学教授教席，牛顿的老师巴罗是第一个获得该席位的人，牛顿是第二个。牛顿的成就曾经为英国数学带来了权威和声望，但到了巴贝奇的年代，他的影响力反而成了英国数学挥之不去的阴影，英国教授"将任何创新的企图都视为对牛顿的严重冒犯"，导致英国数学越来越与世隔绝，剑桥的数学也因此停滞不前。当巴贝奇还在就读本科时，就树立了复兴英国数学的目标，并为此与另外两位学生一起创立了他们称为"解析社"的团体，"为 d 摇旗呐喊"（莱布尼茨描述微积分的符号）而反对"点的异端"（牛顿描述微积分的符号），或如巴贝奇所说，"大学的点统治"。他们租了房间作场地，聚会时相互探讨论文，还发行了他们自己的学报。就在这些房间里，一次巴贝奇对着面前一张对数表昏昏欲睡，突然他的朋友叫醒他："喂，巴贝奇，你都梦见什么了？""我在想，这些表格或许可以用机器来计算。"他回答道。

当时，人们发现预先计算加上数据存储与传输的成本，通常比临时计算的成本还要来得低，于是数表编制成为一股热潮，虽然对数简化了乘除法，但其本身也需要数表的支撑，即对数表。从 1767 年开始，英国政府的经度委员会要求每年出版一本《航海天文历》，其中将提供太阳、月亮、恒星、行星以及木星卫星的位置表。18 世纪末，法国也发起了一项宏大的计算工程——人工编制《数学用表》。这些数表的计算工作，大部分是由计算员完成的，英文 Computer 原意即为计算员，这项工作要求从业者具有一些数学感觉，但不需要数学天赋，因为计算的每一步都有明确的规则。

数表的编制十分枯燥乏味，但却十分重要，随着商业、工业和科学的繁荣，对于计算的需求也在不断增长。巴贝奇预见："我放大胆预言，总有一天，不断积累的数学方程算术计算工作，作为一种持续的制约力量，将最终妨碍到科学的有益发展，除非这种方法或其他类似方法能够将人们从数学计算的沉重负担中解放出来。"

另一方面，由于人本身的原因，数表不可避免地会出现计算错误、抄写错误、校对错误、印制错误等各式各样的问题，如"对泰勒的《对数表》的勘误的勘误的勘误"。当这些错误出现在《航海天文历》中时，每一个错误都可能导致船毁人亡。

正是以上两个原因，激发了巴贝奇"梦想"发明一种自动计算机器。巴贝奇将机械原理和数学相结合，并以有限差分法为核心原理，因此将这个机器称为差分机(图 1.10)。差分的威力在于能将高阶计算简化为单纯的加法，而且很容易程序化。

1820 年，巴贝奇最终确定了一套设计方案，弄了一套车床，雇了数位金属铸件工。两年后，他向英国皇家学会展示了一台闪闪发光、样式新潮的小型演示模型，当时这个机器可以处理三个不同的 5 位数，计算精度达到 6 位小数，可以求解几种函数的值。1823 年，英国政府对巴贝奇的差分机产生了兴趣，因为巴贝奇曾经承诺"对数表将如同马铃薯一样便宜"，财政部批准了第一笔 1500 英镑的拨款，其后每年都拨出数量不等的款项，资助差分机的研制。巴贝奇找到了英国发明家及顶尖机械工程师约瑟夫·克莱门特，将伦敦住所后院改造成生产车间，开始了第一台真正的差分机的制造，机器预计完工后将有 25 000 个零件，重 15 吨。但是，制造工作在黄铜和铸铁的世界里进展缓慢，一方面是因为大量精密零件制造困难，另一方面巴贝奇不停地边制造边修改设计，1830 年的设计显示它可以计算到第六阶差，最高可以存 16 位数。1832 年，巴贝奇制造出了可供演示的实验部分，只相当于成品的 1/7。在此之后，巴贝奇和克莱门特陷入了争执，英国政府也逐渐对他失去了信任，并于 1842 年终止了对他的资助。最后差分机没能完成制造，12 000 个零件被熔掉回收，英国政府在 1842 年清算发现，整个计划一共让英国政府赔掉了 17 500 英镑——约等同于 22 台蒸汽火车头，一个相当惊人的数字。但是，即使只完成了设想的一小部分的差分机，也是当时技术条件下精密工程所能达到的极致。

图 1.10　巴贝奇的差分机

然而，巴贝奇的梦想并未终止，他清晰地认识到了差分机的局限性：仅通过相加差分，并不能计算出每一种数，或解决每一个数学问题，因此他计划制造一台新的机器，与差分机属于完全不同的种类，是一种通用的数学计算机器，他称之为分析机(图 1.11)。巴贝奇的灵感来自约瑟夫·玛丽·杰卡德发明的雅卡尔提花机。当时，在伦敦市劳瑟拱廊市集北端的河岸街上，美国发明家雅各布·珀金斯创办的国家应用科学展馆里，可以观看织布工演示自动化的雅卡尔提花机，布匹的图案事先编码成纸板上的孔洞，机器再据此持续不断地织出图案。巴贝奇对雅卡尔提花机，特别是对穿孔卡片控制机器运转的天才设计十分神往，他甚至收藏着一幅用 24 000 张卡片编织而成的杰卡德本人的肖像，并梦想着用类似的方法设计一台计算机器。

图 1.11 巴贝奇的分析机

1834 年，巴贝奇就设计出了分析机的原型。1840 年，他在撒丁王国首都都灵的一个数学家和工程师的会议上，第一次（也是最后一次）公开展示了分析机的设计。巴贝奇为了分析机的设计、研制，耗尽了毕生的精力。但当时却没有几个人能够理解他的设计思想，加上受到当时技术条件的极大限制，虽经近四十年的研制，“分析机”终未能制成。巴贝奇在 1864 年写道：“如果有人在未被以我的前车之鉴告诫的情况下，试图尝试这项了无指望的工作，并通过完全不同的原理或更简化的机械手段，能成功地实现一台可与整个数学分析部门相当的机器，那么我不怕把自己的名誉托付给他，因为他肯定会完全理解我当年努力的性质及其成果的价值。”1871 年，巴贝奇遗憾地离开了人世，为世人留下了三十多种“分析机”的设计方案、两千多张详细的机器图纸、五万多个零件的设计图纸，厚厚的图纸、零散的“分析机”部件和一大堆笔记被收藏在伦敦博物馆。图 1.11 是巴贝奇自制的分析机部分组件的实验模型，现藏于伦敦科学博物馆。

巴贝奇晚年因喉疾几乎不能说话，介绍分析机的文字主要由奥古斯塔·爱达·拜伦完成。爱达在一篇文章里介绍说：“这台机器不论在可能完成的计算范围、简便程度以及可靠性与精确度方面，或者是计算时完全不用人参与这方面，都超过了以前的机器。”巴贝奇的分析机计划用蒸汽机为动力，驱动大量的齿轮机构运转，整个机器由两部分组成：①齿轮式的“存储库”，巴贝奇称它为“仓库”(Store)，每个齿轮可储存 10 个数，齿轮组成的阵列总共能够储存 1000 个 50 位数；②“运算室”，巴贝奇将其命名为“工厂”(Mill)，其基本原理与帕斯卡的转轮相似，用齿轮间的啮合、旋转、平移等方式进行数字运算。为了加快运算速度，他改进了进位装置，使得 50 位数加 50 位数的运算可完成于一次转轮之中。此外，巴贝奇也设计了送入和取出数据的机构，以及在“仓库”和“工厂”之间不断往返运输数据的部件。

在分析机的设计中，巴贝奇设计了称为变量的实体，即机器的一根根轮轴上的数轮，他还设计了一组类似于雅卡尔提花机的穿孔卡片，称为变量卡片，这样，数实际上进行了流转，从变量卡片转到变量，从变量转到工厂（进行计算并可能改变），再从工厂转到仓库。重要的是，巴贝奇将机器想象为按照预先设计的规则进行计算，并设计了一组运算卡片（穿孔卡片），用来将这些规则传递到运算室，来控制运算操作顺序。此外，他还设想计算过程本身，如加法和乘法，也可由依据先前的计算结果进行选择，如先前的计算结果若是“1”，就接着做乘法，若是“0”就进行加法运算。

提到分析机，就不能不介绍另一个传奇人物，也就是前面提到的奥古斯塔·爱达·拜伦。爱达的父亲就是英国的大诗人拜伦，母亲在爱达未满月时就被迫带着她离开了拜伦，之后拜伦离开了英国，终生再未能与女儿相见。爱达8岁时，拜伦在希腊逝世，此时的爱达才知道自己的身世。19岁时，爱达嫁给了一位贵族——威廉·金，几年后，金被授予了爵位，成为洛夫莱斯伯爵，因此爱达也被称为爱达·洛夫莱斯。

爱达继承了母亲的数学才能和毅力，并受到了良好的家庭教育，在母亲的鼓励下从事数学研究，实际上是为了避免像她父亲那样出现"危险的诗人倾向"。1833年，爱达和母亲一起前往巴贝奇的沙龙参观差分机试验品，从此对那台"所有机械中的珍宝"表现出了"巨大的渴望"，之后爱达和巴贝奇一直维持通信，对巴贝奇在差分机和分析机方面的进展颇有了解。1842—1843年间，爱达独立地将一位意大利数学家路易吉·梅纳布雷亚(后来成为意大利的将军、外交官和总理)撰写的科学报告《分析机概论》翻译成英文，并应巴贝奇的要求在后面附上了7篇她自己的手记，手记采取了为梅纳布雷亚的论文作注的方式，长度将近原论文的三倍。在手记中，爱达给出了比巴贝奇以往提出的还要更具普遍性、前瞻性的未来设想，认为分析机不但能计算，还能运算(按爱达的说法，指任何改变了两种或多种事物之间相互关系的过程)，理论上能够处理任何有意义的关系：可以操纵语言，也可以谱写音乐，"机器机械地处理着数，而数可以代表万事万物"。在手记的第7篇中，爱达设计了一个过程、一组规则和一系列运算，并期望借助假想的分析机计算一个众所周知高难度的无穷数列——伯努利数，在一个多世纪后，这被称为算法，或是计算机程序。在这之后，爱达相继为分析机设计了计算三角函数、级数相乘等程序，并提出了递归、分支、循环、变量等设计方法。爱达编制的这些程序，即使到了今天，计算机软件界的后辈仍然不敢轻易改动一条指令。爱达被公认为世界上第一位软件工程师、第一位程序员。1981年，美国国防部把花了250亿美元和10年时间研制的一种计算机语言正式命名为ADA(爱达)语言，以表达对爱达的敬意。

虽然因为当时的机械制造水平及经费的问题，巴贝奇的分析机未能实现，但就自动计算这一目标而言，分析机的设计具备了以下必要的因素。

(1) 可以存储数据及计算过程中的变量；

(2) 有相应的计算机构；

(3) 计算过程由穿孔卡片进行控制，并由机器自动完成，可实现通用计算。

巴贝奇的思想太超前了，但是遗憾的是，那个时代电动器件还没有使用，更别提动作更快的电子器件了。

◎ 延伸阅读

故事结束了吗？当然没有。事实证明巴贝奇留下来的详细图纸才是最重要的遗产，1985年，伦敦科学博物馆决定照着巴贝奇的图纸，打造一台完整的差分机引擎出来，回答两个历史性的问题：这东西，到底做不做得出来？做得出来的话，能照着巴贝奇的说明操作吗？整个计划一如巴贝奇当年的翻版，充满了经费困难、生产问题、一推再推的期限和无数的技术困难。最主要的，因为只是纸上的概念，巴贝奇并没有注明材料、工法等事项，因此工程学家只能用现代技术去反推当时的技术上限，确保做出来的机器是那个年代也能完成的。整台机器到2002年才完工，一共花了17年的时间。完成的差分机引擎重5吨，长11英寸、高7英寸、最窄处18英寸，有8000个各式零件。机器的运作一如巴贝奇的描述，虽然单论运算能力来说是比今日的计算机差远了，但至少完全证明了巴贝奇的设计并没有错。换了一个时空，说不定信息革命还能提前个50年呢。

当然，剩下来的问题就只有一个了：那分析机引擎呢？巴贝奇的儿子亨利·巴贝奇花了相当长的时间，试图让分析机引擎成真，但最多也就是在1910年时完成了没有程序化能力的一部分计算单元，从此巴贝奇的名字便消失在历史的长河中。目前有计划要让分析机引擎也像差分机引擎一样"死而复生"，希望能再一次地从实物中，了解巴贝奇的天才思想。

1.2.4 机电式计算：黎明前的曙光

在巴贝奇之后，自动计算又重新倒退回到了莱布尼茨时代。1878年，一位在俄国工作的瑞典发明家奥涅尔制造了手摇计算器。手摇计算器采用莱布尼茨乘法器的基本原理，只不过利用齿数可变的齿轮，代替了莱布尼茨的阶梯形轴。在这之后的几十年间，手摇计算器大行其道。但是，手摇计算器一般只能做四则运算、平方数、立方数、开平方、开立方，如果需要输入三角函数和对数，都需要查表，如果计算中有括号，就麻烦极了，使用中要正摇几圈，反摇几圈，还要用纸笔记录。

但是，伟大的思想总是会闪现它的光芒。

1. 艾肯的Mark Ⅰ计算机

1933年，霍华德·艾肯辞掉了工作重返校园，并在哈佛大学学习物理。1936年，他在研究真空管中空间电荷的传导理论时，需要对非线性微分方程进行复杂的计算，而艾肯手头只有手摇计算器，其中痛苦可想而知。经过各种渠道，艾肯听说实验室科学中心的阁楼上有一个计算装置，引起了艾肯的极大兴趣，原来这个计算装置就是巴贝奇留下的一些黄铜齿轮部件。巴贝奇的后代把这些黄铜齿轮部件和分析机的资料送给了艾肯(另一说法为，艾肯在哈佛大学的图书馆里发现了这些资料)。1937年，艾肯提出了一份自动计算机器建议书(Proposed Automatic Calculating Machine)：①既能处理正数，又能处理负数；②能解各类超越函数，如三角函数、对数函数、贝塞尔函数、概率函数等；③全自动，即一旦投入运行，就能频繁地处理大量的数值数据，直到计算完成而无须人为干涉；④在计算过程中，后续的计算取决于前一步计算所获得的结果(另一说法是，这种机器能计算行而不是列，这能更好地保持数学事件的顺序)。

1939年，有远见的国际商用机器公司(IBM)董事长沃森正致力于将公司从生产制表机、肉铺磅秤、咖啡碾磨机等机器的公司转变为制造计算机的公司，因此他资助了艾肯，并派了三位IBM工程师协助艾肯。同时，艾肯服役的海军里，一位了解情况的海军高级军官也为艾肯创造了有利条件。这样，在IBM、哈佛大学、海军的支持下，艾肯于1943年年底在IBM实验室完成了计算机的研制，这台计算机被命名为ASCC计算机(Automatic Sequence Controlled Calculator)。后来，IBM公司将它赠送给哈佛大学，改名为Harvard Mark Ⅰ计算机(图1.12)，并于1944年8月14日在哈佛大学正式启用，一直运行了14年之久。其后，艾肯还开发了Mark Ⅱ(1946年)、Mark Ⅲ(1950年)、Mark Ⅳ(1952年)，从Mark Ⅲ开始，艾肯开始采用电子元器件。

艾肯的思想深受巴贝奇著作的影响，Mark Ⅰ与巴贝奇分析机有许多共同之处，但更幸运的是，他可以使用电动器件。Mark Ⅰ用电力驱动，借助电流进行运算，它的主要部件是机电式的，即通过电磁力而动作的继电器。完成的Mark Ⅰ有8英尺高、51英尺长、2英尺

图 1.12　艾肯的 Mark Ⅰ的输入/输出部分

宽，重 35 吨，由 76 万个零件组成，包括 2200 个计数齿轮、3300 个继电器和 530 英里长的导线。Mark Ⅰ由许多计算器组成，每个计算器都在自己的控制单元引导下处理着同样的问题。它的核心是 71 个循环寄存器(Rotating Register，把运算中暂时保存数的设备叫作 Register 就始于 Mark Ⅰ)，每个可存放一个正或负的 23 位数字。Mark Ⅰ由穿孔卡片上的指令序列来控制，穿孔卡片同时也用来输入数据，输出则使用电传打字机。该机器可进行 23 位数的计算，其加法速度是 300ms，乘法速度是 4s，除法速度是 10s。图 1.12 是 Mark Ⅰ的输入/输出部分。

Mark Ⅰ计算机主要供海军舰船局用于计算弹道和编制射击表，后来参与了曼哈顿计划中原子弹爆炸方程式的计算。此外，它也为哈佛大学内外的科学家服务，例如，哈佛大学经济系的著名教授列昂杰夫在研究输入/输出分析中就曾用 Mark Ⅰ解各种线性方程问题。

在开发 Mark 计算机的同时，艾肯还致力于开展计算机的教育和培训。1947—1948 年，艾肯率先在哈佛大学开设了“大型数字计算机的组织”这一课程，其后不久又开设面向计算机的“数值分析”。在艾肯的努力下，哈佛大学成为在世界上最早引入计算机研究生课程教学与授予计算机硕士和博士学位的大学之一，艾肯本人共带出了 15 名博士生和多名硕士生，其中包括图灵奖和计算机先驱奖获得者“IBM 360 之父”布鲁克斯、“APL 之父”艾弗逊、在 1994 年获得计算机先驱奖的荷兰学者勃浴天(Gerrit A. Blaauw)。1980 年，艾肯获得了 IEEE 计算机先驱奖。

◎延伸阅读

第二次世界大战初期，艾肯被应征入伍，到位于 Yorktown 的海军水雷战学校(Naval Mine Warfare School)任教官，只能断断续续地进行 Mark Ⅰ的开发工作。幸好有一天，一位有影响的、了解艾肯情况的海军高级军官遇见艾肯，惊诧地问他为什么在这里而不去研制 Mark Ⅰ？艾肯回答说，不是您下命令让我在这里工作的吗？这成了一个转机：几个小时以后，新的命令下达了，委任艾肯为海军计算项目负责人，并立刻离开海军学校回哈佛大学工作。后来艾肯开玩笑地说，他是世界上唯一一位计算机的指挥官。

2. 楚泽的 Z 系列计算机

康拉德·楚泽是一位德国工程师和计算机先驱，1927 年考进柏林工业大学，学习土木工程建筑专业，因为要完成许多力学计算的功课，经常一整天都算不完一道高强度核算题目。疲惫不堪的楚泽发现，写在教科书里的力学公式是固定不变的，他们要做的只是向这些公式中填充数据，这种单调的工作，应该可以交给机器做。1935年，楚泽获得了土木工程学士学位，在柏林一家飞机制造厂找到了工作，主要任务是飞机强度分析，烦琐的计算变成了他的主要职业，而辅助工具只有计算尺可用。楚泽想制造一台计算机的愿望愈来愈强烈，于是他辞职回家独自一人开始探索计算机的发明和制作。

1938年，楚泽完成了一台纯机械计算机Z-1，最大的贡献是受到莱布尼茨著作的启发(后来发表的研究报告的副标题就是"向莱布尼茨致敬")，第一次采用了二进制数。Z-1实际上是一台实验模型，始终未能投入实际使用。

1939年，楚泽的朋友给了他一些电话公司废弃的继电器，楚泽用它们组装了第二台机电式计算机Z-2，这台机器已经可以正常工作。

1941年，楚泽完成了全自动继电器Z-3计算机，它使用了2600个继电器，其中600个用于运算器，用继电器作的存储器容量是64个字。Z-3已具备浮点记数、二进制运算、数字存储地址的指令形式等现代计算机的特征。Z-3在工作时，由8道穿孔的普通电影胶卷提供的程序进行控制，实现了二进制程序控制。机器执行8种指令，包括四则运算(其中有5种乘法指令)和求平方根，全部运算都采用浮点二进制，加法时间0.3s，乘法4～5s。1942年，在紧张研究的间隙里，楚泽写作了世界上第一个下国际象棋的计算机程序。1943年，美国空军对柏林实施空袭，楚泽的住宅连同Z-3计算机一起被炸得支离破碎。1960年，楚泽公司完整地复制了Z-3，现存于慕尼黑的德国博物馆，见图1.13。

图1.13　楚泽的Z-3的复制品

1945年，楚泽又建造了一台比Z-3更先进的机电式Z-4计算机，存储器单元也从64位扩展到1024位，继电器几乎占满了一个房间。为了使机器的效率更高，楚泽甚至设计了一种编程语言Plankalkuel。

楚泽的Z-3同艾肯的Mark Ⅰ类似，都使用了继电器，并通过穿孔电影胶卷(或穿孔卡片)上提供的程序对计算过程进行控制，但更进一步的是，楚泽还采用了二进制。

遗憾的是，楚泽生活在法西斯统治下的德国，无从得知美国科学家研制计算机的消息，甚至没有听说巴贝奇的名字。计算机史学家认为，如果楚泽不是生活在法西斯统治下的德国，他可能早就把Z型计算机系列升级为电子计算机，世界计算机的历史将会改写。事实上，早在1938年，楚泽和他的朋友已经在考虑用2000个电子管和其他电子元件组装新的计算机。当他在战后听说美国宾夕法尼亚大学早已研制出电子管计算机的消息，不禁感叹地说：“我所能做的，仅仅是摇摇头而已。”

艾肯的Mark Ⅰ和楚泽的Z-3都采用了继电器作为主要器件，虽然由于继电器中仍然有机械部件，但这一时期的机电式计算机继承并超越了巴贝奇的分析机，具备了现代电子计算机的某些特征，实现了真正意义上的自动计算，是现代电子计算机出现前的曙光。值得注意的是，艾肯的Mark Ⅰ采用的仍然是十进制，而楚泽的Z-3是二进制，一种更接近现代计算机的数制，但遗憾的是，楚泽采用的仅仅是二进制的0和1，而非逻辑的0和1。

1.3 连接两个世界：逻辑与电路

人类发明了数，阿拉伯数字统治了世界，它是十进制的，巴贝奇的机械也是十进制的。二进制也是数，但它只有0和1，乔治·布尔为0和1赋予了逻辑含义，把逻辑简化成了一种代数。逻辑是研究人类抽象思维的，人类一直梦想用机器代替人的思维活动，哪怕是最简单的计算活动。巴贝奇用机械齿轮表示十进制，并用齿轮的运转进行运算，那么，被赋予了逻辑含义的0和1呢？它可以用现实世界的物质来完美诠释吗？抽象的逻辑世界和现实世界之间有路吗？

1.3.1 二进制与数理逻辑

1. 二进制

在德国图灵根著名的郭塔王宫图书馆保存着一份弥足珍贵的手稿：“1与0，一切数字的神奇渊源。这是造物的秘密美妙的典范，因为，一切无非都来自上帝。”这是莱布尼茨的手迹。莱布尼茨发明了二进制，关于这个神奇美妙的数字系统，莱布尼茨只有几页异常精练的描述。

二进制数据是用0和1两个数码来表示的数。同十进制一样，二进制数据也是采用位置记数法，但其位权是以2为底的幂。对于有n位整数、m位小数的二进制数用加权系数展开式表示，可写为：

$$(a_{n-1}a_{n-2}\cdots a_1a_0.a_{-1}\cdots a_{-m})_2$$
$$=a_{n-1}\times 2^{n-1}+a_{n-2}\times 2^{n-2}+\cdots+a_1\times 2^1+a_0\times 2^0+a_{-1}\times 2^{-1}+\cdots+a_{-m}\times 2^{-m}$$

二进制的基数为2，它的运算方法同十进制类似，运算时进位规则是“逢二进一”，借位规则是“借一当二”。

二进制数通常采用一个下标2或后缀B来标明，如$(110101)_2$或110101B表示数码是二进制数码。类似地，十进制数可用下标10或后缀D来表示，通常也可忽略不写。

2. 数理逻辑

逻辑学是研究思维的形式结构及其规律的科学。

古希腊逻辑的产生是西方逻辑史的开端。古希腊民主政治使得在政治上和法律上的公开辩论成为风气，按照一定的逻辑规则辩论的习惯已经形成。亚里士多德集前人逻辑思想之大成，建立了系统的、完整的形式逻辑体系，从而奠定了西方逻辑发展的传统方向，其逻辑学说主要体现在《工具论》一书中，提出的直言三段论学说是其逻辑中最重要的部分。亚里士多德是逻辑史上第一个演绎系统的创始人，还在逻辑史上第一次提出了公理方法的理论。

西方传统的形式逻辑和归纳逻辑，在经过了欧洲中世纪时期、近代时期的发展后，逐步形成了当今的现代逻辑。

现代逻辑的主流是数理逻辑，此外也包括非经典的逻辑，如模态逻辑、多值逻辑、道义逻辑、认知逻辑、时态逻辑、现代归纳逻辑和自然语言逻辑。

数理逻辑，又叫符号逻辑、理论逻辑，既是数学的一个分支，又是逻辑学的一个分支，是一门边缘性的科学。它一方面应用数学方法研究逻辑问题，另一方面又应用逻辑的成果去研究数学的基础和方法。这两方面的研究，是紧密联系、互相促进和逐步提高的。数理逻辑内容非常丰富，包括5个部分：逻辑演算（包括命题演算和谓词演算）、集合论、证明论、模型论和递归论。第一个部分是严格意义下的数理逻辑；后4个部分已成为数学的分支，属于广义的数理逻辑。

17世纪的莱布尼茨最先明确地提出了关于数理逻辑的根本思想。他认为，像算术和代数表示数的规律那样，人们可以创造一个无歧义的符号体系来表示人的思维。在这个符号系统中，复杂的概念分析成一些简单的概念，概念与概念之间的关系成为符号与符号之间的机械关系，推理的进程成为符号的演算进程。莱布尼茨本人未能实现他的这个设想，但这个思想却推动了数理逻辑的建立和发展。

英国数学家乔治·布尔在1847年发表了《逻辑的数学分析——关于演绎推理的一篇随笔》，并在1854年出版了《思维规律的研究——逻辑与概率数学理论的基础》（通常称《思维规律》），创造了一套符号系统，利用符号来表示逻辑中的各种概念。这个系统可以有几个不同的解释：在其中一个解释下，这个系统就成为命题逻辑（逻辑与、或、非运算）；在另外一个解释下，就成为类逻辑（逻辑求和运算求并类、逻辑求积运算求交类、逻辑取补运算求补）。布尔把逻辑简化成极为容易和简单的一种代数，利用代数的方法研究逻辑问题，初步奠定了数理逻辑的基础。

1848年，奥古斯塔斯·德摩根发表了应用数学方法研究关系逻辑的成果《形式逻辑》，突破了亚里士多德直言三段论的界限。

戈特洛布·弗雷格为了逻辑证明的严格性和探讨能否从逻辑推出数学，构造了一个逻辑系统。他在1879年出版的《概念文字》一书中，应用A、B、C……作为代表命题的符号，应用两种图形符号分别表示否定和蕴涵这两个逻辑概念。他列举了其中包括全称量词和等词的9条公理，并明确地提出肯定前件推理和替换作为推理规则。这是历史上第一个本身具有推理规则的一阶逻辑公理系统。弗雷格也区别了作为研究对象的对象语言和用来研究对象语言的元语言，从而使现代数理逻辑最基本的理论基础逐步形成，成为一门独立的学科。

格奥尔格·康托尔为了研究函数论的需要，开始了对无穷集合的研究，从而在19世纪70年代建立了集合论。

1899年，大卫·希尔伯特在其《几何基础》一书中构造了欧几里得几何的形式公理系统，是公理理论的重大发展，成为数理逻辑中的一个重要成分。

伯特兰·罗素赞成弗雷格的看法，认为数学能够从逻辑推出，他与怀特海合写了《数学原理》，三卷分别于1910年、1912年和1913年出版，在书中他们构造了一个命题演算和谓词演算，发展了关系逻辑，提出了高阶逻辑和防止悖论的类型论。

库尔特·哥德尔于1930年发表了一篇重要论文《逻辑谓词演算公理的完全性》，证明了谓词演算的完全性，即谓词演算的所有公式都是谓词演算的定理，并证明了紧致性定理，即一可数无穷多公式的系统是可满足的，当且仅当它的任一有穷子系统是可满足的。哥德尔在20世纪30年代初的成果，标志着数理逻辑的发展已进入一个新阶段。

20世纪30年代中期以后，数理逻辑仍继续向前发展。逻辑演算、形式语言的方法日益严格化，构造了一些新的逻辑演算系统和对元定理的新证明，应用了自然推理和进行对高阶逻辑的研究。但更为重要的是数理逻辑在集合论、证明论、模型论和递归论方面的发展。

3. 逻辑代数

在现代数理逻辑研究中，逻辑演算是最重要的内容，它包括命题演算和谓词演算：命题演算是研究关于命题如何通过一些逻辑连接词构成更复杂的命题以及逻辑推理的方法；谓词演算也叫作命题涵项演算，它把命题的内部结构分析成具有主词和谓词的逻辑形式，由命题涵项、逻辑连接词和量词构成命题，然后研究这样的命题之间的逻辑推理关系。

命题是指具有具体意义的、又能判断它是真还是假的句子。如果把命题看作运算的对象（如同代数中的数字、字母或代数式），而把逻辑连接词看作运算符号（就像代数中的加、减、乘、除那样），那么由简单命题组成复合命题的过程，就可以当作逻辑运算的过程，也就是命题演算。这样的逻辑运算也同代数运算一样具有一定的性质，满足一定的运算规律。例如，满足交换律、结合律、分配律，同时也满足逻辑上的同一律、吸收律、双否定律、狄摩根定律、三段论定律等。利用这些定律，可以进行逻辑推理，可以简化复合命题，可以推证两个复合命题是不是等价，也就是它们的真值表是不是完全相同等。

命题演算的一个具体模型就是逻辑代数，也叫作开关代数、布尔代数。在逻辑代数中，逻辑是指事物的因果关系，或者说条件和结果的关系，这些因果关系可以用逻辑运算来表示，也就是用逻辑代数来描述。

逻辑代数中相关概念如下。

(1) 逻辑变量，通常用一个大写字母来表示，取值只能是"1"或"0"。这里的"1"或"0"不代表数的大小，表示的是两种对立的逻辑状态，如"真"与"假"、"是"与"否"、"有"与"无"。

(2) 逻辑常量，"1"或"0"。

(3) 逻辑运算，有与、或、非三种基本逻辑运算，还有与或、与非、与或非、异或几种导出逻辑运算。每种逻辑运算的结果只能是"1"或"0"。同传统代数类似，每种基本逻辑运算都用相应的逻辑运算符表示。

(4) 逻辑函数，即若干个逻辑变量、常量通过基本逻辑运算符连接起来的逻辑表达式，对逻辑变量的任意一组取值，该表达式有唯一的值与之对应。逻辑函数的求值过程也称为逻辑运算。

下面分别给出与、或、非和异或的运算法则。

(1) 逻辑与，AND。只有结果的条件全部满足时，结果才成立，这种逻辑关系叫逻辑与。把参与运算的逻辑变量的取值及逻辑运算的结果以列表的形式给出，就可以得到真值表。逻辑与的真值表见表1.1。逻辑与运算同乘法原理（自变量是因变量成立的必要条件）

描述一致,因此又称为逻辑乘,常用符号"·"来表示,也可省略,如A·B或AB。

(2) 逻辑或,OR。决定结果的条件中只要有任何一个满足要求,结果就成立,真值表见表1.2。逻辑或运算同加法原理(自变量是因变量成立的充分条件)描述一致,又称为逻辑加,常用符号"+"来表示,A+B。

表1.1 逻辑与运算真值表

A	B	A AND B
0	0	0
0	1	0
1	0	0
1	1	1

表1.2 逻辑或真值表

A	B	A OR B
0	0	0
0	1	1
1	0	1
1	1	1

(3) 逻辑非,NOT。参与运算的对象只有一个,运算结果是对条件的"否定",真值表见表1.3,常在逻辑变量上加一道横线表示逻辑非运算,$\overline{A}$。

(4) 逻辑异或,XOR。只有一个条件满足时,结果才成立,用以表述"两者不可兼得",真值表见表1.4。

表1.3 逻辑非真值表

A	$\overline{A}$
0	1
1	0

表1.4 逻辑异或真值表

A	B	A XOR B
0	0	0
0	1	1
1	0	1
1	1	0

如同前面关于命题演算的描述,逻辑代数也有自己的运算规律,如分配律A+BC=(A+B)(A+C)。

1.3.2 继电器与电子管

1. 继电器

继电器最早应用在传统有线电报系统中。

萨缪尔·芬利·布里斯·莫尔斯,1791年出生于美国马萨诸塞州的查尔斯顿镇,在耶鲁大学深造,并在伦敦学习艺术,成为一名成功的画家。但是,使世人熟知的是,他发明了电报机,以及以他名字命名的电报码。1844年5月24日,莫尔斯在美国华盛顿国会大厅里,用他在1837年便发明出来并不断完善的电报机,向马里兰州的巴尔的摩发送了世界上的第一封电报,电文内容是《圣经》中的一句话:What hath God wrought(上帝啊,你创造了何等的奇迹)。至此,电报机开始风靡全球。

简易的电报机如图1.14所示,根据电磁铁的原理,当按下发报机的电键时,接收端的发声器中的电磁铁拉动上部的活动横杠下降,并发出"嘀"的声音;当松开发报机的电键时,横杠弹回到原来的位置,发出"嗒"的声音。一次快速的"嘀——嗒"声代表点,一次慢速的"嘀——嗒"声代表横,通过点和横的组合就能表示英文字母,这就是莫尔斯电码。

这个系统中也存在一个问题,就是导线过长电阻增大,导致电流信号到了接收端已经变

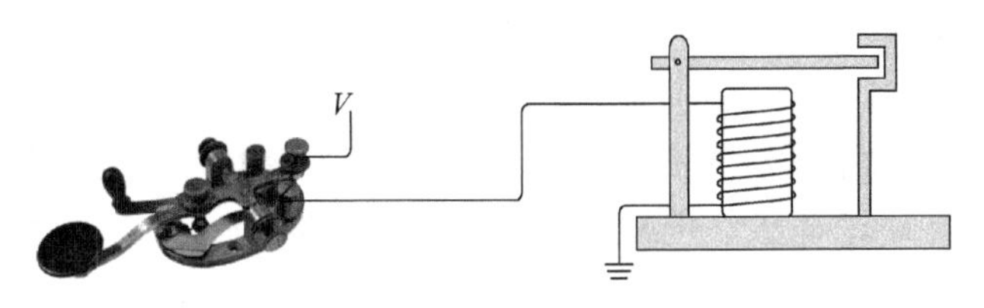

图 1.14　简易电报机

得非常微弱，尽管高电压可从一定程度上缓解这个问题，但导线(通信线路)还是不能无限延长。这个问题的解决方案就是继电器。

1823 年，英国发明家威廉·史特京(又译作斯特金)在一根 U 形铁棒上缠绕了 18 圈铜裸线，并用电池给铜线通电，发现 U 形铁棒可以吸起比自身重 20 倍的铁块，从而发明了电磁铁。1827 年，美国科学家约瑟夫·亨利对史特京的电磁铁进行了改进，用丝绸包裹的导线代替裸线，使导线互相绝缘，并增加了导线缠绕圈数，使电磁铁的吸引力大大增强。随后，他以电磁铁为基本原理，发明了继电器。继电器的基本结构可用图 1.15 表示，输入的电流驱动电磁铁把一个弹性金属条拉下来，金属条作为一个开关的组成部分，使开关闭合，而这个开关连接着电池和输出线路，因而上部电路中的电流可以从接口输出，这时称继电器被“触发”。通过这种方法，输入的比较弱的电流就被“放大”成了较强的输出电流。在电报系统中，每隔一段距离，使用一个继电器对电路中的电流进行放大，从而可以解决导线过长电阻增大的问题。实际上，继电器早期就是被广泛地应于电报电话系统的中继放大，以及电话系统的交换控制。目前，继电器广泛应用于遥控、遥测、通信、自动控制、机电一体化及电力电子设备中，是较重要的控制元件之一，在电路中起着自动调节、安全保护、转换电路等作用。

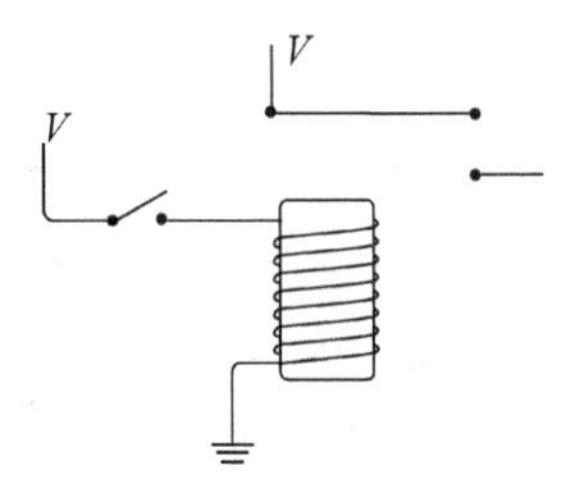

图 1.15　继电器示意图

继电器的动作速度是机械齿轮无法比拟的，最快可达 1ms。但是，继电器仍然有机械部件，它利用金属片的弯曲和伸直状态进行工作，而频繁的工作可能导致其断裂，另外，如果接触点之间有污垢或者卡住纸屑，也会导致继电器失效。

2. 电子管

电子管，又称为真空管(北美地区)，是一种可以替代继电器的元件。1904 年，约翰·安布罗斯·弗莱明在进行无线通信连接研究时，发明了电子二极管，但实际应用情况并不好。1906 年，李·德·福雷斯特在电子二极管的阴极(电子发射部分)和屏极(阳极)间巧妙地加入一个栅板(栅极)，从而发明了第一只电子三极管，见图 1.16。电子三极管不仅反应更为灵敏、能够发出音乐或声音的振动，而且集检波、放大和振荡三种功能于一体，因此迅速得到了广泛应用。

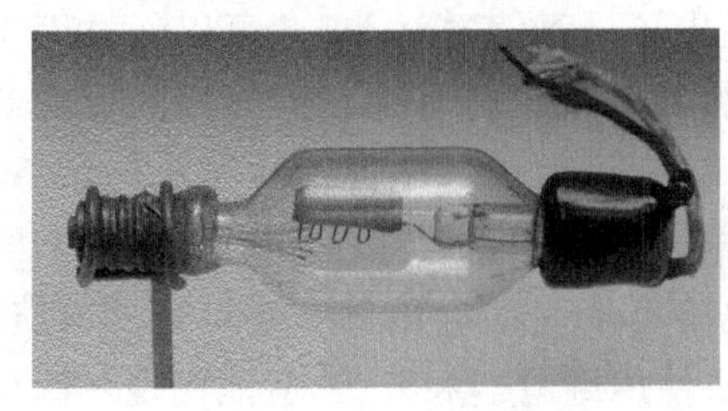

图 1.16　福雷斯特在 1906 年发明的第一只电子三极管

电子三极管由封装在密闭玻璃管中的阴极、屏极、栅极组成，栅极位于阴极和屏极之间，靠近阴极，它们的引线焊接在管基上，玻璃管被抽成真空状态，见图 1.17。阴极按加热方式分为旁热式和直热式：旁热式一般利用专门的灯丝对涂有氧化钡等氧化物的阴极进行加热；直热式一般采用碳化钍钨作为阴极，并对阴极直接加热。工作时，通电后阴极被加热，并因为“爱迪生效应”释放热电子，电子受到带正电的屏极吸引，穿过栅极并在阴极与屏极间形成电流。栅极犹如一个开关，利用栅极可以轻易地控制电子流的流量：当栅极不带电时，电子流会稳定地穿过栅极到达屏极；当栅极加正电压时，对于电子具有吸引作用，可以增强电子流动的速度和动力；当栅极加负电压时，因同性相斥的原理，电子必须绕道才能到达屏极。

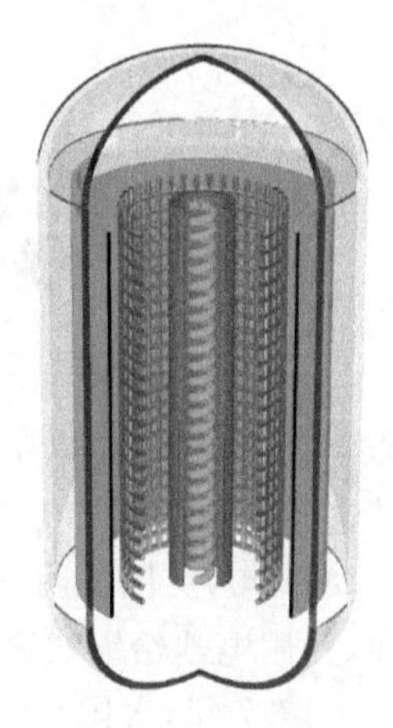
图 1.17　电子三极管示意图

电子管的动作速度非常快，其状态可以在 1μs 内发生转变，开关速度比继电器要快 1000 倍。但是，电子管也有体积大、功耗高(发热厉害)、结构脆弱(寿命短、故障率高)的缺点。电子管自发明起，广泛应用了几十年，直至 20 世纪 40 年代末被晶体管取代。

1.3.3　奇异的结合：逻辑与电路

20 世纪 30 年代，由于电力电子技术的发展，人类开始用上了电报、电话、电视等电子机器。同时，哥德尔的工作也使数理逻辑进入了一个新的发展阶段，这时逻辑学已经采用数学的方法对人类思维进行研究。虽然人类一直梦想通过机器模拟思维，但逻辑和电路还是风马牛不相及的两种事物。一个人的出现改变了这一切。

克劳德·艾尔伍德·香农，美国数学家、信息论创始人，1916 年 4 月出生于美国密歇根州盖洛德镇，1932 年在密歇根大学学习电气工程学和数学。1936 年，香农获得了一个麻省理工学院的研究生岗位，作为研究助理操作时任工程学院院长的万内瓦尔·布什的微分分析机(同巴贝奇的分析机毫无关联)，对其中的电动控制器产生了兴趣。微分分析机中的控制器分为普通的开关和继电器，继电器不再用于放大电流，而是开关控制——输入电流的有无可以控制输出电路的闭合(关)和断开(开)，联想到大学最后一年所上的一门符号逻辑课程，他突然有了似曾相识的感觉。香农认识到，在高度抽象的层次上，逻辑代数中用于表达真与假、是与否的 1 和 0，应该可以用来描述电路的断开和闭合，同时，继电器从一个电路向另一个电路所传递的，并不是真的电信号，而是一个事实，即这个电路是闭合还是断开的事实。用文字描述开关电路的种种可能性太过啰唆，简化成符号就会更简洁，也便于数学家在表达式中对符号加以操作。

1938 年，香农完成了题为《继电器和开关电路的符号分析》的著名硕士论文。在论文中，香农给出了描述开关电路的数学符号和表达式，提出了一种演算法，借此可以通过简单的数学过程来推导表示电路的表达式，并证明了该演算法类似于符号逻辑中所用的命题演算。他从简单的情形开始，分析双开关串联和并联的电路，说明串联电路对应逻辑与运算，而并联电路则具有逻辑或的功能，逻辑非运算也可用电路实现。他接着分析了更为复杂的星状和网状网络，提出了一系列公理和定理。最后，他给出了一些应用例子并设计了电路，如电气密码锁、电子加法器(二进制形式)。他认为，“只使用继电器和开关，就能实现对两个数求和”，而且“使用继电器进行复杂的数学运算是可能的。事实上，任何可以用如果、或、与等词在有限步内完整描述的操作，都可以用继电器自动完成。”香农的论文提出了电路的符号表示法，以及类似于逻辑代数的数字电路分析与设计方法，展示了如何使用开关电路实现逻辑和数学运算。

香农将二进制、逻辑、电路奇妙地结合在一起，开创了逻辑门电路应用的新时代。

能实现与、或、非三种基本逻辑运算，或者常用的与或、与非、异或等几种导出逻辑运算的电路，称为逻辑门电路。下面就用继电器来实现与门、或门、非门、与非门、或非门。

1. 与门

将两个继电器如图 1.18 所示串联起来，上面继电器的输出为下面继电器提供输出端电压。当两个开关都断开的时候(A=0、B=0)，灯泡不亮(Y=0)；当上面开关闭合(A=1)、下面开关断开(B=0)时，虽然上面继电器输出端闭合，并为下面继电器提供输出电压，但由于下面继电器输出端仍然是断开的，所以灯泡仍然不亮(Y=0)；当上面开关断开(A=0)、下面开关闭合(B=1)时，虽然下面继电器输出端闭合，但由于上面继电器输出端断开，电流仍然无法流过灯泡，所以灯泡仍然不亮(Y=0)；当两个开关都闭合(A=1、B=1)时，两个继电器输出端都闭合，灯泡被点亮(Y=1)。

这样，两个继电器组成的电路就执行了逻辑与运算的操作，这样的电路也称与门电路。为了避免复杂的电路图，与门电路通常用如图 1.19 所示的符号表示。

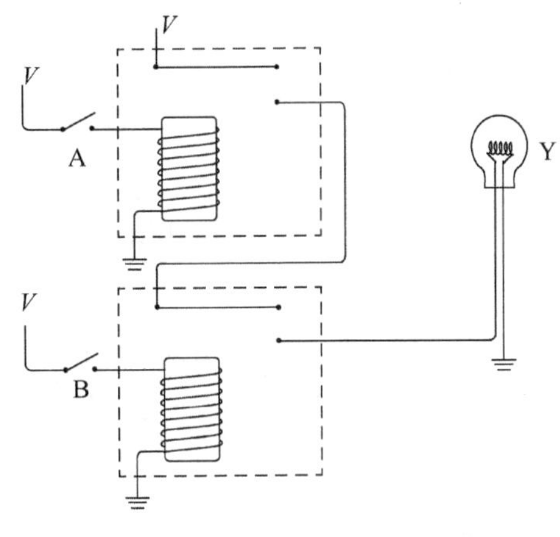

图 1.18　继电器串联组成与门电路

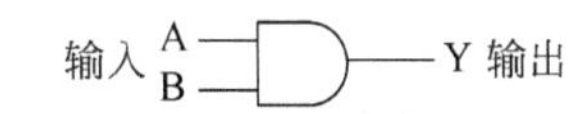

图 1.19　与门电路符号

2. 或门

将两个继电器如图 1.20 所示并联起来，两个继电器的输出连在一起为灯泡提供电源。当两个开关都断开的时候(A=0、B=0)，灯泡不亮(Y=0)；当上面开关闭合(A=1)、下面开关断开(B=0)时，或者上面开关断开(A=0)、下面开关闭合(B=1)时，由于有至少一路为灯泡提供了电源，所以灯泡被点亮(Y=1)；当两个开关都闭合(A=1、B=1)时，灯泡同样也被点亮(Y=1)。

这样，两个继电器组成的电路就能够进行逻辑或运算，具有这样功能的电路也称或门电路。类似地，或门电路通常用如图 1.21 所示的符号表示。

3. 非门

按照如图 1.22 连接继电器，即将灯泡直接连接到继电器输出端电源上。当输入端开关断开时(A=0)，灯泡被点亮(Y=1)；当输入端开关闭合时(A=1)，灯泡不亮(Y=0)。这种方式连接的继电器可以执行逻辑非运算，又叫反相器、倒相器，非门电路通常用如图 1.23 所示的符号表示。

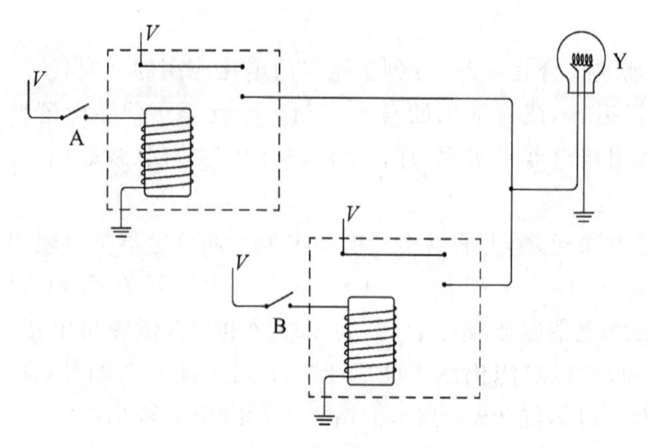

图 1.20 继电器并联组成或门电路

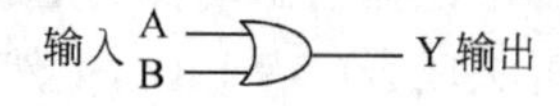

图 1.21 或门电路符号

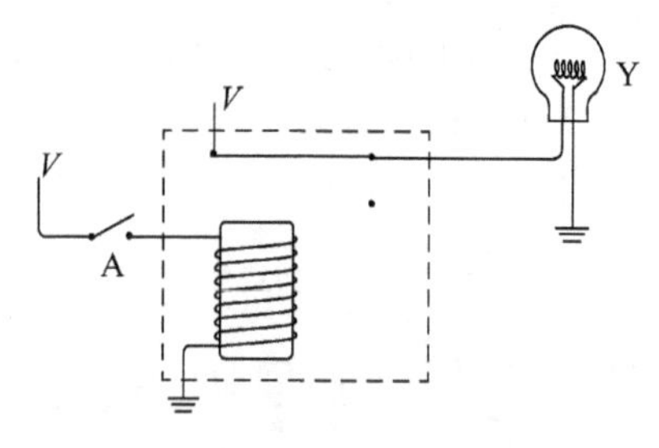

图 1.22 继电器组成非门电路

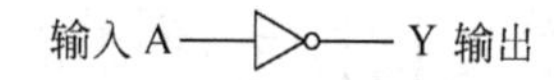

图 1.23 非门电路符号

4. 与非门

将两个非门所用的继电器并联，如图 1.24 所示，这时电路的输出和与门刚好相反，即只有当两个开关都闭合的时候(A=1、B=1)，灯泡不亮(Y=0)，其他情况下灯泡被点亮(Y=1)。这种电路称为与非门，通常用如图 1.25 所示的符号表示。

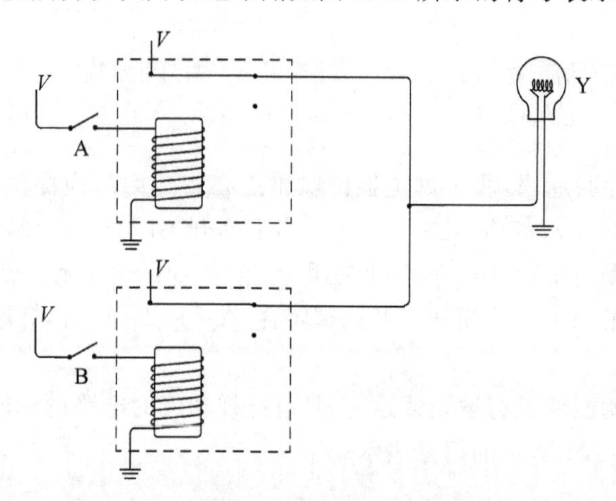

图 1.24 继电器组成与非门电路

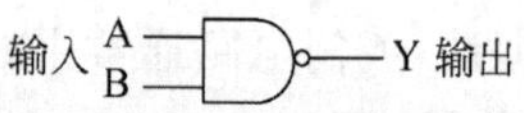

输入 A B —Y 输出

图 1.25 与非门电路符号

5. 或非门

将两个非门所用的继电器串联，如图 1.26 所示，这时电路的输出和或门刚好相反，即只有当两个开关都断开的时候(A=0、B=0),灯泡被点亮(Y=1),其他情况下灯泡不亮(Y=0)。这种电路称为或非门,通常用如图 1.27 所示的符号表示。

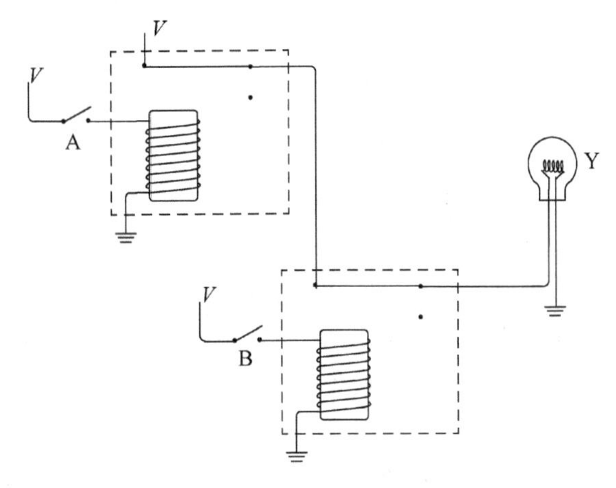

图 1.26 继电器组成或非门电路

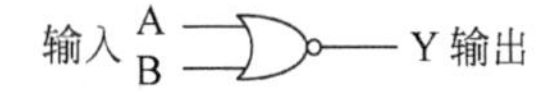

图 1.27 或非门电路符号

在逻辑门电路中,可以使用电子三极管代替继电器。当将电子三极管的栅极作为输入,而将屏极和阴极间作为输出,就可实现同继电器类似的开关功能:当输入为正电压时,屏极和阴极间有电子流过,电路闭合;当输入为负电压时,屏极和阴极间没有电子流过,电路断开。事实上,由于电子管没有机械部件,动作速度比继电器快很多,所以在逻辑门电路中也很快代替了继电器。

究竟由继电器还是由电子管组成逻辑门电路并不重要,重要的是,就像香农展示的那样,这些逻辑门电路可以装配组合成更复杂的逻辑电路,用来实现逻辑和代数运算功能,甚至是存储功能。

首先看一下如何用逻辑门电路组合成加法器。

利用前面介绍的基本逻辑门组成如图 1.28 所示的电路,通过分析可以得出输入与输出的关系如表 1.5 所示,刚好实现了二进制加法。由于输入端未考虑有进位位参加相加的情况,因此称为半加器,并用如图 1.29 所示符号表示。

表 1.5 二进制加法运算真值表

输入 A	输入 B	加和输出 S	进位输出 Co
0	0	0	0
0	1	1	0
1	0	1	0
1	1	0	1

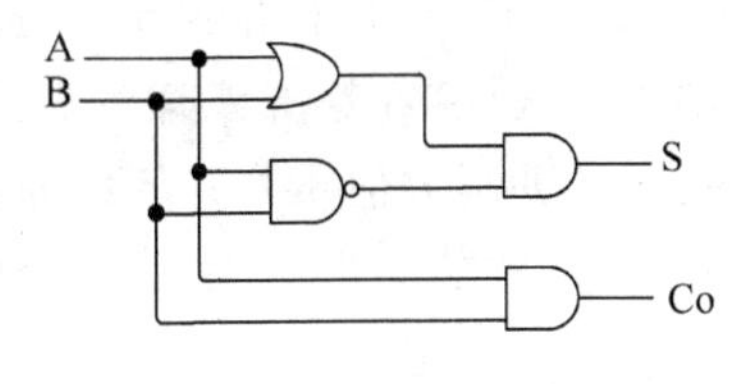

图 1.28 基本逻辑门组成半加器

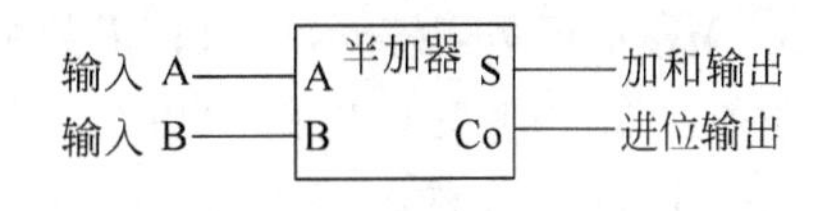

图 1.29 半加器电路符号

使用两个半加器、一个或门就可组成带进位位参加运算的全加器，如图 1.30 所示。

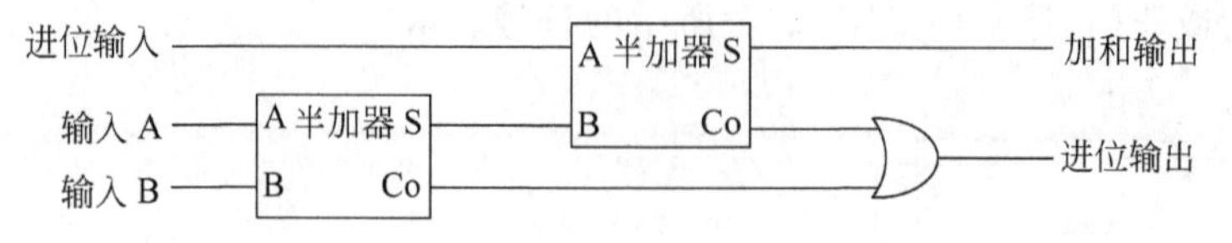

图 1.30 半加器组成的全加器

使用多个这样的全加器，就可组成能够实现任意二进制位相加的加法器。

接下来看一下逻辑电路更神奇的功能——存储。

用两个或非门组成如图 1.31 所示电路，R 和 S 为电路的输入，Q 和 $\overline{Q}$ 为电路的输出，$\overline{Q}$ 为 Q 的取反。通过分析可知：当输入端 R 为 0、S 为 1 时，输出 Q 为 1；当输入端 R 为 1、S 为 0 时，输出 Q 为 0；当输入端 R 为 0、S 为 0 时，输出 Q 有时为 1、有时为 0，但总能保持原来的状态不变。也就是说，电路记住了之前的状态。

这种电路被称为 R-S 触发器，通常用如图 1.32 所示符号表示。输入端 S(Set)用来置位，即使输出 Q 为 1；输入端 R(Reset)用来复位，即使输出端为 0。R-S 触发器最突出的特点在于，它可以记住哪个输入端的最终状态为 1。值得注意的是，应当避免 R 和 S 同时为 1。

图 1.31 触发器电路

图 1.32 R-S 触发器符号

以上两种功能的逻辑电路分别称为组合逻辑电路和时序逻辑电路：①组合逻辑电路在任何时刻，输出状态只决定于同一时刻各输入状态的组合，而与先前状态无关。因组合逻辑电路可以执行复杂的逻辑和代数运算功能，所以常用于计算和逻辑控制部件。②时序逻辑电路在任一时刻的输出信号不仅与当时的输入信号有关，而且还与电路原来的状态有关。时序逻辑电路具有存储和记忆的功能，可以用来存储数据和指令。

1948 年，香农发表了论文《通信的数学原理》，首次使用 bit(比特，binary digit)一词来表示二进制数字，并用它来度量二进制信息量。现代科学常用字节(Byte)来表示二进制信息量，1Byte＝8bit，用 KB、MB、GB、TB、PB 等表示不同的数量级，1KB＝2^{10} B，1MB＝2^{10} KB，以此类推。

1.3.4 完美的效果：加法解决一切

逻辑和电路的结合，当用于二进制运算时，还能产生更完美的结果。

按照二进制运算规则，乘法可以通过移位加实现，除法也可以用移位加实现，减法呢？

采用二进制表示数值时，可以采用一种补码的编码方式(将在第 2 章详细介绍)：最高位为符号位，0 表示正数，1 表示负数；正数的补码就是二进制数值本身；负数的补码是将除符号位外各位取反(1 变 0，0 变 1)后在最低位加 1。采用 8 位二进制表示一个数时，＋15 的补码为 00001111，－9 的补码为 11110111。

当采用二进制补码形式编码数值时，减法也可以通过加法实现，基本依据是$[x-y]_{补}=$

$[x]_{补}+[-y]_{补}$。

例如，$x=15$，$y=9$，求 $x-y$ 的值。

$[15]_{补}=00001111$，$[-9]_{补}=11110111$，$[15]_{补}+[-9]_{补}=$

$$\begin{array}{r} 00001111 \\ +\quad 11110111 \\ \hline 1\quad 00000110 \end{array}$$

可以看到，结果有 9 位，丢掉最高位，结果就是 00000110，这个二进制补码对应的十进制数是 6，正好是 15−9 的结果。

可能读者会质疑，这样计算需要判断数的正负、求数的补码，可能会增加计算量。实际上，这些正是逻辑电路的特长，例如，求反操作可以用非门电路来实现。

因此，仅依靠由基本逻辑门组成的加法器和一些简单的逻辑运算，就可完成二进制的加、减、乘、除等复杂数学运算。再进一步，从理论上讲，逻辑电路可实现所有的逻辑运算和数学运算。

二进制、逻辑、电路的结合是一个完美的结合。

1.4 理论的奠基：图灵和图灵机

二进制是计数的一种形式，以逻辑代数为基础的数理逻辑是研究人类思维(当然也包括数学计算)的，逻辑代数研究的对象是 1 和 0，二进制的运算可以通过基本逻辑运算实现，现在又有了数理逻辑的物质基础——逻辑电路，那么人类一直以来追求的用机器模拟人类思维可以实现了吗？退一步讲，用机器模拟并代替人类进行数学计算能实现吗？

这一阶段还不行！人类还没做好准备，光有巴贝奇的思想还不够，人类对机器和思维的本质还缺乏研究，但图灵和他的图灵机的出现，则为逻辑和现实架起了一座桥梁，为机器进行计算，甚至是思维，奠定了理论基础。

1.4.1 图灵机

艾伦·马西森·图灵，1912 年 6 月 23 日出生在英国的帕丁顿，祖父约翰·罗伯特·图灵曾经获得剑桥大学三一学院的数学学位，但放弃数学当了牧师，父亲朱利叶斯·马西森·图灵是英国驻印度的一位税务官，母亲艾赛尔·斯托尼是一位英国驻印度工程师的女儿。因父亲工作的原因，图灵童年时断续地被寄养在一对英国的军人夫妇家里。1922 年新年，图灵进入了小学，开始了寄宿式的学校生涯。1922 年年末，图灵得到了一本《儿童必读的自然奇迹》，后来他告诉母亲，这本书让他大开眼界，让他知道了世界上还存在一种知识，叫科学。1926 年，图灵考入伦敦的舍尔伯尼公学，在公学期间表现出对自然科学的极大兴趣和敏锐的数学头脑，15 岁时为了帮助母亲理解爱因斯坦的相对论，写了爱因斯坦的一部著作的内容提要，表现出他已具备非同凡响的数学水平和科学理解力。但是，经过数百年世界老大的荣光后，英国人原本就固执冷漠的性格和僵化刻板的阶级制度逐渐被发展到极致，在寄宿制的学校里尤其如此，这给图灵带来了极大的伤害。

1931 年，图灵获得了剑桥大学国王学院的奖学金，并被 G. H. 哈代录取，学习纯数学。1932 年 6 月，图灵收到了在舍尔伯尼获奖的奖品，一本约翰·冯·诺依曼所著的《量子力学的数学基础》，并在当年夏天开始阅读，同时他还收到了薛定谔和海森伯的关于量子论的书。量子理论研究需要新工具，而这个工具恰好在纯数学中被发现了。冯·诺依曼的工作，是基于理论的逻辑自洽性，从纯数学的角度证明，而不是实验结果。他注意到，希尔伯特空间可以用于严密地定义量子力学，并进行清晰的公理化逻辑推导。

希尔伯特是德国著名数学家，他提出了一个关于欧几里得几何学的构想，考虑了无限维度的空间，并在1899年成功地提出一个公理体系，使他可以不依靠特定的实体，而推导出欧几里得的所有定理，冯·诺依曼在其1929年出版的关于无界厄米算子的著作中，最早使用了"希尔伯特空间"这个名词。希尔伯特空间是公式化数学和量子力学的关键性概念之一。在1900年巴黎的第二届国际数学家大会上，希尔伯特提出了著名的23个待解决数学问题，其中第二个问题是"算术公理系统的无矛盾性"，即皮亚诺公理的相容性。1928年，在第8届国际数学家大会上，他进一步明确他的问题：第一，数学是完备的吗？是不是每个命题都能证明或证伪；第二，数学是相容的吗？也就是说，用符合逻辑的步骤和顺序，永远不会推出矛盾的命题，比如2＋2＝5；第三，数学是可判定的吗？是否存在一个机械式的方法，可以应用于任何命题，然后自动给出该命题的真假。虽然当时无法证明，但希尔伯特认为每个问题的回答都将会是"是"，数学家们也对此充满信心，认为数学的领域，应该像华贵的大理石宫殿一般，完美无瑕，无懈可击。

1931年，捷克数学家柯特·哥德尔证明，算术一定是不完备的，无法证明是相容的，而且一定不是既完备又相容的。一个数学系统可以被设计成相容的，它不会产生内部矛盾，但它只能处理有限的问题；一个可以处理无限命题的数学系统，其内部必然会产生自我矛盾。

1934年，图灵结束了大学生活，并以优异的成绩通过考试，与其他8人一起成为剑桥大学国王学院"B项目星级学者"。1935年春天，图灵当选为国王学院的研究员，此时他正在攻读数学的第三部分课程，授课者是M. H. A.纽曼。纽曼的课程就是继承希尔伯特的精神来讲的，主要探索数学的基础，课程是以证明哥德尔定理作为结束，因此把图灵带到了学术界的前沿。希尔伯特的第三个问题仍然悬而未决。

图灵暂时把群论、量子力学以及解释水的介电常数等问题放在一边，因为他看到了新鲜的、在数学核心、在他的思维核心的东西。图灵习惯于下午沿着康河（流经剑桥的一条河流）长跑，有时候甚至一直跑到依利。他后来说，那天（1935年初夏）是在格兰彻斯特，他躺在那里的草地上，想到了如何回答希尔伯特的第三个问题。纽曼说"用一个机械的过程"，于是图灵就想到了机器。

图灵需要把这种机器的特点抽象出来，应对到对符号的操作中，他想到了能操作符号的打字机。图灵对打字机进行了简化，忽略了页边距和换行这样的技术问题，设想这种机器只在一行上工作，更重要的是，他设想纸带长度是无限的，并被划分成方格，每个方格只能写一个符号。这种机器可以读出（扫描）方格中的符号、写入符号到方格中、清除方格中的符号，但它每次只能向左或向右移动一个方格。类似于打字机"大写状态"和"小写状态"，这种机器有有限种状态，在某一时刻，它处于其中一种状态。图灵把这种机器叫"自动机"。

自动机可以自己工作，根据它的构造，自动地读出和写入、或来回移动。它每一步的行为，完全由它的状态和读出的符号来决定，对于每一种状态和读出符号的组合，机器的构造决定了：①写一个新的（确定的）符号，还是保持现有符号不变，还是清除它并留下空格；②保持当前的状态，还是变成另一个（确定的）状态；③向左移动一格，或向右移动一格，还是留在当前位置。如果把所有这些定义自动机的信息(含构造、状态、符号)写出来，就形成一个有限大小的“行为表”。从抽象观点来看，行为表代表了物理存在的机器，而“机械的过程”这个模糊的概念，也被图灵演绎成了非常严密的一张行为表。

虽然看似简陋，但任意一个明确规则定义的实数，包括任何有理数及类似于3的平方根、7的对数、π这样的无理数，都可以由一个相应的自动机计算出来，图灵称这些可以用他的机器生成的数为“可计算数”。显然，任何一个可计算数，都必然对应一张行为表。哥德尔已经展示，用数字来表示公式和证明，因此，图灵把行为表编码成数字，并称之为“描述数”，每个行为表都有对应的描述数。如果一个描述数可以产生无限小数，图灵把它称为可用数。

此外，图灵还以非常明确的形式定义了“通用机器”。只要把任何一台机器的描述数告诉通用机器，它就可以读出描述数并将它解码成行为表，然后运行这个行为表。这样，通用机器就可以做任何一个机器能做的事。图灵还设计出了通用机器的行为表。

根据可计算数、自动机和通用机器的概念，仿照康托尔对角线法证明的数学技巧，图灵证明：没有一种规则能够在有限的时间内，检查任意行为表，也就不能识别出不可用数，也就是说，存在某些无理数，无法被计算，也没有办法能够在有限时间内被识别出来。于是，数学的可判定性在这一刻被粉碎了。

为了改进机器的设计，以解决更广泛的问题，图灵考虑了人类如何通过思考和在纸上记录符号来计算的过程，对自动机进行了更深入的说明，他还使用计算者(Computer，从事计算的人，一种职业)一词来指代他的机器。

从1935年春天到1936年4月中旬，可计算数一直占据着图灵的生活。1935年4月15日，图灵告诉纽曼，他证明了希尔伯特的判定问题是无解的，但在同一天，普林斯顿的美国逻辑学家阿隆佐·丘奇也发表了他的证明。虽然如此，图灵还是在1936年5月28日向伦敦数学协会提交了他的论文，因为他的论文在方法上与丘奇不同，某种程度上，图灵的模型更加直接地弥补了丘奇的缺陷，纽曼为此专门给丘奇和伦敦数学协会写信进行说明。1937年1月，图灵的论文最终发表在了伦敦数学协会会刊中，这就是那篇影响深远的论文《论可计算数及其在判定问题上的应用》(*On Computable Numbers, with an Application to the Entscheidungs-problem*)。论文发表后，丘奇重新审阅了文章，直接引入了“图灵机”这个名称，并寄给了《符号逻辑》期刊。

在这之后，图灵机被不断地完善，最终形成了今天的图灵机模型。图灵机由以下几部分组成：一条两端可以无限延长的纸带，纸带被划分为一系列均匀的方格，每个方格中可以填写有限个符号当中的一个符号；一个读写头，可以沿纸带方向左右移动(一次只能移动一格)或停留在原地，能够读出当前方格上的符号(读)或改变当前方格的符号(写)；一个状态寄存器，用于记录机器当前所处的状态；一张行为表，它根据当前机器所处的状态以及当前读写头所指的格子上的符号来确定读写头下一步的动作，并改变状态寄存器的值，令机器进入一个新的状态。

图灵机虽然不是为制造实际的计算机而设计，但它搭起了一座连接逻辑世界和实体世界的桥梁，对现代计算机科学的形成和发展都具有奠基性的意义，是现代计算机科学的理论基础。

(1) 证明了通用计算理论，肯定了计算机实现的可能性。

(2) 是计算学科最核心的理论，计算机的极限计算能力就是通用图灵机的计算能力，很多问题可以转化到图灵机这个简单的模型来考虑。

(3) 为现代计算机的构造奠定了核心理论架构基础。自动机的功能由行为表(即程序)决定,行为表可以编码成描述数,通用机器可以读取、解码描述数后并运行,因此通用机的构造问题可以简化为如何读取、解码并运行描述数;描述数的概念突破了过去计算机器设计理念,是存储程序的雏形;纸带可以看作存储器;方格中的符号采用了二进制,简化了计算所需的基本操作(仅需基本的逻辑操作便可实现计算),使计算的功能可由简单的开关电路实现。

1.4.2 解谜者

1935 年 4 月,基于群论,图灵提出了概周期函数论,是对冯·诺依曼的一篇论文的改进。同月,冯·诺依曼离开美国普林斯顿高等研究院避暑,在剑桥开办了一个讲座,图灵见到了冯·诺依曼,产生了去普林斯顿的想法。1936 年 9 月,图灵来到了普林斯顿学习,并与丘奇一同工作,在这里,他继续完善关于可计算数的内容,还在群论、数论、数理逻辑等数学领域进行研究。由于冯·诺依曼等人的推荐,图灵获得了保洁奖学金,延长了在普林斯顿的时间。1938 年 6 月,图灵在普林斯顿获博士学位,其论文题目为"以序数为基础的逻辑系统",1939 年正式发表,在数理逻辑研究中产生了深远的影响。

在普林斯顿期间,数学家之间经常玩一些解谜的智慧小游戏,这引起了图灵的兴趣,他开始投入对数论的研究,并关注密码学。他设计了一种密码体系:通过一个约定的密码手册,把一条信息转化为一串二进制数;为了让敌人即使掌握了密码手册也不能破解,把这个代表特定信息的数,乘以一个非常大的密钥数,然后乘积。为此,图灵设计了一个电动乘法机,并且制造了几个模块。在乘法机中,他采用二进制进行运算,通过布尔代数来减少基本操作的数量,并用一系列继电器开关的组合,实现图灵机的逻辑功能。由于没有考虑到敌人可以计算多个密文的最大公约数,就能得到作为密钥的乘数,图灵放弃了二进制乘法机的计划。但是,二进制乘法机是图灵机的初级阶段,标志着图灵越过数学与工程、逻辑与物理之间的界线,开始面对这个实体世界了。

1938 年 7 月,图灵放弃了为冯·诺依曼当研究助理的工作,回到了英国。1939 年 9 月,图灵加入了英国的政府编码密码学校,学校已经在 8 月搬到了布莱切利庄园。在布莱切利,图灵的工作就是破译德国的加密机器——谜机(Enigma),主要是海军型谜机。谜机是一种著名的密码机,战争初期,德国专家对商用谜机进行了改进,加入配线板,大大增加了谜机的状态数,此后还不断地对谜机进行改进,这些改进使德国自信地认为,谜机是不可破译的。图灵从缴获的谜机和浩如烟海的资料中,敏锐地发现了一种可以通过有限次尝试就能复原德军密钥的方法。他结合自己的图灵机构思,亲自设计并建造了一种巨大的解密机械——炸弹机(Bombe)。炸弹机起初是用继电器实现的,后来升级为电子管。这个神奇的机械能够根据输入的密文和情报专家们的猜测,以极快的速度进行解密尝试,一旦发现了可能的密钥,就会发出通知。更加神奇的是,当德军采用多级密钥来增强加密级别的时候,图灵他们也可以将多台炸弹机环接起来,大幅提高解密能力。从 1941 年年初起,无数极其珍贵的信息源源不断地被翻译出来,挽救了数以万计的生命,为盟军的最终胜利起到了直接、巨大的作用。毫不夸张地说,我们今天得以逃离纳粹的铁蹄,应该感谢图灵的功劳。

此外,在布莱切利庄园期间,图灵还指导了鱼机的破译工作,按照图灵提出的方法,采用电子管进行记数、二进制算术及布尔代数逻辑运算的巨人机(Colossus)于1943年12月研制成功。

1942年11月,作为英美联合密码破译机构的总顾问,图灵来到了华盛顿,指导美国的谜机破译工作。1942年12月末,在出色地完成任务后,图灵来到了纽约西街的贝尔实验室大楼,开始研究电子语音加密技术,在这里,图灵和克劳德·香农有过密切的交流,图灵的可计算数给香农留下深刻的印象。1943年3月,图灵回到了英国,随后在年底去了汉斯洛普庄园,全力投入电子语音加密机器——黛丽拉的制造,期间他对机器的电子实现进行了许多细节上的研究。

炸弹机、巨人机、黛丽拉等机器的制造,是图灵机在实体世界中的实现,为图灵积累了大量制造机器的经验,引领了机器科学的潮流。图灵因在第二次世界大战期间的出色工作,在1946年获得"不列颠帝国勋章"。

1.4.3 ACE报告

战争中成功的机器制造经历使图灵想制造一台他在可计算数中定义的"通用机器",并用它来研究人类大脑的工作原理。1945年6月,图灵被录用为特丁顿英国国家物理实验室数学部门的临时高级科学官,这个部门于1944年成立,研究计划包括自动电话设备在科学计算中的应用,以及用于调整计算的电子设备。在这里,图灵开始从事"自动计算引擎"(Automatic Computing Engine,ACE)的逻辑设计和具体研制工作,1945年年底,图灵完成了全部的ACE报告,并在其后进行了数次修正,共形成了7个版本,整个报告达五十多页。

ACE来源于图灵自己的思考,是图灵机理论和第二次世界大战中机器研制经验的结晶,在报告中,图灵给出了一个简明的定义:

> 不难证明,一台特殊的机器,可以实现所有的功能,也就是说,它可以模拟任何其他机器,这种特殊的机器称为通用机。通用机的原理很简单:我们想让它模拟何种机器,就在它的纸带上写入那种机器的描述数……因此,机器的功能是集中地体现在纸带上,而不是体现在通用机上。
>
> ……像ACE这样的数字计算机……它们都是通用机的现实版。机器具有电子的核心设备和很大的存储体,我们想要处理什么问题,就把相应的程序指令(由描述数演绎而来,编者注)写入ACE的存储体,然后它就被"设定"为运行这套程序。

图灵认为,任何问题都要依靠指令,而不是依靠硬件来解决。在他的哲学中,用硬件来实现加法和乘法,是一种浪费,因为它们都可以用指令来实现,而指令只需要更基本的逻辑操作:与、或、非。ACE计划就是由这些原始的逻辑操作组成的,不需要加法和乘法部件。但在实际构造设计中,图灵使用了特定的硬件来执行算术运算,但他把这些运算分解成很基本的硬件操作,以便可以使用更多的指令空间为代价,来节省硬件成本。此外,通过图灵的设计,在必要的时候,还可以通过一个设备来插入特定的电路,以通过硬件的方式执行特定的算术或逻辑运算。

ACE采用二进制,图灵只是在报告中提到了二进制的优点,即电子开关可以很自然地用"开/关"来表示"1/0"。

图灵的ACE报告集中于两个非常重要的问题:存储与控制。

图灵认为，ACE数字计算机的关键是高速大容量的存储设备。他在速度和成本之间进行了平衡，放弃了电子管存储方式，因为虽然这种方式读取时间不超过一微秒，但其成本却极其高昂。他倾向于采用阴极射线管，但由于一些技术和实现上的问题，转而采用了水银延迟线存储脉冲信息(二进制)，因为它是马上就能用的。

ACE的核心不是计算，而是控制，即逻辑控制，相当于通用机器的“扫描器”，它由电子硬件组成，控制机器读取指令、进行数据操作，主要涉及两类信息：指令位置和指令内容。在ACE中，脉冲可能表示数据，也可能表示指令，一条指令用32个脉冲存储在水银延迟线上。为了提高运算速度，图灵设计了32条特殊的短程延迟线组成的“暂存线”来中转脉冲，用于存储数据、指令(指令寄存器)、指令地址(指令地址寄存器)。通过层次结构指令表的设计，图灵提出了子程序和子程序库的思想，使ACE维护一组精简的指令表，在需要时由机器自动完成扩展，为此他编写了大量的指令表，如浮点数相加指令表(实际上，在报告完成后，图灵的主要工作就是设计指令表)，还提出了助记指令码的想法。ACE中没有实现“条件分支”(巴贝奇提出)的具体硬件，但图灵通过增加一个装置，执行数据与指令的运算，实现了条件分支的功能。这些都使ACE可以自动构造指令，使其有能力自动地准备、检查或编排程序。

在ACE报告中，许多电路已经设计好了，包括算术电路的详细设计，不仅是逻辑层面的电路图，很多地方还谈到了需要的具体电子元器件。图灵建议使用1400平方英尺的空间来部署该机器及辅助设备；预计配置200条延迟线，每条延迟线可容纳1024位数字，共计可存储6400个数和指令；只需要2000个真空管就可以实现逻辑控制功能，整个机器预计成本共计11 200英镑。

在1947年2月的版本中，图灵还描绘了一幅机器运行的场景：

首先是任务准备阶段，此时要检查所解问题是否相容，是否具有合适的形式，然后为其设计一个大概的计算过程。

图灵给出了一个具体问题作为例子，即数学和工程中非常典型的一个问题——贝塞尔函数的差分方程的数值解。接下来他假设贝塞尔函数的指令表已经“在架子上”准备好了，求解差分方程的一般过程也准备好了，然后：

计算任务所需的指令，有一些是架子上的标准指令，还有一些是为了该问题而编写的专用指令。标准指令卡片是现成的，专用指令卡片则需要专门打孔制作。将这些都准备好并检查过之后，我们把这些卡片输入机器，这只需要一个简单的霍勒瑞斯卡片进给装置。将这些卡片放在进给槽里，按一个键，就可以将其输入机器。请注意，刚开始机器中是没有任何指令的，并不具备一些正常状态下的功能。因此，我们设计使用最先输入的卡片来解决这个问题。这些卡片称为初始化卡片，它们的内容总是固定不变的，与后面的计算任务无关。将它们输入机器之后，机器会执行一些基础指令，对其自身进行初始化设定，然后准备读取我们为特定任务而制作的指令卡片。这个步骤完成之后，下一个阶段就会有各种不同的可能了……我们可以使机器直接执行该任务，将计算结果打孔并打印出来，然后自动停机……让机器在加载指令表后先暂停一下，就可以检查存储内容是否正确……可以在每个不同的参数值之后暂停一下，还可以输入另一张卡片来改变参数值……也可能有人更喜欢事先把这些卡片全部放在进给槽里，让ACE在需要的时候自动输入，这些都没有问题，完全取决于个人需要。

图灵甚至想到了远程终端的可能性：

这并不需要每个从事这类工作的人都拥有一台电子计算机，通常情况下，他们可以通过电话线路来操纵一台远程计算机。这只需要开发一些特殊的输入输出终端，其成本最多也就几百英镑。

这份 ACE 报告，首次展示了通用计算机的用途。在所有可能的应用中，排在首位的是构造射程表，另外图灵还举了 4 个更具实际价值的例子：给计算机输入一组复杂电路及其组件特性，就可以计算出对于给定信号的反馈结果；根据军队提供的记录卡片，自动地统计 1946 年 6 月的退伍人数；哈尔马板拼图问题，该机器可以自动地找到一个解，如果小块的数量不是无穷大，该机器还可以列举出所有的解；给定一个棋局，机器可以计算出某一方在三步之内的优势着法。

在 ACE 的设计中，图灵所依靠的，是他超前的思想和伟大的设计能力，但他把领先世界几十年的思想，倾注在了一个迂腐落后的组织中，加之战后英国国力严重衰颓，ACE 计划也没有了战争时布莱切利所拥有的绝对优先权和吸引力，因此已经没有足够的前瞻性、人才和资源来帮助图灵完成这一计划。1948 年 5 月，图灵离开了国家物理实验室，去了曼彻斯特大学。1950 年 11 月，在图灵的助手 J. H. 威尔金森的努力下，ACE 的原型机研制成功，该机器基于图灵设计的第 5 个版本，但只采用了图灵的部分思想。

由于英国严格的保密制度，图灵的 ACE 报告在保密了 27 年之后，于 1972 年正式发表，遭遇同等待遇的还有炸弹机和巨人机。事实上，巨人机被有些学者认为是世界上第一台电子计算机，整个第二次世界大战期间，英国一共启用过 11 台巨人计算机，但战后都被丘吉尔首相下令销毁，相关设计图纸也被付之一炬。也许这也是图灵的 ACE 机无法实现的原因之一。

巴贝奇的分析机提出了使用程序控制机器的运行，而程序由打孔卡片提供，但其功能与机器的构造有密切关系；图灵的 ACE 则更进了一步，机器的功能只与程序指令有关，实现了通用的目的，更重要的是，程序指令通过卡片输入后，同数据无区别地一起存储在了存储器中，此外，图灵还采用了二进制，使用电路进行逻辑运算。

1.4.4 人工智能之父

早在 1947 年，图灵就提出过自动程序设计的思想，并开始思考机器思维与机器学习。1948 年 9 月，他曾向国家物理实验室提交过一份报告《机器智能》，但被当时的董事查尔斯·盖尔顿·达尔文（进化论学者达尔文的孙子，应用数学家）认为不太适合发表，最终埋没在国家物理实验室的档案柜里。1950 年，图灵把自己的观点写出来，形成了一篇名为《计算机器与智能》的论文，并于 1950 年 10 月发表在哲学期刊《心灵》上。1956 年，在收入一部文集时此文改名为《机器能够思维吗?》，至今仍是研究人工智能的首选读物之一。正是这篇文章，为图灵赢得了一顶桂冠"人工智能之父"。在这篇论文里，图灵第一次提出"机器思维"的概念。他逐条反驳了机器不能思维的论调，做出了肯定的回答。他还对智能问题从行为主义的角度给出了定义，由此提出一个假想：即一个人在不接触对方的情况下，通过一种特殊的方式，和对方进行一系列的问答，如果在相当长时间内，他无法根据这些问题判断对方是人还是计算机，那么，就可以认为这个计算机具有同人相当的智力，即这台计算机是能思维的。这就是著名的“图灵测试”(Turing Testing)。2014年6月，在图灵去世60周年之际，英国的一段程序令33%的测试者认为对方是一名13岁小男孩，某种意义上通过了“图灵测试”。

◎延伸阅读

1951年，图灵当选为英国皇家学会会员，从事生物的非线性理论研究。1952年，图灵的同性伴侣协同一名同谋一起闯进了他的房子实施盗窃，图灵为此而报警，但是警方的调查结果使得他被控以“明显的猥亵和性颠倒行为”(当时英国的法律认为同性恋为违法行为)。他没有申辩，并被定罪，在法庭上，亦师亦父的纽曼为他作证说，“他是当世最精深最纯粹的数学家之一”。在著名的公审后，他被给予了两个选择：坐牢或荷尔蒙疗法(当时称化学阉割)。他选择了荷尔蒙注射，并持续了一年。

1954年6月7日，图灵因食用浸过氰化物溶液的苹果死亡，警方判定为自杀。正如安德鲁·哈吉斯在其所著的图灵传记*Alan Turing the Enigma*(改编成电影《模仿游戏》并获得2015年第87届奥斯卡最佳改编剧本奖，中译名为《艾伦·图灵传——如谜的解谜者》，由孙天齐译)中所说，“他像白雪公主一样死去，咬一口苹果，蘸着女巫酿造的毒汁”。

为了纪念图灵对计算机科学的巨大贡献，美国计算机协会(Association for Computer Machinery，ACM)从1966年起设立一年一度的图灵奖，以表彰在计算机科学研究与推动计算机技术发展有卓越贡献的杰出科学家。图灵奖是计算机界最负盛名的奖项，有“计算机界诺贝尔奖”之称。

1998年6月23日，伦敦市政府在图灵出生地故居的墙上镶嵌上一块象征人类智慧与科学的蔚蓝色铜匾，铸刻着计算机科学创始人的名字和出生年月，纪念这位计算机大师诞辰86周年，数万人参加了纪念仪式。那一天，也恰好是图灵在曼彻斯特大学亲手设计成功的电子计算机问世50周年。图灵的这个纪念活动牵动全世界计算机科学家的心，也惊动了英国国会。众议院极其不寻常地赶在前一天晚上10点30分，以压倒多数的投票，通过了一项法案，承认了同性恋者的平等权益。英国政府以一种特殊方式，表达了对这位科学巨人的伟大成就的敬意，也是对他遭受不公正惩罚的忏悔。

2009年9月10日，在三万民众的联名请愿下，英国当时的首相戈登·布朗正式代表英国政府向图灵因为同性恋被定罪并导致其自杀公开道歉。但英国政府在2012年拒绝了为其追赠死后赦免状的请愿。

图灵还是一位世界级的长跑运动员。他的马拉松最好成绩是2小时46分3秒，比1948年奥林匹克运动会金牌成绩慢11分钟。1948年的一次跨国赛跑比赛中，他跑赢了同年奥运会银牌得主汤姆·理查兹。

2012年12月，物理学家史蒂芬·霍金和其他10位名人，包括皇家天文学家里斯勋爵、英国皇家学会会长保罗·纳斯爵士、特兰平顿夫人(战争期间与图灵一同工作)，致函呼吁首相戴维·卡梅伦推动赦免工作的进行，政府明确表示支持此法案。

在2013年12月24日，英国女王伊丽莎白二世签署对图灵定性为“严重猥亵”的赦免，并立即生效。司法大臣克里斯·格雷林说图灵应被当之无愧地“记住并认可他对战争无与伦比的贡献”，而不是对他后来刑事定罪。

关于对图灵的评价，存在很多争论，本书编者不想过多阐述，只以以下两段文字作为本节的结束。

冯·诺依曼的同事富兰克尔在回忆中说：冯·诺依曼没有说过“存储程序”型计算机的概念是他的发明，却不止一次地说过，图灵是现代计算机设计思想的创始人。当有人将“电子计算机之父”的头衔戴在冯·诺依曼头上时，他谦逊地说，真正的计算机之父应该是图灵。

牛津大学著名数学家安德鲁·哈吉斯说道：“图灵似乎是上天派来的一个使者，匆匆而来，匆匆而去，为人间留下了智慧，留下了深邃的思想，后人必须为之思索几十年、上百年甚至永远。”

1.5 架构大师：冯·诺依曼

巴贝奇为我们留下了丰富的思想财富，开拓了机器自动计算这一片领地；香农把逻辑和电路结合在一起，创造了机器的物质基础；图灵提出了图灵机理论，为逻辑和机器间架起了一座桥梁，奠定了理论基础。这个时候，现代电子计算机似乎应该顺理成章地出现，并遍地开花了。事实呢？似乎还缺少一位终结者。

1.5.1 名不符实的 ENIAC

第二次世界大战爆发后，美国陆军军械部为研制和开发新型大炮，在马里兰州的阿伯丁设立了弹道研究实验室，主要任务是计算。1941 年珍珠港事件时，阿伯丁弹道实验室拥有一台布什微分分析机（香农操作过的那种），随后又占有了费城宾夕法尼亚大学莫尔电器工程学院拥有的一台。虽然如此，情况还是很糟糕。

1942 年夏天，作为“有希望的数学家”，戈德斯坦（在芝加哥大学获得数学博士学位，并在密歇根大学任教）被陆军军械部从第一批战时应征入伍的士兵中选中，随即被提升为陆军中尉。1942 年 9 月 1 日，戈德斯坦随技术上校吉隆一道，作为军械部与莫尔学院的联络官，研究莫尔学院的微分分析机为什么没有达到预期目标。在莫尔学院，戈德斯坦发现了最优秀的研究生、年轻（时年 23 岁）的工程师约翰·普利斯普·埃克特，埃克特改进了微分分析机，使它的速度提高了约十倍，准确度也提高了约十倍。但是，埃克特和戈德斯坦很快意识到，用微分分析机解决射击表的工作积压问题永远行不通。此时，另外一个人物出现了。

1941 年，约翰·威廉·莫奇利在厄赛纽斯学院（费城附近一所没有真正研究预算的小型学校）时，接触到了约翰·阿塔纳索夫。阿塔纳索夫是衣阿华州立大学的数学副教授，1940 年年底和克利夫·贝利（一个研究生）制造了一台小规模的、使用电子管、具有记忆功能的数字计算机 ABC，并提出了使用电子技术制造计算机的详细设计方案，遗憾的是，由于战争和经费的原因，该方案并未实施。1940 年 12 月，阿塔纳索夫去费城参加美国科学进步协会（AAAS）年会，莫奇利在会上做了演讲，认为电子学可以为绝望的数据处理问题提供答案，只是还不知道该如何做。会后，阿塔纳索夫找到莫奇利，告诉他自己已经建造了这样的机器。1941 年 6 月，莫奇利来到了衣阿华州立大学，阿塔纳索夫详细地为莫奇利讲解了他的机器：二进制数学方案、通过电路进行加减法、使用电子存储器。莫奇利全盘接受了这些思想，虽然有些不太清楚。不久，莫奇利前往宾夕法尼亚大学的莫尔学院任教。

1942年8月，莫奇利提出电子计算机应该是解决阿伯丁射击表工作积压的关键所在，并起草了一份研制电子计算机的报告：高速电子管计算装置的使用(*The Use of High-Speed Vacuum Tube Devices for Calculating*)，报告比较简单，只有5页，只提出了大致方案和论证了可行性。戈德斯坦收到报告后，让埃克特增补了一个附录，对具体实现方案进行了说明。1943年4月，美国陆军军械部采纳了报告中的方案，决定研制ENIAC(Electronic Numerical Integrator And Calculator，电子数字积分计算机)，并于1943年6月5日正式签署了文件。

在经历了重重困难后，埃克特和莫奇利完成了ENIAC的研制，并于1946年2月14日向公众发布了这一消息。ENIAC的成功研制要归功于几点：①埃克特构思精巧、才智出众、精力充沛，他要求电子管受到专门保护——不超过额定最高电压的50%下运行，开机后尽量不关机以避免开、关时电流冲击，还为电阻器、电容器、线路板、电子管座以及其他所有零件制定严格标准，这些措施提高了电子管的使用寿命和工作可靠性，解决了制造中的关键性问题；②莫奇利不仅有实现阿塔纳索夫独特想法的勇气，还了解Mark Ⅰ及其他非电子计算机的工作原理；③戈德斯坦了解到巴贝奇在实际建造过程中，因不断加入新思路而从未按时完成过一项任务的历史，下决心推进项目进展直至建造可操作的机器，他把研制过程中改进ENIAC的提议保留下来，用于下一台计算机器的研制。

实际上，1944年夏末，ENIAC就已经开始送交建造工程师手中，1945年年底就已经在宾夕法尼亚大学建造成功，同时在洛斯阿拉莫斯的希波计算中发挥了作用。1946年6月30日，陆军军械局正式接收了ENIAC，但在宾夕法尼亚大学一直运行到1946年11月9日，主要是为洛斯阿拉莫斯进行计算。1947年7月29日，ENIAC在阿伯丁弹道实验室重新运转。1955年10月2日，ENIAC的几千个开关被关掉，部分元件成为华盛顿史密森博物馆的展品。

ENIAC是个庞然大物，被安装在一排2.4m高的金属柜里，总长度达到了30m，占地面积为167m^2，总重量达到30t，耗电量超过150kW。ENIAC总共安装了17 468只电子管、7200个晶体二极管、70 000多电阻器、10 000多只电容器和6000只继电器，电路的焊接点多达50万个。机器的输入/输出使用IBM穿孔卡片，在其表面则布满了电表、电线和指示灯。

ENIAC使用十位置环形计数器存储十进制数，每个数字需要36个电子管，其中10个是组成环形计数器的触发器的双三极管，其计数和进位机制类似于机械齿轮。

ENIAC有20个10位有符号累加器，每个累加器使用10的补表示数，每秒可以执行5000次简单加法或减法，因几个累加器可以同时运行，因此其运算峰值更高。实际运算时，可以将某个累加器的进位位连接到另一个累加器执行双精度算术，但不能执行更高精度的运算。ENIAC使用4个累加器(由特殊算法单元控制)执行乘法运算，可达385次/秒；使用5个累加器(由特殊的除法/平方根单元控制)执行除法或平方根运算，每秒可执行40次除法或者3次平方根运算。

ENIAC中其他9个单元分别是：Initiating单元，用于开始和停止机器；Cycling单元，用于同步其他单元；Master Programmer，控制循环顺序；Reader，控制IBM穿孔卡片读取装置；Printer，控制IBM卡片穿孔装置；Constant Transmitter(常数发送器)和三个Function Tables(功能表)。

虽然戈德斯坦的决断和埃克特的勤奋使ENIAC得以被快速地制造出来，并获得了世界上第一台通用电子计算机的美誉，但ENIAC却存在着许多缺陷。

(1) 主要缺陷之一是缺乏足够的存储器。由于电子管组成的存储器过于昂贵，因此它的容量非常小，只能用来存储计算过程中的数据。当需要解决新的问题时，需要"重新编程"：将问题映射到机器上需要数周时间；当程序在纸上编好后，将它"输入"机器内部也需要几天时间，"输入"时需要操作员重新接插电缆、扳动开关；接下来还要通过一步一步地执行程序来验证和调试程序，如图1.33所示。控制机器运行的程序无法存储在机器内部，导致ENIAC虽然运行速度很快，但其启动速度过慢。

图1.33 ENIAC的"编程"

(2) 第二个缺陷是使用了十进制，这导致运算和逻辑控制电路过于复杂。

事实上，ENIAC研究小组也意识到了这些缺陷，并已经计划在下一台计算机中进行改进，更重要的是，他们有了一位天才的大师——约翰·冯·诺依曼。

◎ 延伸阅读

1973年10月19日，明尼苏达州一家地方法院经过135次开庭审理，当众宣判："莫奇利和埃克特没有发明第一台计算机，只是利用了阿塔纳索夫发明中的构思。"并且判决莫奇利和埃克特的专利无效，理由是阿塔纳索夫早在1941年，就将他对计算机的初步构想告诉给莫奇利。

1.5.2 名满天下的EDVAC报告草案

约翰·冯·诺依曼于1903年12月28日出生在匈牙利的布达佩斯，聪明而富有的父亲马克斯·诺依曼不但遗传给了冯·诺依曼智慧的基因，还使他在童年就接受了良好的教育，一个一个的家庭教师让他接受了正规的小学教育，不但教他法语、意大利语、英语、拉丁语、希腊语，还教他算术。1914年，冯·诺依曼进入布达佩斯的路德教会中学，期间撰写了第一篇论文，讨论了某种极小多项式的零点及超限直径问题。

1921年，冯·诺依曼进入柏林大学，轻松地学习了两年的化学工程，按计划在1923年通过了瑞士苏黎世联邦工业大学久负盛名的四年制化学工程系二年级的入学考试，1926年获得了学位。同时,他还在布达佩斯大学注册为数学方面的学生,但并不听课,只是在每学期期末回到布达佩斯大学通过课程考试,并在1926年获得了数学博士学位。在此期间,冯·诺依曼常常利用空余时间研读数学、写文章和数学家通信,并受到了希尔伯特和他的学生施密德,以及联邦工业大学数学教授外尔的影响,开始研究数理逻辑,1925年发表了第三篇论文《集合论的一种公理化》。

1926年秋,冯·诺依曼获得美国洛克菲勒基金会的资助去了哥廷根大学,1927年秋至1929年秋在柏林大学任无薪讲师,之后短暂地担任汉堡大学的无薪讲师。这一阶段,他的主要成就是提出了希尔伯特空间的概念,奠定了量子理论研究的数学基础,并在1932年出版了著名的《量子理论的数学基础》一书。

1930年年初,冯·诺依曼受邀到美国普林斯顿大学担任讲师。1933年9月,他成为普林斯顿高等研究院的终身教授,几个月后申请加入美国国籍,1937年年末获得批准。在普林斯顿高等研究院早期,冯·诺依曼主要从事纯数学研究。1938年,意识到战争即将爆发的冯·诺依曼申请参加了美国陆军军械局预备中尉的考试,但在1939年年初遭到了拒绝,原因是他的年龄超过了35岁。1939年9月,第二次世界大战爆发,冯·诺依曼应召参与了许多军事科学研究计划和工程项目：1940—1957年,任阿伯丁弹道实验室的陆军部科学咨询委员会委员；1941—1955年在华盛顿海军军械局,并在1943年1月至7月去英国工作；1943—1955年任洛斯阿拉莫斯实验室顾问；1950—1955年,任陆军特种武器设计委员会委员；1951—1957年,任美国空军华盛顿科学顾问委员会成员；1953—1957年,任原子能技术顾问小组成员；1954—1957年,任导弹顾问委员会主席。

冯·诺依曼在第二次世界大战期间,起初主要是从事常规爆炸理论和爆炸装置的研究,1943年开始在洛斯阿拉莫斯实验室开始从事原子弹的研发,这时需要解决大量的、十分困难的计算问题,他急需一种新的计算装置来解决这些问题,甚至试用了Mark Ⅰ号计算机。1944年8月的第一个星期,戈德斯坦在阿伯丁火车站等候去费城的火车,冯·诺依曼来到了站台,也在等一辆火车。戈德斯坦参加过几次冯·诺依曼的讲座,他冒昧地向这位世界闻名人士做了自我介绍,当谈到自己正在研发一种每秒可以完成333次乘法运算的电子计算机时,引起了冯·诺依曼极大的关注。1944年8月7日,冯·诺依曼参观了费城宾夕法尼亚大学的ENIAC,随后加入了ENIAC研制小组,开始指导下一台电子计算机EDVAC(Electronic Discrete Variable Automatic Computer,电子离散变量自动计算机)的研制。同埃克特一样,冯·诺依曼敏锐地意识到下一步主要的问题是避免重新启动程序而浪费宝贵的时间,并找到一个比累加器更为经济的存储工具,他提议建立一个集中化的程序装置,把程序指令以编码形式存储其中。在这个过程中,冯·诺依曼显示出他雄厚的数理基础知识,充分发挥了他的顾问作用及探索问题和综合分析的能力。

1945年,冯·诺依曼应邀为EDVAC起草逻辑框架报告,完成了影响深远的《关于EDVAC的报告草案》(*First Draft of a Report on the EDVAC*,简称《报告草案》),该报告由莫尔学院于1945年6月30日油印出版,长达101页。在《报告草案》中,冯·诺依曼解释计算机需要中心算术系统(CA,即运算器)、中央控制系统(CC,即控制器,用以提供恰当的操作顺序)和存储器(M),并写道"这三种特殊的部分——中心算术系统、中央控制系统和存储器,相当于人类神经系统中的联想神经元,还需要讨论感觉的或传入的神经元,以及传动蛋白或传出神经元的对等物,这些是该装置的输入和输出器官……"《报告草案》中当然也包括他最重要的思想，即把程序指令以编码形式按顺序存储在存储器中，以便机器能自动一条接着一条地依次执行指令(串行执行)。《报告草案》还根据电子元件双稳工作的特点，建议在电子计算机中采用二进制，程序和数据都编码成二进制，存储器的地址也编码成二进制，并预言二进制的采用将大大简化机器的逻辑线路。由于在第3章中将详细介绍冯·诺依曼体系结构，所以在此不再赘述。

同图灵的ACE报告命运不同的是，戈德斯坦为《报告草案》而震撼，认为它为计算机"将来几乎所有的逻辑设计的研究确立了模式"，他意识到这是一份历史文献，只要有需要，他都会慷慨相送，这也使《报告草案》很快便在世界上被广为传阅。《报告草案》将EDVAC直接引入了公共领域，帮助全世界生产电子计算机，也就是EDVAC的后代产品。

事实上，《报告草案》诞生的长子并不是EDVAC，英国剑桥大学的莫里斯·文森特·威尔克斯对《报告草案》亦步亦趋，在1946年6月制造出了电子延迟存储自动计算机(Electronic Delay Storage Automatic Calculator，EDSAC)，并因此获得了1967年的图灵奖。他们认为全世界生产的计算机拥有一个共同的祖先——可以说是圣经一般的《报告草案》——是一桩好事，"只要熟悉了一种机器，适应另一种机器将全无困难。"

莫尔学院在埃克特和莫奇利出走后，重新引入工程师完成了与陆军的合同，在1950年将EDVAC交付给阿伯丁。

1.5.3 儿孙满堂然后是计算机之父

1946年，埃克特和莫奇利离开了莫尔学院，成立了一家私营企业——埃克特-莫奇利计算机公司，他们看到了计算机潜在的巨大商业利益，并试图通过申请保护性专利来攫取巨额财富。这一切使他们远离了冯·诺依曼和戈德斯坦，EDVAC的两个争执不休的策划小组在它诞生前就各奔东西了。(有关这一切请参见本书3.1.3节)。

冯·诺依曼致力于开创一个新的计算机时代，他想让计算机如同达尔文进化论一般创造出更好的计算机，而专利会封锁技术，当他获得比EDVAC更加先进、更为重要的技术时，会被挡在门外，而无法让EDVAC不断地进化出后代。

1945年10月，冯·诺依曼将计算机项目带到了专注于理论研究的普林斯顿高等研究院，获得了高等研究院、陆军、海军的资助，目的是制造一台更先进的计算机——高等研究院计算机。不过，应冯·诺依曼本人的要求，在合同中注明了他有就他的发现发表报告的义务。1946—1951年，冯·诺依曼与他的助手戈德斯坦及勃克斯撰写了一系列的报告，发表了相关的论文，并举办了相应的讲座，介绍他们在计算机逻辑设计方面的改革，目的是建议全世界的科学家、工程师、数学家及逻辑学家，将冯·诺依曼思考出来的有关计算机的最佳形式和结构组合结合起来，制造本地的高速计算机。1946年6月，第一份报告就发往了几个不同国家约175个机构和个人，并传去了一份法律证词：出于作者意愿，某些可能具有专利性质的材料向公共领域开放。这份报告就是冯·诺依曼和戈德斯坦、勃克斯在EDVAC方案的基础上，提出的一个更加完善的设计报告《电子计算装置逻辑设计初探》(*Preliminary Discussion of the Logical Design of an Electronic Computing Instrument*)。《关于EDVAC的报告草案》和《电子计算装置逻辑设计初探》两份设计报告，全面阐述了电子计算机的逻辑设计思想，为电子计算机的硬件架构奠定了基础，两份报告所设计的电子计算机的逻辑结构，被称为"冯·诺依曼体系结构"，也是本书整体上要重点介绍的内容。

冯·诺依曼的工作很快就有了回报，从高等研究院发出的报告和论文使高等研究院计算机的克隆品于20世纪50年代早期在世界各地开花结果，从悉尼大学的SILLIAC，到以色列的WEIZAC、慕尼黑的PERM、瑞典的BESK，甚至莫斯科学院的BESM，当然也包括美国自己的产品：MANIAC（洛斯阿拉莫斯策划）、兰德公司（收购了埃克特和莫奇利的公司）的JOHNNIAC、阿尔贡国家实验室的AVIDAC（高等研究院数字自动计算机阿尔贡版的首字母组合词）、阿伯丁实验室的ORDVAC、橡树岭国家实验室的ORACLE、伊利诺伊大学的ILLIAC及IBM 701。701使IBM占领了全球市场，它在诞生之时就有一些地方超过了几乎同时开始运转的高等研究院计算机。所有产品都向高等研究院论文致敬，这些论文是他们的蓝本，推动了他们起步。

时至今日，除了极少数特例，所有计算机均按冯·诺依曼体系结构设计，冯·诺依曼也因他在计算机领域内的杰出贡献被称为"计算机之父"。

◎延伸阅读

冯·诺依曼还被称为"博弈论之父"，他在研究决策问题时创立了博弈论，并将其应用在了经济学中，在1944年和摩根斯特共同出版了640页的经典著作《博弈论与经济行为》。

冯·诺依曼还致力于应用数学的研究，依靠计算机，他把气象研究从经验方法带到了严谨的数学方法上来。但是，高等研究院的教授们对此反应并不热烈，在1957年冯·诺依曼去世后，他们关闭了计算机项目，并通过了一个动议：从此以后他们不再进行实验科学——在高等研究院不会再有任何类型的实验室。戈德斯坦去了IBM。

在1950年后，冯·诺依曼又投入了氢弹的研制工作，并利用不多的空闲时间，综合早年对逻辑研究的成果和关于计算机的工作，开始思考自动机理论。但不幸的是，1955年8月冯·诺依曼被查出患上了癌症，但他仍然坚持在轮椅和病床上工作，并于1957年2月8日溘然长逝。他在病床上完成的西利曼讲座的手稿，在去世后的1958年以《计算机与人脑》为题出版。

1.6 发明引领：计算机发展的几个历史阶段

冯·诺依曼为现代电子计算机确立了体系结构，接下来主要是逻辑元器件的更迭与发展。按照所使用的逻辑元器件，计算机的发展经历了以下几个历史阶段。

1. 第一代：电子管计算机

在发明初期，电子管主要用于放大（参见1.3.2节），但由于其良好的开关特性，在开关电路也有应用，主要用于搭建逻辑电路（参见1.3.3节），并被广泛地应用在第一代电子计算机中。1945年起，电子管已经全面取代继电器，成为计算机中主要的逻辑元器件，承担逻辑控制、运算及部分数据存储的功能，这一时期的计算机也称为电子管计算机，代表有ENIAC、EDSAC、EDVAC、UNIVAC等，其中，UNIVAC（UNIVersal Automatic Computer，通用自动计算机机）是较早的商用计算机之一，由埃克特-莫奇利计算机公司于1951年制造，并交付给美国人口普查局使用。

电子管计算机的显著特征是使用电子管作为逻辑元件，此外大部分采用二进制，程序可以存储，但存储设备比较慢，主要有水银延迟线、阴极射线管，后期开始出现磁芯存储、磁带存储。

这一时期为计算机设计程序是比较困难的，编程人员直接面对的是机器语言，即使用二进制的 0 和 1，对程序进行编码，如 01001101 代表进行加法运算。1951 年，葛丽丝·穆雷·霍普提出了编译器的概念，改变了这一状况。

葛丽丝·穆雷·霍普，女，1906 年 12 月 9 日出生于美国纽约州纽约市，计算机科学家、美国海军准将，最早的程序设计师之一。1944 年 7 月，霍普从位于史密斯学院的预备军官学校毕业，以海军少尉的阶级，成为 Mark Ⅰ 计算机的第一个专职程序设计师。1949 年，霍普进入埃克特-莫奇利计算机公司，参与 UNIVAC 的研制。在为 UNIVAC 设计程序时，她提出了开发高级程序设计语言的想法，即开发出一套计算机程序（称为编译器），人们以接近英文写作的方式写出程序，并由编译器将程序翻译成机器可以理解的二进制机器代码。1951—1952 年间，霍普开发出第一套编译器 A-0 系统，之后又接续开发了 A-1 与 A-2。1959 年，为了解决编译器不一致的问题，在五角大楼的推动下，由霍普担任首席技术顾问，讨论通过了新的编程语言标准，这就是 COBOL 的由来，霍普后来开发了 COBOL 验证软件与编译器，被称为“COBOL 之母”，COBOL 是第一批高级程序设计语言之一，并在 20 世纪 80 年代得到广泛应用。霍普曾数次从美国海军退役，并数次被召回。1983 年，在美国众议院的提议下，美国总统里根通过特别命令，任命霍普为海军准将。1986 年 8 月 14 日，霍普正式退役，成为美国退伍年纪最大的军人。

◎延伸阅读

为了节省硬件成本，葛丽丝·霍普在 Mark Ⅰ 上，决定以 6 位数字来储存时间，即年、月、日各两位，这个习惯被后来的 COBOL 继承，之后传播到其他编程语言及操作系统中，这也是日后 Y2K 危机（世纪更迭时计算机时间表示混乱）的最早起源。

1947 年 9 月 9 日，在经过一个月的跟踪调试后，霍普发现造成 Mark Ⅱ 计算机故障的原因竟然是卡在继电器触点间的一只飞蛾，他们把飞蛾摘下后用胶带粘在记录日志的笔记本上（图 1.34），并诙谐地把程序缺陷称为 Bug（原意是臭虫、窃听器），Bug 一词后来也成为计算机专业词汇，指计算机系统（包括软件和硬件）中未被发现的缺陷、漏洞、错误，而查找 Bug 的过程称为 Debug。

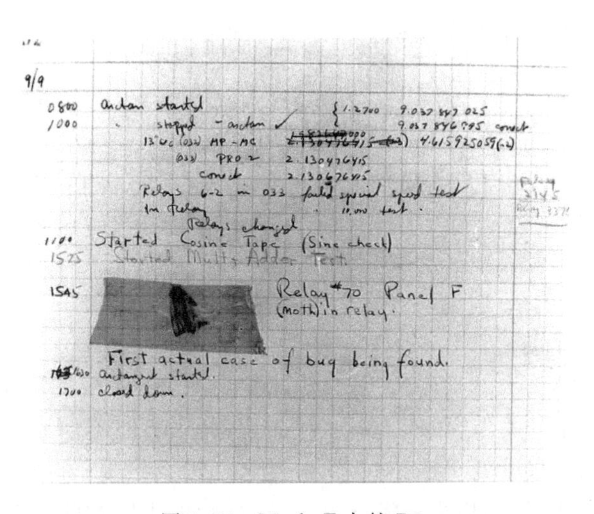

图 1.34　Mark Ⅱ 中的 Bug

2. 第二代：晶体管计算机

1939年12月29日，美国电话电报公司(AT&T)贝尔实验室的威廉·肖克利在他的笔记本上写道："今天我突然想到，使用半导体来制作放大器从原理上讲比使用真空管更为可能"。半导体是指常温下导电性能介于导体和绝缘体之间的材料，其导电系数可以通过多种方式操控。1945年第二次世界大战结束不久，贝尔实验室成立了由肖克利和斯坦利·摩根领导的固态物理研究小组，任务是寻找一种玻璃真空管放大器的固态替代品，成员有约翰·巴丁、沃尔特·布兰坦等。1947年12月23日，巴丁和布兰坦在实验中发现，由一块锗(半导体)、一条金属箔组成的器材，具有明显的放大作用，并据此申请专利，这就是点接触型晶体管。但是，点接触型晶体管制造工艺复杂、脆弱易损。1951年7月，肖克利在巴丁和布兰坦，以及另外一个小组(John N. Shive)的工作的基础上，发明了结型晶体管，标志着晶体管进入实用化阶段。1956年，肖克利、巴丁、布兰坦因此获得了诺贝尔物理学奖。

晶体管开创了固态电子器件的时代，即指晶体管不再需要真空而是使用固体制造，尤其是使用半导体以及当今最为常见的硅来制造。除了体积比真空管更小，晶体管需要的电量更小，产生的热量更少，而且持久耐用。开发晶体管的最初目的是放大电信号，它的真正商业应用也起始于助听器。但同真空管一样，晶体管具有开关功能，可以组成逻辑门电路，进而构造更复杂的逻辑电路。

晶体管分为双极性晶体管(BJT)和场效应晶体管(FET)。下面以NPN型双极性晶体三极管(以下简称晶体三极管)为例，简要说明晶体管的结构和开关工作原理。

晶体三极管由两块N型半导体(电子型半导体，即自由电子浓度远大于空穴浓度的杂质半导体)和一块P型半导体(空穴型半导体，即空穴浓度远大于自由电子浓度的杂质半导体)组成，P型半导体在两个N型半导体的中间，它的三个电极分别称为集电极(Collect)、基极(Basic)和发射极(Emission)，其结构如图1.35(a)所示。图1.35(b)是晶体三极管的结构剖面图，图1.35(c)是晶体三极管的电路符号。

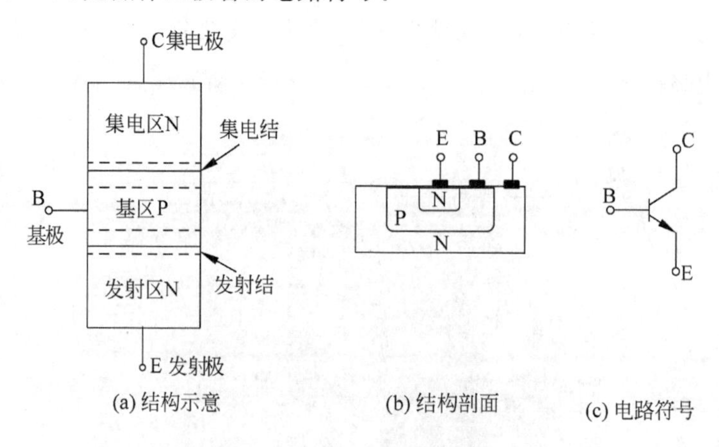

图1.35　晶体三极管结构

当晶体三极管用于开关作用时，工作原理如下：在BE间不加偏压或施加反向偏压时，CE之间相当于断路，三极管处于截止状态，相当于"关"；在BE间施加正向偏压且达到一定数值时，CE间电压非常低，相当于完全导通，三极管处于饱和状态，相当于"开"。实际使用时，通常把某一电极接地，并添加相应电阻器件，就可组成开关三极管电路，例如图 1.36，把发射极接地(称为共发射极)，将基极作为输入、集电极作为输出。

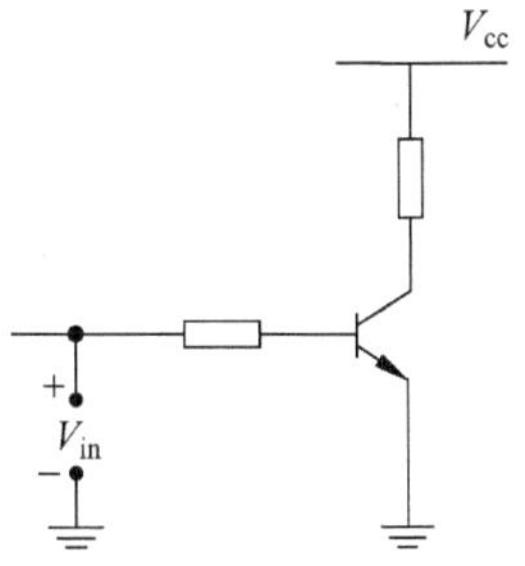

使用晶体管组成逻辑门电路并构造逻辑电路的基本原理同 1.3.3 节中类似，但 1.3.3 节只是概要性地从原理上说明了逻辑门电路与逻辑电路，读者如果想详细了解技术细节，请以相关专业文献为标准。

V_{cc}

V_{in}

图 1.36 晶体三极管工作原理

使用晶体管作为主要逻辑元器件的计算机被称为晶体计算机。1954 年，贝尔实验室制成了第一台晶体管计算机 TRADIC，使用了 800 个晶体管。1955 年，全晶体管计算机 UNIVAC-Ⅱ问世。第二代计算机的主流产品是 IBM 7000 系列。

这一时期，计算机普遍采用磁芯存储器作为主存储器，并以大容量的磁盘、磁带存储作为辅助存储器，而且程序设计语言有了快速发展，高级程序设计语言开始出现。

3. 第三代：集成电路计算机

无论使用电子管还是晶体管组成计算机，都无法改变计算机的结构和逻辑设计，而且这些元器件之间都需要大量的导线连接，有没有办法可以避免呢？

人们发现晶体管的某些组合具有特定功能，可以重复利用，如果把晶体管预先连接成常见的构件，再用其来组装计算机会更加容易。1952 年 5 月，英国物理学家杰里佛在一次演讲中提出了以下观点。

> 随着晶体管的出现以及半导体研究的广泛开展，现在也许可以设想将来会出现不采用导线而是由固体块组成的电子设备。这种固体块可能由绝缘层、导体层、整流层以及放大层 4 个层次组成，将不同层次的隔离区连接起来即可实现电子功能。

1958 年 7 月，美国德州仪器公司的杰克·基尔比发明了可以在一块硅片制造出多个晶体管、电阻、其他电子元件的方法。1959 年 1 月，仙童半导体公司的罗伯特·诺依斯也发明了类似方法。尽管基尔比比诺依斯早 6 个月发明这种设备，且德州仪器公司也先于仙童公司申请专利，但却是诺依斯首先获得了专利，这产生了法律上的纠纷，并在 10 年后才得以解决。因此，基尔比和诺依斯一起被称为这种设备的共同发明者，这种设备被称为集成电路，通俗的说法就是芯片。

20 世纪 60 年代，太空项目及军备竞赛推动了早期集成电路市场的发展，开始出现了集成电路构造的计算机，即集成电路计算机。第三代计算机由于采用了集成电路，质量、体积、功耗、成本都大大减少，同时运算速度却提高到每秒几百万次，可靠性也得到了显著提升。

这一时期，半导体存储器逐渐代替了磁芯存储器成为计算机的主存储器，用户通过分时系统的交互作用来共享计算机资源。

IBM 公司在 1964 年 4 月推出的 IBM System/360 是集成电路计算机时期的主流产品，而 DEC 公司在 1965 年 3 月 22 日推出的 PDP-8 则是第一代小型计算机。

◎延伸阅读

摩尔定律

1965 年,戈登·E. 摩尔(当时在仙童公司,后来成为英特尔公司的合伙创办人)发现从 1959 年以后,同一块芯片上可以集成的晶体管数目每年增加一倍,他预言这种趋势将会持续。实际发展速度比摩尔预言的稍慢,因此他在 1969 年将时间经验修正为 18 个月,这就是著名的摩尔定律:每 18 个月同一块芯片上集成晶体管数目将会增加一倍。

4. 第四代:大规模集成电路计算机

随着制造工艺的发展,芯片上可以集成的逻辑门数量也在不断增多:小规模集成电路(SSI,少于 10 个逻辑门)、中规模集成电路(MSI,10～100 逻辑门)、大规模集成电路(LSI,100～5000 个逻辑门)、特大规模集成电路(VLSI,5000～50 000 个逻辑门)、超大规模集成电路(SLSI,50 000～100 000 个逻辑门)、超特大规模集成电路(超过 100 000 个逻辑门)。

1971 年,开始出现了大规模集成电路,计算机开始步入一个飞速发展的时期。采用大规模集成电路或更复杂集成电路的计算机被称为第四代计算机。

这一时期,微处理器开始成为计算机的核心器件,微型计算机也随之出现并迅速占领市场。

小　　结

虽然仅仅经过几十年的发展,计算机已经深刻地改变了人类社会的生产、生活方式。在这几十年的发展中,许多计算机天才在不同领域,包括架构设计、工艺制造、算法设计、人机接口、人工智能等,不断地为计算机注入新的思想。本章只是较详细地介绍了早期的发展,并试图从中发现隐藏在故事及技术背后最宝贵的东西——思想,期望能为读者搭建计算机组成结构和运算原理的基本框架。关于计算机中后期发展过程及相关技术,后面部分章节会进行相关部分的简单介绍。读者若想详细地了解计算机发展历史,包括我国计算机发展史,可参考相关书籍。

复　习　题

1.1　原始计算工具都有哪些?

1.2　巴贝奇的分析机由哪几部分组成?分析机的设计对现代计算机的发展有什么影响?

1.3　数理逻辑的研究内容有哪些?

1.4　有哪些基本逻辑运算和导出逻辑运算?逻辑代数和二进制有什么联系?

1.5　哪篇硕士论文提出了逻辑电路的基本概念?意义是什么?

1.6　请用逻辑门电路组成全加器。

1.7　图灵的自动机与通用机器是什么关系?现代图灵机模型的基本组成和工作原理是什么?

1.8　图灵对于计算机科学的主要贡献有哪些?

1.9　简述电子三极管的基本结构和工作原理。

1.10　ENIAC 的全称是什么? 它有什么划时代的意义? 存在什么缺陷?

1.11　奠定电子计算机硬件架构基础的是哪两份报告? 冯·诺依曼架构的提出对于计算机发展有何重大意义? 冯·诺依曼架构的成功和普及的原因是什么?

1.12　晶体三极管的基本结构和工作原理是什么?

1.13　冯·诺依曼对于计算机科学的主要贡献有哪些?

1.14　现代电子计算机发展经过了几个历史阶段?

第 2 章 编码：机器与世界的对话

人类发明了语言，通过语言人们可以将自己的所见、所听、所感、所想告诉他人。但是，话语受声音所能到达的空间距离限制，并且只有当时所在之人才能听到。文字将语言转换为可视符号，拓展了语言的时空界限，布莱叶盲文、手语将文字和语言转换为特殊人群可以接受的形式，莫尔斯电码则将文字转换为嘀-嗒的铁条撞击声。这些都是编码，将信息从一种形式转换为另一种形式，转换的目的是为了信息的交换，人与世界的交换、人与人的交换。

自从冯·诺依曼体系结构确立之后，计算机的世界变成了二进制世界，0 和 1 就是它的语言。计算机不是孤立的，它要和外部世界进行交互：接受外部给它的命令——人类思维的机器表现，也就是程序指令，这是巴贝奇从织布机上得到的灵感、图灵的描述数；接收外部供给它的原料——数据，开始是数值，而后是文本、图像、声音、视频；将它的产品，同样也是数据，反馈给外部。冯·诺依曼把这一切无差别地对待，无论是程序指令，还是数据，都用 0 和 1 进行编码，甚至它自身内部存储器的编号(称为地址)，也用 0 和 1 进行编码。当计算机网络出现后，计算机间还有交互。

编码，实现了机器与世界的对话。

本章将详细介绍数据在计算机中的二进制编码形式，包括数值、文本、图像、声音、视频等。关于程序指令的编码和存储地址的编码，将在第 3 章和第 4 章涉及。

2.1 数值的编码

数值是指表示数量(大小)的数字，数值的编码必须明确表征其大小。

2.1.1 数制转换

现实世界中的数值通常采用十进制，因此下面先介绍下十进制与二进制间的相互转换。

1. 十进制转换为二进制

十进制数转换为二进制数时，整数部分和小数部分采用不同的方法转换，转换完成后，再用小数点把转换结果组合在一起。整数部分一般采用“除 2 倒取余”的方法，即将整数逐次除以 2，直到商为 0 时止，因为每次除 2 运算的余数按计算顺序依次是二进制数从低位到高位的数码，因此把余数按倒序的次序书写出来就可作为转换结果。小数部分一般采用“乘 2 顺取整”，即将小数部分逐次乘以 2，直到小数部分为 0 时，或者乘 2 的次数达到二进制小数位数(精度)要求，把积的整数部分按顺序写出就可以作为转换结果。转换方法如例 2.1、例 2.2。

【例 2.1】 将十进制数 10.125 转换为二进制数。

【解】 整数部分转换见表 2.1,小数部分的转换见表 2.2,所以最终结果为 1010.001。

表 2.1 整数部分转换(例 2.1)

除 2	商	余 数
10÷2	5	0
5÷2	2	1
2÷2	1	0
1÷2	0	1
		结果为 1010

表 2.2 小数部分转换(例 2.1)

乘 2	积	整数部分
0.125×2	0.2	0
0.25×2	0.5	0
0.5×2	1.0	1
		结果为 001

【例 2.2】 将十进制数 10.243 转换为二进制数,二进制小数后保留 4 位。

【解】 整数部分转换同例 2.1,小数部分的转换见表 2.3,所以最终结果为$(1010.0011)_2$。

2. 二进制转换为十进制

二进制数转换为十进制时,采取“按位权展开求和”,即按照 1.3.1 节中公式进行计算即可。

表 2.3 小数部分转换(例 2.2)

乘 2	积	整数部分
0.243×2	0.486	0
0.486×2	0.972	0
0.972×2	1.944	1
0.944×2	1.888	1
		结果为 0011

【例 2.3】 将二进制数 1001.1011 转换为十进制数。

【解】 $(1001.1011)_2=(1\times2^3+1\times2^0+1\times2^{-1}+1\times2^{-3}+1\times2^{-4})=9.875$

由于二进制数码较长,书写时不方便,人们常将二进制转换为十六进制来书写。

十六进制是用 0~9、A~F 这 16 个数码来表示的数,数码 A~F 分别对应十进制数 10~15,进位机制是“逢 16 进 1、借 1 当 16”,也采用位置记数法,位权是以 16 为底的幂。十六进制数通常用一个下标 16 或后缀 H 表示。

3. 二进制转换为十六进制

二进制数转换为十六进制数时,采用每 4 位二进制数对应转换成 1 位十六进制数的方法进行转换,如$(1010\ 0101)_2$=A5H。

4. 十六进制转换为二进制

十六进制数转换为二进制数时,采用每 1 位十六进制数对应转换成 4 位二进制数的方法进行转换,如 F6H=$(1111\ 0110)_2$。

2.1.2 整数编码

整数分为无符号整数和有符号整数两种类型。

无符号整数一般直接利用对应的二进制数码进行编码,当位数不足时,在最高位前添 0 补足。如用 8 位二进制数编码数值 8,可得到编码 00001000。

有符号整数的二进制编码有原码、反码、补码三种,其编码规则如下。

(1) 原码:最高位是符号位,用 0 表示正数,1 表示负数,其余位编码为整数的绝对值对应的二进制数码。例如,用 8 位二进制原码编码整数,则$[+9]_{原}=00001001$、$[-9]_{原}=10001001$。

(2) 反码：正数的反码与原码相同，负数的反码是把其原码除符号位外取反(0 变 1、1 变 0)得到。例如，用 8 位二进制反码编码整数，则$[+9]_{反}=[+9]_{原}=00001001$、$[-9]_{反}=11110110$。

(3) 补码：正数的补码与原码相同，负数的补码是把其原码除符号位外取反(0 变 1、1 变 0)后，在结果的最低位上加 1 得到，也就是在其反码的最低位加 1 得到。例如，用 8 位二进制补码编码整数，则$[+9]_{补}=[+9]_{原}=00001001$、$[-9]_{补}=11110111$。

正如在 1.3.4 节中描述的那样，采用补码对数值进行编码，利用加法器就可以直接进行加、减、乘、除等数值计算，从而简化了计算机结构。因此，在现代计算机中，大多数采用补码对整数进行编码。

值得注意的是，当指定二进制位数情况下，补码的符号位是数的组成部分，而且补码能够表示的正数和负数有一定范围，当整数超过这一范围时，将无法用指定位数的补码进行编码。同时，在计算过程中也应当避免计算结果超出范围，否则计算结果将是不正确的。

2.1.3 浮点数编码

在现实生活中，除了整数，还有小数。利用十进制表示小数时，小数点的位置还可以浮动，例如，$234.435=2.34435\times10^{2}=234435\times10^{-3}=0.234435\times10^{3}$。

这种小数点可以浮动的数，称为浮点数。

同十进制类似，二进制小数也可以用浮点数的形式进行表示，通用方式为

$$N = W \times 2^{j}$$

其中，W 称为尾数，j 称为阶码，尾数 W 和阶码 j 可以是正数，也可以是负数。二进制数的浮点表示方式称为二进制浮点数。

在现代计算机中，常采用二进制浮点数来编码小数。为了规范编码，国际上也有许多标准，其中最著名的就是 IEEE 754。

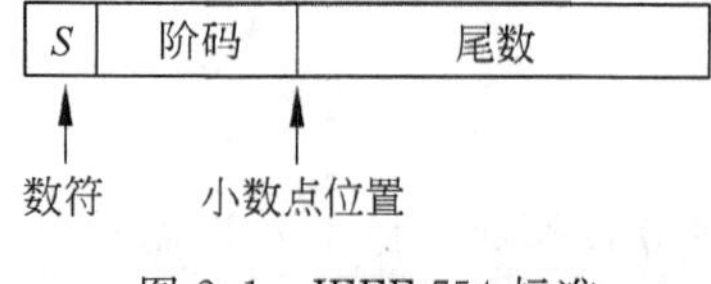

图 2.1 IEEE 754 标准

IEEE 754 规定二进制浮点数在计算机中按如图 2.1 所示格式存储，并且定义了 4 种表示浮点数值的方式，其中常用的两种是单精确度短实数(32 位)和双精确度长实数(64 位)，如表 2.4 所示。

表 2.4 两种二进制浮点数格式

类 型	S	阶 码	尾 数	总 长 度
短实数	1	8	23	32
长实数	1	11	52	64

数符 S 表示尾数的正负，0 表示正数，1 表示负数。

阶码 j 是一个整数，采用移码方式进行编码。阶码 j 的移码为 $E= e+$偏移值，其中，e 是阶码的真值，即作为整数的实际二进制编码；偏移值$=2^{w-1}-1$，它是一个常数，w 为阶码的长度(按 IEEE 754 规定，为 8 或 11)。因为 0 和 2^{w-1} 有特殊用途，不能用作移码，所以 e 的取值范围为 $2^{w-1}-1\sim-(2^{w-1}-2)$。

尾数的表示形式为 $x_1x_2\cdots x_n$，对应的真值是 $1.x_1x_2\cdots x_n$。

如果数符为 S，阶码真值为 e，尾数表示为 $x_1x_2\cdots x_n$，则浮点数的真值为$(-1)S\times2^{e}\times$

1. $x_1x_2\cdots x_n$。

【例 2.4】 求 10.125 的单精确度短实数编码。

【解】 参见例 2.1,可知$(10.125)_{10}=(1010.001)_2$。

将二进制浮点数表示成标准格式 $1.x_1x_2\cdots x_n\times2^e$,$1010.001=1.010001\times2^{11}$,分析得知:数符 $S=0$,阶码移码 $E=11+01111111=10000010$,尾数=01000100000000000000000,则 10.125 的单精确度短实数编码为 0 10000010 01000100000000000000000。

2.2 字符的编码

文本是由字符组成的。由于文字种类不同,组成文本的字符也有许多种。某种文字的所有字符的集合,称为字符集。字符的编码是指针对某个字符集,对其中的每个字符赋予一个唯一的二进制编码。

2.2.1 ASCII 编码

计算机发展初期,在一些使用英文字符的国家里,为了表示 26 个英文字符和一些其他符号,不同的组织和个人都制定了不同的规则,如组织 A 使用二进制 00101101 表示字母 a,而组织 B 则使用 00010001 表示字母 a,这往往造成信息交互十分混乱。为了避免这种状况,美国国家标准学会(American National Standard Institute,ANSI)于 1960 年开始制定相关标准,并在 1963 年推出了美国标准信息交换代码(American Standard Code for Information Interchange,ASCII)的第一版,在 1967 年进行了最重要的一次修改,在 1986 年进行了最后一次大的修改。

ASCII 编码的字符集包括数字符号 0~9、大写英文字母 A~Z、小写英文字母 a~z、标点符号、运算符号,以及用于对文本输入、输出和传输过程进行控制的 33 个控制字符(无法显示和打印),共计 128 个字符。

ASCII 编码采用标准的单字节(8 位二进制)字符编码方案,使用每个字节的低 7 位二进制数码的组合来编码 128 个字符,并将最高位设置为 0。ASCII 是对拉丁文字母的编码,是不同计算机相互通信时需要共同遵守的西文字符编码标准。

ASCII 编码的详细方案如下。

(1) 用于对文本输入、输出和传输过程进行控制的 33 个控制字符,编码值为 0000000~0011111 和 1111111,这些字符没有特定的图形显示,但会依不同的应用程序,而对文本显示有不同的影响。例如,SOH(编码 0000001)用于表示文本标题的开始;STX(编码 0000010)用于表示文本开始,同时也表示标题结束;LF(编码 0001010)是换行符,输出设备读到该控制字符将从下一行输出后面的文本内容;CR(0001101)是回车符,输出设备读到该控制字符将重新回到当前行的起始位置。

(2) 数字符号 0~9,编码值对应为 0110000~0111001。需要说明的是,这里的 0~9 同英文字母一样,仅表示字符含义,没有数值含义。

(3) 大写英文字母 A~Z,编码为 1000001~1011010;小写英文字母 a~z,编码为 1100001~1111010。

(4) 可显示的标点符号和运算符号,编码为 0100000~0101111、0111010~1000000、

1011011～1100000、1111011～1111110。例如，SP（编码为0100000）表示空格，符号“?”用0111111编码。

2.2.2 汉字编码

随着计算机在一些非英文国家的发展与应用，ASCII码已经不能满足这些国家对本国文字的编码需求，一些国家和地区开始制定本国文字的编码标准。我国从20世纪70年代后期就开始考虑汉字的编码问题，并提出了一系列的编码标准。

1. GB2312

我国国家标准总局在1980年发布了《信息交换用汉字编码字符集》，并规定1981年5月1日开始实施，标准号是GB2312—1980，简称为GB2312—80或GB2312，也常被称为国标码。

GB2312编码的字符集包括6763个汉字，其中一级汉字3755个、二级汉字3008个，以及拉丁字母、希腊字母、日文平假名及片假名字母、俄语西里尔字母等682个全角字符，基本满足了汉字的计算机处理需要。

GB2312采用二维矩阵编码法对所有字符进行编码。首先构造一个94行94列的方阵，对每一行称为一个“区”，每一列称为一个“位”，然后将所有字符依照一定顺序填写到方阵中，如一级汉字以拼音字母排序、二级汉字以部首笔画排序。所有的字符在方阵中都有一个唯一的位置，用区号、位号合成表示，称为字符的区位码。区位码同字符之间是一一对应的关系，因此字符可通过区位码转换为二进制编码信息。

GB2312采用双字节编码，用一个字节表示区码，另一个字节表示位码。由于区码和位码的取值范围都是在1～94之间，同ASCII码冲突。为了兼容ASCII码，GB2312采用区码和位码分别加上10100000的方法进行编码，这样获得的编码就是汉字的最终编码，也称为机内码或存储码。例如，汉字“啊”位于16区1位，区码为00010000、位码为00000001，分别加上10100000后，区码为10110000、位码为10100001，因此“啊”的编码为“10110000 10100001”（B0A1H）。

汉字的这种编码方法后来被收入到国际标准中，称为EUC-CN。EUC，即扩展UNIX编码，是一种多字节编码字符编码系统，主要用于中、日、韩。

2. Big5

在中国台湾、香港与澳门地区，使用的是繁体中文字符集，GB2312面向简体中文字符集，并不支持繁体汉字。在这些使用繁体中文字符集的地区，一度出现过很多不同厂商提出的字符集编码，这些编码彼此互不兼容，造成了信息交流的困难。为统一繁体字符集编码，1984年，台湾地区13家厂商与台湾地区财团法人信息工业策进会为5大中文套装软件（宏碁、神通、佳佳、零壹、大众）制定了一种繁体中文编码方案，被称为5大码，英文写作Big5，后来按英文翻译回汉字后，普遍被称为大5码。

Big5编码的字符集包括13 053个繁体汉字，以及808个标点符号、希腊字母及特殊符号。

Big5采用双字节编码，每个字符统一使用两个字节编码。第1字节范围是81H～FEH，避开了同ASCII码的冲突，第2字节范围是40H～7EH和A1H～FEH。

因为Big5的字符编码范围同GB 2312字符的机内码范围存在冲突，所以在同一正文中不能对两种字符集的字符同时支持。

3. GBK

GB2312只能编码常用汉字，一些生僻的汉字则无法编码。随着汉字应用的不断深入，要求汉字编码能够涵盖所有可能的汉字。全国信息技术标准化技术委员会在1995年12月1日制定了《汉字内码扩展规范》(GBK即"国标"、"扩展"汉语拼音的首字母，英文名称：Chinese Internal Code Specification)。

GBK向下与GB2312编码兼容，向上支持ISO 10646.1国际标准。ISO 10646是国际标准化组织(International Organization for Standardization，ISO)公布的一个编码标准，即《通用多八位编码字符集》(Universal Multipe-Octet Coded Character Set，UCS)，是一个包括世界上各种语言的书面形式以及附加符号的编码体系，其中的汉字部分称为"CJK统一汉字"(C指中国，J指日本，K指朝鲜)。ISO 10646.1是该标准的第一部分，我国1993年以GB13000.1国家标准的形式予以认可(即GB13000.1等同于ISO 10646.1)。

GBK编码的字符集涵盖了GB2312的简体汉字、Big5的繁体汉字、ISO 10646.1的CJK统一汉字和符号，包括21 003个汉字、883个符号，基本实现了所有汉字的编码。

GBK采用双字节编码，第一字节的编码范围扩展到10000001～11111110，第二字节的编码范围扩展到01000000～11111110(不含01111111)，总的编码数为126×190=23 940，除了上文提到的字符集外，并提供了1894个造字码位。

值得注意的是，GBK虽然包括Big5中的汉字，但二者的编码不同，因此不能兼容。

2.2.3 ANSI

ASCII是最初的计算机字符编码标准，是由ANSI制定的。后来，中国制定了GB2312、GBK，港澳台地区制定了Big5，日本也制定了Shift_JIS，各国在ASCII的基础上制定了自己的字符集及编码方法，这些从ANSI标准派生的字符集被习惯地统称为ANSI字符集，它们正式的名称应该是多字节字符系统(Multi-Byte Character System，MBCS)。

这些派生字符集的特点是以标准ASCII为基础，兼容标准ASCII，使用大于127的编码作为一个标准先导字节(Leading Byte)，紧跟在其后的第二个(甚至第三个)字符与先导字节一起作为实际的编码。与这些ANSI字符集对应的编码方法称为ANSI编码。不同ANSI编码之间互不兼容，当信息在国际间交流时，无法将属于两种语言的文字，存储在同一段ANSI编码的文本中。

Windows早期是ANSI字符集的，在简体中文Windows操作系统中，ANSI编码代表GBK编码；在日文Windows操作系统中，ANSI编码代表Shift_JIS编码。后来，Windows支持了Unicode，但为了兼容ANSI编码的软件，Windows允许一个默认语言编码，就是当遇到一个字符串，不是Unicode的时候，就用默认语言编码解释，这个默认语言选项可以在区域和语言选项里更改。Windows记事本软件的ANSI编码，就是这种默认编码，当一个中文文本用ANSI编码保存，在中文版里编码是GBK模式保存的时候，到繁体中文版里，用Big5读取，就无法正确识别了。

2.2.4 Unicode

随着计算机应用的不断深入和广泛，各个国家和地区都制定了针对本国文字的编码系统，但这些编码之间互不兼容，甚至在英语国家，也没有一个编码系统可以适用于所有的字母、标点符号和常用的技术符号。在两种编码之间，有可能使用相同的编码表示不同的字符，或者不同的编码表示相同的字符，这给世界范围内的信息交互带来了极大的困惑，甚至还有许多潜在的风险。

为了解决这一问题，就必须制定出一套可以容纳世界上所有文字和符号的字符集。

1987 年，三位软件工程师 Joe Becker、Lee Collins 和 Mark Davis 开始了统一符号集(Universal Character Set)的研究工作；1988 年，Becker 在 Unicode 88 文档中提出了 Unicode；1991 年 1 月，Unicode 联盟(Unicode Consortium)成立；1991 年 10 月，Unicode 第一版第一卷出版；1992 年 6 月，Unicode 第一版第二卷出版。2015 年 6 月，Unicode 8.0 出版。

Unicode 字符集同 ISO/IEC 10646 相互兼容。ISO/IEC 10646 定义了 128 个组，每个组分为 256 个平面，每个平面有 256 个行，每行有 256 个码位，也就是说，ISO/IEC 10646 使用 31 位对字符进行编码。Unicode 使用了 ISO/IEC 10646 中 0～16 号共 17 个平面，实际上，ISO 10646 将不会替超出这个范围的编码赋值。这样，Unicode 就定义了含 256×256×17＝1 114 112 个码位的编码空间，可为 1 114 112 个文字和符号进行编码，基本涵盖了世界上所有的文字和符号。

在 Unicode 字符集中，每一个字符唯一地对应一个码位(下文以码位代表字符)，码位被定义了唯一的编码，即 0H～10FFFFH(注：十六进制)范围内的一个整数，并用“U＋”后紧接着一组十六进制的数字来表示。在 0 号平面中，即基本多国语言平面(Basic Multilingual Plane，BMP)，码位(也就是字符)使用 4 位十六进制数码表示，1～15 号平面则使用 5 位十六进制数码表示，16 号平面使用 6 位十六进制数码表示。例如，“汉”字位于 BMP 中，编码为 U＋ 6C49。

前面所介绍的编码系统，一般只有一种编码方法和字符集对应，Unicode 字符集则不同，它有几种编码实现方法与之对应，包括 UTF-8、UTF-16、UTF-32 等，UTF 是指 Unicode 转换格式(Unicode Transformation Format)或 UCS 转换格式(UCS Transformation Format)。

1. UTF-32

UTF-32 是最简单的一种 Unicode 编码实现方法，每个码位直接由一个 32 位二进制数进行编码。这样，字符和编码就是一一对应的关系。例如，“汉”字的 UTF-32 编码为“00000000 00000000 01101100 010010001”。根据 Unicode 字符集的定义，UTF-32 编码值被严格限制在 0H～10FFFFH 间，超出此范围的编码值属于无效编码。

UTF-32 是一种定长编码方法，虽然可能会浪费一些存储空间，但也为字符处理带来了便利，例如，在统计字符数时可直接计算得出，而不用逐个字节判断。

2. UTF-16

最初的 UTF-16 是固定 16 位长度，用于编码早期 Unicode 字符集，那时 Unicode 字符集还使用固定的 16 位长度编码字符。随着 Unicode 字符集的扩展，UTF-16 加入了代理以编码扩展部分，这时它也变成了变长编码方法。

UTF-16 编码中，U＋0000～U＋FFFF 范围的码位直接由一个 16 位二进制数进行编码。

对于 U+10000～U+10FFFF 间的任意一个码位，设其编码为 u。编码时，先计算 $u'=u-10000H$，因为 u 的范围为 10000H～10FFFFH，所以 u' 的范围为 00000H～FFFFFH，也就是说 u' 是一个 20 位的二进制数。定义 UTF-16 的编码模板为 110110yyyyyyyyyy 110111xxxxxxxxxx，得到 u' 后，用 u' 的前 10 位依次代替编码模板中的 y，后 10 位依次代替编码模板的 x，得到两个 16 位二进制数，就是码位 u 的 UTF-16 编码，这两个 16 位二进制数也被称为代理对。

按照上述规则，代理对中第一个 16 二进制数的高 6 位是 110110，取值范围为 D800H～DBFFH，第二个二进制数的高 6 位是 110111，取值范围为 DC00H～DFFFH。为了将一个 16 位二进制数组成的 UTF-16 编码与两个 16 位二进制数组成的 UTF-16 编码区分开来，UTF-16 保留了 D800H～DFFFH 范围内的编码，并称为代理码元，其中，D800H～DBFFH 被称为高位代理，DC00H～DFFFH 被称为低位代理。相应地，Unicode 定义的编码空间中，也保留了 U+D800～U+DFFF 区间的码位，称为代理码位。

对于 BMP 中的码位，UTF-16 只需要 16 位二进制就可编码，而 BMP 定义了世界上所有现代文字中的绝大部分常用字符。因此，相比于 UTF-32，UTF-16 可大大节约编码长度，从而节约了字符在处理、存储、传输过程中的资源。

但是，UTF-16 是一种变长字节编码，同时 UTF-16 编码顺序同 Unicode 编码空间中定义的码位顺序也不一致，这也给字符处理带来了一定难度，尤其是在对字符进行排序的时候。

3. UTF-8

UTF-8 是一种基于 8 位的变长编码方法，是为了满足面向字节的、基于 ASCII 的系统而设计的。UTF-8 的编码规则如表 2.5 所示。

实际编码时，对于某个码位，根据所处范围不同，取表示码位的二进制数后面的若干位数，依次代替编码模板中的 x，即可得到 UTF-8 编码。对于 U+0000～U+007F 区间，取后 7 位；U+0080～U+07FF 区间，取后 11 位；U+0800～U+FFFF 区间，取后 16 位，也就是全部；U+10000～U+FFFFF 区间，由于只有 20 位二进制数，但编码模板中有 21 个空位(x)，因此需要在前面加入一位二进制数 0；U+100000～U+10FFFF 区间，取后 21 位。

表 2.5 UTF-8 编码规则

Unicode 编码空间	UTF-8 编码模板
U+0000～U+007F	1xxxxxxx
U+0080～U+07FF	110xxxxx 10xxxxxx
U+0800～U+FFFF	1110xxxx 10xxxxxx 10xxxxxx
U+10000～U+FFFFF	11110xxx 10xxxxxx 10xxxxxx 10xxxxxx
U+100000～U+10FFFF	11110xxx 10xxxxxx 10xxxxxx 10xxxxxx

从表 2.5 中可以看出，不同范围内的码位，UTF-8 编码长度不同。对于 U+0000～U+007F 区间的码位，使用一个字节进行编码，且 UTF-8 编码与 ASCII 码完全相同。常用汉字处于 U+0800～U+FFFF 区间，因此使用三个字节进行编码。

目前，Unicode 标准已经被许多知名企业所采用，例如 Apple、HP、IBM、JustSystem、Microsoft、Oracle、SAP、Sun、Sybase、Unisys 等；最新的标准都需要 Unicode 的支撑，例如

XML、Java、ECMAScript (JavaScript)、LDAP、CORBA 3.0、WML 等；许多操作系统、所有最新的浏览器和许多其他产品都支持 Unicode 标准。因此，Unicode 标准以及支持 Unicode 标准的工具，是近来全球软件技术最重要的发展趋势。Unicode 标准已经成为事实上的字符编码标准。

2.3 图形与图像的编码

2.3.1 图像编码

图像又叫位图，可以通过数码相机、扫描仪等设备获取，用以表达对客观事物的真实描述，也可在计算机上绘制生成。如果把图像放大数倍后，会发现由许多带有颜色的小方块组成，这些小方块就是像素，像素按行、列形式组成二维点阵，就是一幅图像。图像是由若干个像素组成，每个像素独立地显示颜色。因此，对图像的编码可通过按顺序对所有像素的颜色进行编码得到。

编码像素颜色所用的二进制数位数，称为图像的位深，又称为位分辨率。位深的大小决定了可以表示的颜色(或灰度)数量，也就是图像的色彩等级：位深为 1 时，只能表示两种颜色，图像一般是黑白图像；位深为 8 时，能够表示 256 种颜色，这时的图像常称为灰度图像。

现实世界中，任何颜色都由基本原色混合而成，最常用的基本原色是红色(R)、绿色(G)和蓝色(B)。为了精确控制三种基本原色的色度，每一种基本原色的强度(或亮度)用若干位二进制数编码。当用 8 位进行编码时，可以产生 2^{24} 种不同的颜色，这种颜色基本可以表示自然界中所有存在的颜色，因此被称为真彩色。真彩色下，每个像素用 24 位二进制数对颜色进行编码，即像素的位深为 24。这种方法称为 RGB 格式，常用＜R,G,B＞来表示颜色，如＜R,0,0＞表示红色，R 的值越大，红色的亮度越高；＜0,0,0＞表示黑色；＜255,255,255＞表示白色。

此外，编码时还常用一位或几位二进制数表示像素的属性。例如，当用 5 位二进制数编码一种原色时，就用 16 位中的最高位用作属性位，并把它称为透明位 T，用来控制该图所覆盖的另一幅图中对应位置的像素是否能看得见；当用 32 位二进制数编码像素时，除了用于编码颜色的 24 位二进制数外，另外 8 位用作属性位。

值得注意的是，在对图像进行编码时，必须严格地表明图像的二维点阵特征，按照行、列的顺序依次对所有像素进行编码。

2.3.2 分辨率

分辨率有两种表示方法：①像素总数量，通常用宽度×高度来表示，宽度和高度分别指水平和垂直方向上的像素数量，如 2000×500 表示水平方向每行有 2000 个像素、垂直方向每列有 500 个像素，有时也直接用像素总数量表示，如 100 万像素。本书称这种分辨率为像素数量分辨率。②每英寸所拥有的像素数量，常用 PPI(像素/每英寸)表示，在打印机和扫描仪上也用 DPI(点/英寸)表示。这时需要区分水平方向和垂直方向分辨率，不过通常情况下二者相同，只用一个表示就可以了。

实际上，这两种表示方法具有一定的关联度，设物理尺寸为 w 英寸，某一方向上像素数

量为 n，则 $PPI=n/w$。也就是说，像素数量分辨率越大，则单位物理尺寸上像素越多，PPI越大。

这里介绍几种常用的分辨率概念。

1. 屏幕分辨率

屏幕分辨率常用像素数量分辨率表示，它表明了显示器（或投影仪）上能够显示的像素数量。对于两个具有相同物理尺寸的显示器，分辨率越大则显示的图像就越精细和细腻，因此，屏幕显示器的最大分辨率也是衡量屏幕性能的重要指标。

为适应不同的应用，屏幕分辨率可以更改。在同一个显示器上显示同一幅图像，当分辨率设置较高时，从视觉上图像较小，反之则较大。

2. 图像分辨率

图像分辨率通常指 PPI。在单位物理尺寸上像素数量较多，图像细节越丰富，图像就越清晰。

图像分辨率有时也指像素数量分辨率，也就是图像的大小，但需要注意的是，这里的大小不是指物理上的面积大小。这时，比较图像分辨率时，应当在相同物理尺寸的前提下比较，否则，分辨率较大的图像（物理尺寸非常大）可能会比分辨率较小的图像（物理尺寸较小）更模糊，质量更差。同样物理尺寸的图像，像素数量分辨率越高，图像的细节越丰富，图像越清晰。

同一幅图像，无论采用哪种表示方法，分辨率越大，所用二进制编码越多，所占存储空间也就越大。实际上，图像编码的二进制位数由图像的大小和位深共同决定，例如，用 24 位真彩色编码大小为 2000×500 的图像，则共需要 2000×500×24 位二进制数。

图像的显示视觉效果（包括物理尺寸）和图像本身的分辨率及显示设备的分辨率都有关系。

3. 设备分辨率

这里的设备是指与图像输入、输出有关的设备。

数码相机、数码摄像机用来获取图像，它们的分辨率是指获取的图像中包含像素的数量，即像素数量分辨率，如 800 万像素。

扫描仪利用光电技术，将物理图像转换为二进制编码。扫描仪的分辨率通常用 DPI 表示，分辨率设置越大，则扫描得到的图像越精细，但存储空间也越大。

打印机的分辨率通常也用 DPI 表示，用以表示打印输出的精细程度。一幅像素大小确定的图像，在分辨率大的打印机上输出时，画面精细但尺寸较小。图像的打印效果及物理尺寸和图像本身的分辨率及打印设备的分辨率有关系。

2.3.3 图形编码

图形又叫矢量图，是根据客观事物的几何特性在计算机上绘制生成的，不是客观存在的。

图形由点、线、面、体等几何体（称为图元）构成，通过对组成图形的几何体进行编码，就可以完成对图形的编码。对几何体的编码通常包括两部分：①几何体特征，包括形状特征和颜色特征，形状特征常用诸如线段顶点坐标、圆的半径、圆弧的长度（或圆心角）等表示；②生成几何体所用的数学过程，也就是算法。

例如，可以用{(3,5),(7,10),＜255,0,0＞}编码一个线段，(3,5)和(7,10)表示线段的顶点，＜255,0,0＞表示线段是红色的，生成线段的算法按默认的方法进行。值得注意的是，这里的坐标不是像素值，而是图形自身所采用的坐标系。当显示(或打印)一个图形时，需要进行坐标系的转换，并按照几何体的生成算法，把在屏幕上(或纸张上)表示这些几何体的所有像素点坐标和颜色计算出来，进行显示(或打印)。由于只需要对几何体进行编码，因此图形编码所需的二进制位数仅依赖于图形所包含的几何体的数量和复杂程度。一般而言，图形所占的存储空间比图像要少得多。

图形没有分辨率的概念，输出时可以自动适应输出设备的最高分辨率，且尺寸可以做任意改变而不会导致失真和质量降低。例如，打印时可以打印成任意大小而不影响图的清晰度；图形可以对其中的某个几何体进行单独编辑而不影响其他几何体。但是，由于在显示(或打印)时需要进行计算，因此显示(或打印)速度不如图像显示(或打印)的速度快。

2.3.4 视频编码

当连续变化的图像按时间顺序显示时，且每秒显示的图像超过 24 幅以上时，根据视觉暂留原理，人眼无法辨别单幅的静态图像，看上去是平滑连续的视觉效果，这样连续变化的图像叫作视频。通常把组成视频的图像也称为帧。根据帧的分辨率不同，视频可分为不同类型，例如，720P 视频的帧的分辨率为 1280×720，1080P 视频的帧的分辨率为 1920×1080。

视频编码实际上就是对组成视频的所有帧进行顺序编码，每帧的编码同图像编码类似。

视频编码的数据量非常大，例如，假设帧的分辨率为 1280×720，帧速为 25 帧/秒，每个像素用 24 位二进制编码(真彩色)，则 180 秒的视频需要的数据量为 $\frac{1280\times720\times25\times24\times180}{8}=12\,441\,600\,000\approx11.8\text{GB}$。

2.4 声音的编码

声音是由物体振动产生的声波，是通过介质(空气或固体、液体)传播并能被人或动物听觉器官所感知的波动现象。

声音编码方法有：①波形编码，直接将时域波形信号变换为数字编码，输出声音时，可根据这些编码直接重构出声音波形。这种方法简单、易于实现、适应能力强并且声音质量好，但数据压缩比相对较低，需要较高的编码速率和传输带宽。②参数编码，从声音波形信号中提取生成声音的参数，输出声音时，使用这些参数通过数学模型重构出声音波形。这种方法编码速率较低，但重构后声音信号失真会比较大，虽然如此，但由于保密性很好，一直被应用在军事上。③混合编码，同时使用两种编码方法进行编码。

目前声音编码常采用波形编码，典型的方法是脉冲编码调制(Pulse Code Modulation，PCM)，其过程为：传感、采样、量化、编码。传感是指通过传感器，如麦克风，捕获物理声波信号，并将其转换为连续的模拟电信号，即电压(或电流)表示的波形信号。采样、量化、编码的过程，也被称为模拟-数字转换(Analog to Digital Convert，ADC)，简称模数转换(A/D)，后面 3 个小节将对其进行介绍。此外，2.4.4 节将介绍如何把二进制数表示的声音数据转换还原成声音信号。

2.4.1 采样

采样是指将时间上、幅值上都连续的模拟信号，转换成时间上离散、幅值上连续的信号，通俗的解释是，每隔一段固定时间，采集一次信号的幅值，如图 2.2 所示。采样前，信号在时间轴上有无穷个取值可能，即在时间上是连续的。采样后，信号在时间轴上只能有有限个取值可能，即在时间上是离散的。同时，采样时间间隔固定，因此取值间的间隔也是固定的。采样时，采样的时间间隔 T 越小，采样得到的信号密度越大。采样时间间隔 T 通常用采样频率 f 来表示，$f=1/T$。

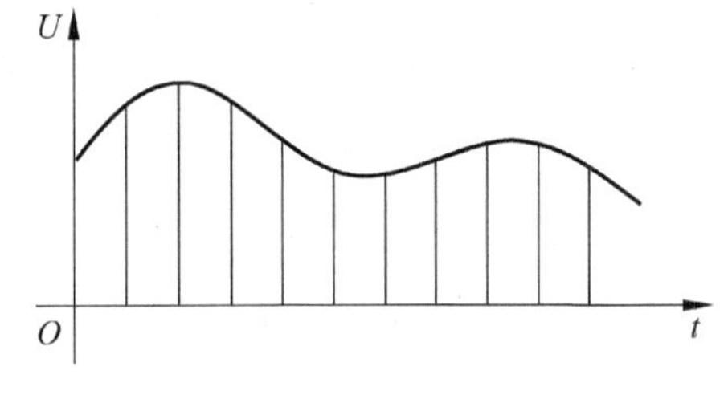

图 2.2　采样过程

在原始的模拟信号中，包含许多不同频率的谐波信号分量，设其中的最高频率为 f_{max}。为了保证能够用采样后的信号还原原始信号，对采样频率有一定要求，按照香农采样定理(也称奈奎斯特采样定理)规定：采样频率 f 至少为 $2f_{max}$。

对于通过讲话发出的语音，频率范围大约为 500Hz～3kHz，因此语音编码通常采用 6kHz 的采样频率。对于大多数人，耳朵能够识别的声音，频率范围为 20Hz～20kHz，因此普通的声音编码通常采用 40kHz。如果需要还原出高品质的音乐，采样频率应该大于 40kHz，一般为 44.1kHz。

2.4.2 量化与编码

采样后的信号，虽然在时间上是离散的，但幅值还是有无穷个取值可能，而有限位的二进制数，是无法表示无穷种可能的，必须对幅值也进行离散化。对采样信号幅值进行离散化的过程，称为量化。

量化分为均匀量化和非均匀量化。假设采样信号幅值范围为 $0\sim A$，均匀量化将采样信号幅值均匀地划分为 N 个等级，如$\left[0,\frac{A}{N}\right)$为 0 级、$\left[\frac{A}{N},2\cdot\frac{A}{N}\right)$为 1 级，即$\left[i\cdot\frac{A}{N},(i+1)\cdot\frac{A}{N}\right)$为第 i 级（$0\leqslant i\leqslant N-1$），见图 2.3。量化时，若某一采样信号的幅值 a 落在第 i 级$\left(i\cdot\frac{A}{N}\leqslant a<(i+1)\cdot\frac{A}{N}\right)$，则为 a 赋予一个量化值 i。量化时，采样信号幅值做了近似处理，因此量化前后的信号存在误差，称为量化误差，最大量化误差为$\frac{A}{N}$。可以看出，当量化等级 N 越大时，量化误差越小，信号的可还原性就越好。

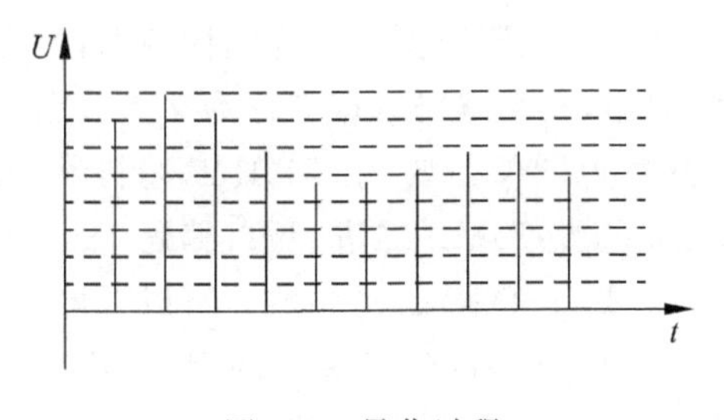

图 2.3　量化过程

编码就是用 n 位二进制数表示采样信号量化后得到的量化值，通常将量化值看作一个无符号整数进行编码(参见 2.1.2 节)。

量化与编码之间是相互关联的，n 位二进制数可以表示的最大无符号整数为2^n-1，因此量化等

级 $N \leqslant 2^n$，通常取 $N = 2^n$。

因此，编码时使用的二进制位数越多，即 n 越大，则量化等级 N 就越大，信号的可还原性就越好。

2.4.3 数据量计算

从声音编码方法中可以看出，采样频率 f 越高、编码的二进制位数 n 越大，得到的声音编码就越精准，还原后得到的声音信号和原信号就越接近。但是，这时编码声音所用的二进制位数(数据量)同样会增加。

当采样频率为 f、编码所用的二进制位数为 n 时，则编码 1s 声音所产生的数据为 $\frac{nf}{8}$B。目前，高品质激光唱片(Compact Disk，CD)采样频率为 44.1kHz，使用 16 位二进制进行编码，编码一段 60s 的 CD 音乐产生的数据量为 $\frac{44.1 \times 10^3 \times 16}{8} \times 60 = 5\,292\,000 = 5\text{MB}$。

2.4.4 声音的还原

计算机中存储的声音数据，是离散的二进制数。如果想听到声音，就必须将声音数据转换还原为模拟的声波信号。这种将离散的二进制数据转换为模拟电信号的过程，称为数字-模拟转换(Digital to Analog Convert，DAC)，简称数模转换(D/A)。

声音数据中，每一个 n 位的二进制数对应着一个量化等级，从而也对应着一个信号幅值。设二进制数的值为 i，还原后的最大信号幅值为 A，则二进制数对应的信号幅值为 $\frac{i}{2^n} \times A$。声音数据转换还原时，当处理到某个二进制数时，输出该二进制数对应的信号幅值，并保持一段时间 $T = \frac{1}{f}$(f 为声音编码时的采样频率)，然后处理下一个二进制数，直到所有二进制数都被处理完。

声音数据经数模转换后得到的声音波形信号，与原始的声音波形信号相比，有两个差别：①由于每个信号幅值都保持了采样间隔时间，因此波形是锯齿状的；②由于二进制数是采样幅值量化后的结果，因此转换时计算出的信号幅值同原始的采样值间存在误差。

声音数据在经过数模转换后，得到的是电信号，电信号经过放大后，再经过音箱、耳机等设备，就可还原成人耳可以接收的物理声波信号。

2.5 编码数据压缩

通常把编码后得到的二进制数称为编码数据，并把图像编码数据简称为图像数据，声音编码数据简称为音频数据，视频编码数据简称为视频数据，文本编码数据简称为文本数据。

通过前面的介绍，编码一幅 1024×768 的 24 位真彩色图像需要 2.25MB 二进制数，编码 180s 采样频率为 44.1kHz、编码长度为 16 位的音乐需要 15MB 二进制数，编码 180s 帧分辨率为 1280×720、24 位真彩色、25 帧/秒的视频约需要 11.8GB 二进制数。可以看出，各类信息编码后得到的数据量是非常大的，尤其是视频编码，更是达到了惊人的程度，这给各类信息的存储、传输、处理都带来了很大的困难。必须对编码数据进行压缩，以减少数据量。

数据压缩是指用比原始编码更少的二进制数据表示信息，分为无损压缩和有损压缩。无损压缩通常利用数据的统计冗余来减少数据量，压缩过程是可逆的，即通过解压可以完整地恢复原始数据。有损压缩通过辨别并丢弃不必要或不重要的信息来减少数据量，虽然不可逆，但丢失的信息不会严重影响对原始信息的理解。

本节将简单介绍各类信息编码数据压缩的基本思路和方法，值得注意的是，这些方法只是一些较早的、基本的、较简单的方法，关于其他一些数据压缩方法，请参见相关文献资料。

2.5.1 文本数据压缩

文本数据压缩采用无损压缩技术。

霍夫曼编码是最常用的文本数据压缩方法之一，它的基本思想是：统计文本数据中每个字符编码的个数，也就是统计每个字符在文本中出现的概率，然后采用变长编码对字符进行二次编码，使字符的编码长度与其出现概率成反比。霍夫曼编码通过对出现概率大的字符用位数较少的二进制数进行二次编码，对出现概率小的字符用位数比较多的二进制数进行编码，使得编码文本所需要的总的二进制数位数减少，实现对文本的无损压缩。

2.5.2 图像数据压缩

图像数据压缩可以采用无损压缩，也可以采用有损压缩。

行程长度编码是一种基于图像空间冗余的无损图像数据压缩方法。在图像中，常常有一些包含若干像素的区域，所有像素的颜色完全相同，例如，一幅图像中的背景（如蓝天、绿地、湖水），或者建筑图像中的一块玻璃等。按照原始编码方法，这些像素在图像数据中是逐点进行编码的，而行程长度编码则采用“数量（长度）＋像素颜色”的方法进行编码，使编码所需的二进制数位数大大减少，实现对图像的无损压缩。例如，对于包含 129 个像素的真彩色红色区域，原始图像数据大小为 129×3＝387B，采用行程长度编码则只需要 5B（假设数量用 2B 表示）。

用于文本数据压缩的霍夫曼编码也可用于图像数据压缩。

JPEG 是一种有损静态图像压缩方法，能在获得极高的压缩率的同时展现十分丰富生动的图像。GIF 图像也是一种有损压缩，它保留像素个数不变，但降低了编码每个像素所需的二进制位数，即丢失了图像的色彩，它最多只能储存 256 色。

需要说明的是，BMP 图像数据没有经过任何压缩。

2.5.3 音频数据压缩

音频数据压缩同样包括无损压缩和有损压缩。

Ape 和 Flac 音频数据压缩是无损压缩。声音信号是时间和幅值连续的模拟信号，两个相邻采样点之间具有极强的相似性。在原始音频数据中，两个相邻采样点的量化值之差比这两个采样点的量化值要小得多。因此，用某个采样点作为基准点，后续采样点使用当前采样点与前一个采样点的量化值之差的二进制数进行编码。由于编码较小的数量值仅需要较少位数的二进制数，因此编码差值可以减少编码音频信号所需的总的二进制位数，从而达到数据压缩的目的。此外，还可利用立体声中不同声道之间的关联性进行压缩。

对于语音信号，由于其中存在着大量的停顿间歇，无须用二进制数表示停顿间歇期间的采样点的量化值，只需要通过编码给出停顿间歇的时间长度即可，这也是一种行程长度编码。

在音频数据压缩中，在保证信号在听觉方面失真程度可以接受的前提下，通过降低采样频率和(或)减少量化时编码位数的方法，对音频数据进行二次编码，以达到数据压缩的目的。此外，还可以基于以下几点进行音频数据压缩：①人耳能够感知的声音频率范围为20Hz～20kHz，去除此范围以外的音频信号；②根据人耳听觉的生理和心理声学现象，当一个强音信号与一个弱音信号同时存在时，弱音信号将被强音信号所掩蔽而听不见，这样弱音信号就可以被去掉。这些都是有损音频数据压缩方法，包括MP3、WMA、OGG等音频数据使用的都是有损音频数据压缩方法。

需要说明的是，Wav音频数据没有经过任何压缩。

2.5.4 视频数据压缩

视频数据压缩一般基于几个思路：①利用图像数据的有损或无损压缩方法，对每帧的数据进行压缩；②利用相邻帧间存在的较强相关性，例如，人在某个固定环境中活动的视频，连续多帧的背景图像一般都是不变的，变的只是与人的形体动作有关的一小部分图像，这时，只需用二进制数完整编码一帧，后续帧则只编码不同部分的图像信息(即差异部分)即可；③利用人眼的视觉特性，在不被主观视觉察觉的容限内，通过减少表示信号的精度，以一定的客观失真换取数据压缩。

在视频数据压缩方面，压缩方法的一个重要特征是对称性。对称意味着压缩和解压缩占用相同的计算处理能力和时间，对称算法适合于实时压缩和传送视频，如视频会议应用就以采用对称的压缩编码算法为好。而在电子出版和其他多媒体应用中，一般是把视频预先压缩处理好，然后再播放，因此可以采用不对称编码。不对称或非对称意味着压缩时需要花费大量的处理能力和时间，而解压缩时则能较好地实时回放，也即以不同的速度进行压缩和解压缩。

目前有多种视频压缩编码方法，但其中最有代表性的是MPEG数字视频格式和AVI数字视频格式。

小　结

编码是计算机与现实世界进行对话的语言，本章重点介绍了数据在计算机中的二进制编码形式。

(1) 数值的编码，介绍了数制转换、整数编码方法、浮点数编码方法及IEEE 754标准。

(2) 字符的编码，介绍了英文字符的ASCII编码，汉字的GB2312编码、Big5编码、GBK编码，并重点介绍了事实上已经成为标准编码方法的Unicode编码。

(3) 图形与图像的编码，介绍了常用的基于像素的图像编码方法、基于图元的图形编码方法、基于图像编码的视频编码，并重点介绍了分辨率的概念。

(4) 声音的编码，介绍了波形声音编码的过程：传感、采样、量化、编码，以及声音数据的还原过程。

此外，本章还介绍了数据压缩的基本概念与方法。

复 习 题

2.1 将十进制数 33.673 转换为二进制数(小数点后精确到 5 位)。

2.2 写出十六进制数 E08AH 的二进制码。

2.3 写出数-85 的 8 位二进制原码、反码、补码。

2.4 英文简写词 ASCII 对应的中文含义是什么?

2.5 GB2312 采用几个字节对中文字符进行编码? 编码方法是什么?

2.6 GBK 字符集包括哪些字符? GBK 编码与 Big5 编码是否兼容?

2.7 Unicode 字符集的组成是什么? Unicode 有哪几种编码方法?

2.8 分辨率的表示方法有哪些? 请说出至少三种分辨率的概念并进行解释。

2.9 用 24 位真彩色编码大小为 1024×768 的图像,需要多少字节二进制数? <0,245,0>表示什么颜色?

2.10 1080P 视频的帧的分辨率是多少?

2.11 声音编码的过程包括哪些步骤?

2.12 语音、普通声音、高品质音乐在编码时通常采用多大的采样频率? 使用 8 位二进制编码一段 3min 的语音信息需要多少字节?

2.13 图形和图像有什么区别? 图形如何编码?

2.14 请解释霍夫曼编码的基本原理和应用。

2.15 请解释行程长度编码的基本原理和应用。

第3章 架构：计算机内部结构探秘

我们所使用的工具影响着我们的思维方式和思维习惯，从而也深刻影响着我们的思维能力。

——著名的计算机科学家，1972年图灵奖得主 Edsger Dijkstra 如是说

不夸张地说，人类科技发明史上，还没有一种工具如计算机一样，既改变了使用者的行为模式和工作方式，为使用者提供了广阔的生活和思维空间，又对使用者提出了非常高的理论知识要求。

本章的学习将有助于读者对计算机的硬件架构有一个整体的把握，或者说为后面章节的学习搭建起计算机硬件理论知识的框架。

3.1 经典计算机结构——冯·诺依曼结构

在第1章中，我们了解到，图灵机奠定了计算机的理论模型，ENIAC 作为世界上第一台电子计算机，完成了计算机从机械到电子的量变，而冯·诺依曼提出的计算机逻辑架构让计算机实现了真正的质变。我们今天使用的计算机，就是质变的成果。

1945年6月30日由莫尔学院油印出版的《关于 EDVAC 的第一份报告草案》(*First Draft of a Report on the EDVAC*)，为电子计算机的硬件架构奠定了基础，除了极少数特例，当今所有计算机均按此硬件架构设计，并被统称为"冯·诺依曼计算机"，冯·诺依曼也由此被尊称为"计算机之父"。

3.1.1 冯·诺依曼计算机的设计思想

(1) 设计思想之一是"二进制"。ENIAC 计算机中采用的是十进制，而冯·诺依曼根据电子元件双稳工作的特点，建议在电子计算机中采用二进制。报告中提到了二进制的优点，并预言，二进制的采用将大大简化机器的逻辑线路。

(2) 设计思想之二是"存储程序"，即：指令和数据以同等地位事先存放于存储器中，可按地址访问，机器从存储器中读取指令和数据，实现连续和自动的执行。

正如第1章中提到的，ENIAC 中数据和指令是分开存放的——ENIAC 中的电子管用来存储计算过程中的数值，可程序并不存储在计算机内部，而是通过在 ENIAC 外部拨动开关和插拔线缆插头等手动编程来实现。"……插插头的工作需要耗时一整天。而且这种插插头的过程……像是在为特定的任务而制造的具有特定功能的机器，它没有真正实现通用机的概念，这种通用机在改变用途时完全不需要任何硬件改动，只需要重写

指令。”

ENIAC项目组早就意识到它的这些缺陷。1944年后期，ENIAC项目组想出了一种完全不同的方法，来解决这个问题：他们抛开外部硬件，将程序以某种形式与数据一同存储于存储器中，编程的过程就可以简化。这样，计算机就可以通过在存储器中读取程序来获取指令，并且只需要改变存储器的值就可以编写程序和修改程序，即“在改变用途时完全不需要任何硬件改动，只需要重写指令”，计算机不再是“为特定的任务而制造的具有特定功能的机器”，而是通过编程即可适应不同功能的通用计算机。

这个思想被称为“存储程序”。这个思想在现在看来天经地义，因为是现在计算机中的标准做法，但在当时绝对是突破性的，是电子计算机发展过程中的一个重要的转折点。因为它把一切都集中到了一个新的问题上：构造一个大容量、高速、有效、共用的存储器。

另外说明一点：这个关于“公用的存储器”的想法，与通用图灵机使用的“一条纸带”是等价的。通用图灵机的指令和数据所需要的存储空间，都在一条纸带上。

◎ 延伸阅读

为什么说“存储程序”思想是一个突破性的想法呢？

在ENIAC中，为什么数据和指令被分开存放？因为人们通常认为，数据和指令，完全是两个不同的事物。理所当然地，必须要把它们分开，数据放在一个地方，操作数据的指令则放在另一个地方。所以在ENIAC中，数据存放在机器内部的存储装置上，而指令从外部进入机器，然后在机器内部执行。

我们可以用现实世界中的事物来类比：菜单及菜的烹饪方法类似于指令，做菜材料相当于数据；车间的生产计划和产品制造方法类似于指令，生产原材料就是数据，这些指令（菜单及菜的烹饪方法、车间的生产计划和产品制造方法）和数据（做菜原材料、生产原材料）是两种截然不同的实体，通常是要分开存放的。

所以，无论是直觉意识，还是深思熟虑，“指令和数据分开存放”这种想法都是很自然而然的，虽然它在计算机结构设计中并非一个好思路。

3.1.2 冯·诺依曼计算机的基本结构

冯·诺依曼和同事们依据上述思想设计出了一个完整的现代计算机雏形，并确定了计算机的5大组成部分和基本结构。

计算机的5大组成部分是：存储器（Memory）、运算器（Arithmetic Logic Unit，ALU）、控制器（Control Unit）、输入设备（Input）和输出设备（Output）。

图3.1给出了冯·诺依曼计算机的基本结构，它表明了5大基本组成部件及部件间的关系。其中，输入设备（如鼠标、键盘）用来输入程序和原始数据；存储器用来存放程序、原始数据和运算结果；运算器是对数据进行处理和运算的部件，经常进行的有算术和逻辑运算，故称其为算术逻辑单元ALU；输出设备（如显示器、打印机）负责输出计算机的处理结果；控制器负责从存储器中读取指令、分析指令并执行指令，包括：

（1）从存储器中取出指令；

（2）对指令进行译码分析；

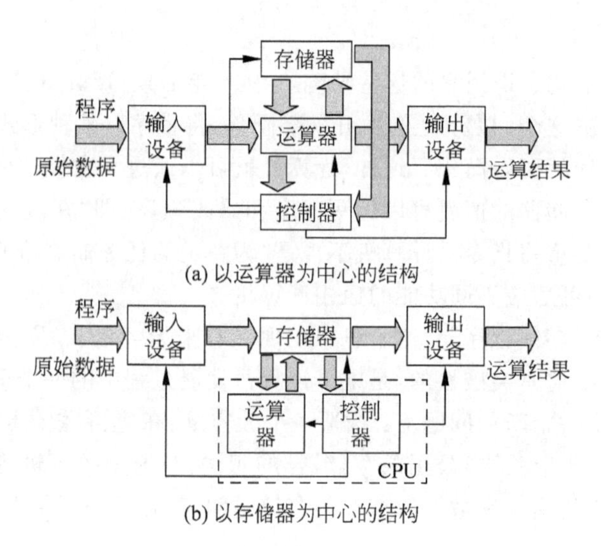

图 3.1　冯·诺依曼计算机的结构框图

(3) 发出执行指令相应的控制信号；

(4) 从存储器(或输入设备)获得运算所需的数据；

(5) 将运算器处理结果存放在存储器或由输出设备输出。

冯·诺依曼计算机正是通过执行一系列指令，从而完成一个计算任务的。

早期的计算机采用的是以运算器为中心的结构，如图 3.1(a)所示。目前的计算机基本采用了以存储器为中心的结构，如图 3.1(b)所示。在实际计算机中，通常将控制器和运算器集成在一片芯片上，称为中央处理器(Central Processing Unit，CPU)。

我们通常将上述结构简称为冯·诺依曼结构，也称为普林斯顿结构(Princeton architecture)。

冯·诺依曼在《报告草案》中很好地阐述了冯·诺依曼结构，值得引述在此：

2.2　第一，因为这台设备主要是一台计算机，所以它必须能够执行最频繁的基本算术运算。因此，它应该包含特殊的器件来执行这些操作。

……这一设备的中央算术(Central Arithmetical)部件必须存在，它组成了第一个特定部分——CA。

2.3　第二，设备中控制操作顺序的逻辑控制部分，能够由中央控制器最有效地实现。

……中央控制(Central Control)和实现它的器件组成了第二个特定部分——CC。

2.4　第三，任何执行长而复杂的操作序列(特别是计算系列)设备都必须有一个相当大的存储器……管理一个复杂问题的指令集可能包含很多内容，特别是程序代码是根据情况进行编码时，这些素材必须被记忆。

……所有的存储器组成了设备的第三个特定部分——M。

2.7　第四，设备必须有传送信息到 C(包括 CA 和 CC)和 M 的器件，这类器件形成了设备的输入(Input)，因此第四部分是 I。……

2.8　第五，设备必须有从它的特定部分 C 和 M 传送信息到外部的器件。这些器件形成它的输出(Output)，因此第五部分是 O。……

3.1.3 风暴之中的《报告草案》和“计算机之父”

由于在《关于 EDVAC 的报告草案》的封面上仅写着“by John von Neumann”，以及《报告草案》是否公开的分歧，导致 ENIAC 项目组成员间出现激烈的内讧。下面列出多方人士的看法，以供读者思考。

ENIAC 的安全官戈德斯坦对冯·诺依曼不吝赞美之词，认为：“在莫尔学院小组所有成员中，冯·诺依曼是不可或缺的一位。针对这个项目的某一部分而言，都有其不可或缺的作用——比如，埃克特发明延迟线路作为存储装置是无法取代的——然而就这个任务而言，只有冯·诺依曼是至关重要的。”

对这些赞美之词，埃克特和莫奇利颇不以为然，随着时间的推移积怨愈深。在 1945 年 9 月，他们（或他们的专利律师）还把《报告草案》描述成对“埃克特和莫奇利提出的物理架构和装置的总结”。莫奇利说：“约翰尼（注：即冯·诺依曼）以新的形势解释了我们的逻辑，但仍是同样的逻辑……他引入的符号不同，但是等价的；装置的作用仍然相同。约翰尼没有改变我们已经表述的 EDVAC 的概念”。

舒尔金在他的书《心智的机器》(*Engines of the mind*)中认为，EDVAC 的主要创造者是埃克特和莫奇利，冯·诺依曼直到 1946 年才在他的高等研究院项目中对计算机做出了真正的贡献。舒尔金认为，在高等研究院：

“冯·诺依曼的贡献是显而易见、毋庸置疑的。他所设计的机器比世界上所有的机器速度都要快……当世界上所有的计算机制造者都在朝一个方向努力时，冯·诺依曼的天才头脑比别人更好地阐明并描述了途径……研究院在编程和机器体系结构方面的诸多发展深刻地影响了未来计算机的发展……当别人对他们的机器使用初级的数字指令时，冯·诺依曼和他的团队却在开发一种只需稍加修改，就可以适用于几乎整个计算机时代的指令。”

最后一句话“适用于几乎整个计算机时代的指令”解释了双方的分歧：埃克特和莫奇利认为 EDVAC 可以直接带来商业的成功，所以他们积极申请限制性专利；而冯·诺依曼抵制这些做法，他的着眼点在于开创一个通用的、开放的计算机新时代。

1973 年，针对一场诉讼：自 1944 年开始，到底有多少埃克特-莫奇利的想法被其他公司盗用，法院裁决如下：1945 年，冯·诺依曼公开发表《报告草案》使这些问题进入公共领域，电子计算机的原始想法并非源于莫奇利，而是源于阿塔纳索夫。

◎ 延伸阅读

约翰·阿塔纳索夫(John Atanasoff)是 Iowa 州立大学的一名教授，大约在 1937 年到 1941 年间，他和他的学生克利福特.贝瑞(Clifford Berry)建造了据认为是第一台可工作的电子计算机，该机器使用了 300 个真空管。

另一个有资格获得“电子计算机之父”的称号，是与冯·诺依曼同时代的、同样天才的、几乎与冯·诺依曼同时提出“存储程序”思想的图灵。对于这个问题，可以看看《艾伦·图灵传——如谜的解谜者》中的论述：

在 1945 年春天，一边是 ENIAC 研究组，另一边是艾伦·图灵，都自然地想到了要构造一台具有共同存储性质的通用机。但他们采取的方法很不一样。

……冯·诺依曼想要在所有已知的计算方法的丛林中，开辟一条自己的路，以满足军方研究和工业发展的全部需求。其成果很符合兰斯洛特·霍格本的科学观：新想法要取决于当前的政治和经济的需要。

然而，当艾伦·图灵打算要"建造一个大脑"时，他只是独自默默地研究、思考，在英国的后花园中慢慢踱步，陪着情报部门勉强留下的几台设备。他与冯·诺依曼不同，没有人要求他给出计算问题的解决方案，他只为自己而思考。他的身上集中了以前从未有人集中过的经验：他的单纸带通用机经验，大规模电子脉冲技术的经验，还有把密码分析的想法变成机械过程的经验……现在，他可以把这些想法都集中起来了。

现在战争已经结束了，艾伦的目标……不是为了世界的现实发展，他想要解决的是决定论与自由意识之间的矛盾，而不是为了有效地进行大型计算。然而，没有人愿意为这个没有实用价值的"大脑"付钱。1945 年 1 月 30 日，冯·诺依曼写道，EDVAC 可以用来解决三维的空气动力学和爆炸冲击波问题，研究炮弹、炸弹和火箭，提高推进和爆炸的性能。这些，用丘吉尔的话说，都是人类的进步。

《关于 EDVAC 的报告草案》中提出了很多理论上的问题，它注意到了计算机和人类神经系统的相似性。……它也注意到芝加哥神经学家 W. S. 麦克洛奇和 W. 皮茨在 1943 年发表的论文，他们用逻辑方法分析了神经元的行为，并使用符号主义来描述电子器件的逻辑关系。

因为麦克洛奇和皮兹曾经受到过《可计算数》的启发，所以可以说，EDVAC 间接地借鉴了图灵机的概念。但是它其中既没有提到《可计算数》，也没有准确地描述通用机的概念。不过，冯·诺依曼在战前就已经熟悉它了，而且当他从"数据和指令必须分开存储"的想法中解放出来之后，肯定意识到了它们之间的联系。原子弹项目组的 S. 弗兰克尔，是最早一批使用 ENIAC 的人，据他说：

在大约 1943 年还是 1944 年，冯·诺依曼意识到了图灵在 1936 年发表的《可计算数》的重要性……冯·诺依曼向我推荐这篇论文，在他的极力建议下，我非常认真地进行了研究……他非常坚定地向我强调，那些巴贝奇没有提出的基本概念，全部应该归功于图灵，我很肯定他也向其他人强调过这一点。

……然而，在这两个美国和英国的新计划之间，重点不是微妙的相似性，而是其中显著的独立性。

不管冯·诺依曼是受到了谁的启发，总之《关于 EDVAC 的报告草案》是第一次将这些想法集中地写出来。所以，英国的创造又一次流到了美国，而且现在所有人的目光都集中在美国。美国人赢了，艾伦又是第二名……艾伦的独立想法永远无法得到这一切。

对于科学观"新想法要取决于当前的政治和经济的需要"——《艾伦·图灵传——如谜的解谜者》一书的作者认为冯·诺依曼的科学成果很符合该科学观，冯·诺依曼在 1954 年为美国海军制造 NORC 计算机的一番致辞中也有所体现，他相信：

在设计新事物时……想一想要求是什么、价格是什么、究竟应该大刀阔斧还是小心谨慎等，是常规的和非常恰当的做法；当然，这类的思考也是必要的。如果不遵守这些规则，99%的情况下，事情会很快变得一塌糊涂；但也有 1%不同的情况……有时会像这次美国海军和 IBM 的做法，制定具体的规定，旨在调取目前该学科可能的最为先进的机器。

虽然编者在此引用了多方文献来说明计算机先驱们的一些争议。但是，我们大可不必拘泥于“计算机之父”这个称号，从本书第 1 章的内容可以看出，计算机的诞生与发展更应该看成是一个系统工程，是无数人共同努力的结果。图灵虽然没有被称为“计算机之父”，但计算机领域的最高奖被命名为“图灵奖”！

3.2 存储器组织

冯·诺依曼结构框图的中心——存储器，是计算机的存储和记忆部件，用以存放程序和数据。程序和数据均以二进制形式、毫无差别地存储在存储器中。所以，在接下来的讨论中，我们对二进制形式的程序或数据不加区分，一律称之为二进制数。

为了存储这些二进制数，计算机包含大量的电路（如第 1 章提到的触发器），每一个电路能够存储一个二进制位。

存储器怎么组织这些二进制数呢？

3.2.1 存储器的逻辑结构

存储器是以存储单元（Cell）为单位将二进制数组织起来的，计算机的其他组成部分从存储器读出二进制数或写入二进制数，都是以存储单元为单位的。

每个存储单元由若干个存储位构成，一个存储位可存储 1 位的二进制数（0 或者 1），一个典型的存储单元的容量是 8 位，1 个 8 位的二进制串称为一个字节（Byte），因此一个典型的存储单元容量是一个字节。

在电饭煲这样的家用电器中使用的小型存储器，仅包含几百个存储单元，但是大型计算机的存储器可能包含上亿个存储单元。

图 3.2 是存储器的逻辑结构图。该存储器是一个 $M\times N$ 的存储矩阵，一行是一个存储单元，共有 M 个存储单元（$M=256$）；行中的每一格存储一位二进制数，一个存储单元有 N 位（$N=8$）。

如图 3.3 所示，通常存储单元的位是排成一行的。该行的左端为高位端，右端为低位端。最左一位称为最高有效位，最右一位称为最低有效位。

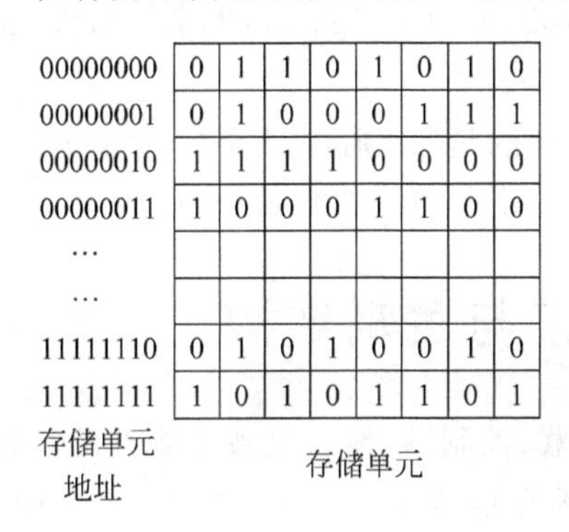

图 3.2 存储器的逻辑结构

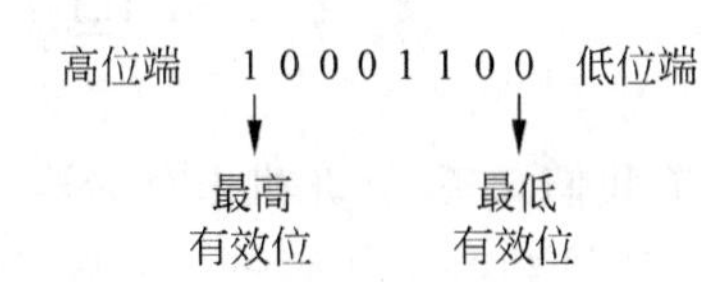

图 3.3 字节型存储单元的结构

在存储器结构中，为了区分和标识存储器中的各个存储单元，每一个存储单元都被赋予了一个唯一的数字编号，就像在一条街上，每个房子都有门牌号码一样。类似地，存储器中这些编号被称为该存储单元的地址(Address)，地址也用二进制表示。例如，用地址00000011来识别某个存储单元，该存储单元的内容为10001100。

存储器的所有存储单元可看成一个线性的、顺序排列的字节数组，该数组从0开始顺序编号。这样就给存储单元赋予了顺序的概念，以后我们可以这样说："上一个单元"、"下一个单元"，或者"之后的第 n 个单元"。

将存储单元排序还产生了一个重要结果：存储器的所有存储单元被排成了一个长列。所以，可以在这个长列上任取一个存储片段来存储二进制数。比如，可以利用两个连续的存储单元来存储16位的二进制数，可以利用 k 个连续的存储单元来存储 $(k\times8)$ 位的二进制数。

当然，存储器除了包含实际存放二进制位的电路之外，还组合了其他的电路，这些电路使得存储器之外的部件可以从存储器中存入和取出数据。其他部件通过电信号从存储器中得到指定地址的内容称为读操作，把某个二进制串存到指定地址的存储单元称为写操作，对存储器的读写操作统称为对存储器的访问。访问存储器时，首先要给出地址，根据地址选定存储单元，然后对选定的存储单元进行读操作或写操作。关于存储器的读写操作，在3.5.1节中会进一步介绍。

3.2.2 存储器容量与存储器地址位数

存储器总的二进制位数称为存储器的容量。

存储器的地址位数与存储单元个数之间的关系是：如果有 n 位二进制数作为地址，则可以为 2^n 个存储单元编号，或者说，可以标识 2^n 个不同的存储单元。

若每个存储单元的位数是8位，则地址位数 n 与存储器容量的关系是：

$$存储器容量=2^n\times8\text{b}=2^n\text{B}$$

在实际应用中，通常用KB、MB、GB、TB来度量存储器的容量，其中：

$$1\text{KB}=2^{10}\text{B}$$

这是因为1024接近于数值1000，所以计算机专业人士采用前缀Kilo(千)来表示1024。即，术语千字节(Kilobyte，KB)用来表示1024B。

同理，兆(Mega，M)表示 $2^{20}=1\,048\,576=1024\text{K}$，吉(Giga，G)表示 2^{30}，太(Tera，T)表示 2^{40}，拍(Peta，P)表示 2^{50}，艾(Exa，E)表示 2^{60}。

例如，计算机使用32位二进制数作为存储器的地址，则可以为 2^{32} 个存储单元进行编号，即该存储器最多有4G个存储单元，也就是说，该存储器的容量为4GB。

3.3 处理器功能与逻辑结构

从3.1节我们知道，计算机由存储器、运算器、控制器、输入设备和输出设备等5大部分组成，在实际计算机中，通常将控制器和运算器集成在一片芯片上，称为中央处理器(Central Processing Unit，CPU)。

那么，CPU到底具备什么功能，以及实现该功能的组成结构又如何呢？

◎ 延伸阅读

曾经，CPU属于大部件，不过随着电子技术的发展，今天的CPU都是集成在一片或少数几片大规模集成电路芯片上的、很小的正方形薄片。由于它们的规模较小，因此这些处理器被称为微处理器(Microprocessor Unit，MPU)。现在的CPU都是一种微处理器，只不过CPU是从其在计算机中的绝对中央地位来命名，而MPU是从微电子技术的发展角度来命名。

Intel的Marcian E. Hoff制作出了世界上第一款微处理器4004，并因此于1988年获得计算机先驱奖。

3.3.1 处理器的功能

处理器有什么功能？可以回到冯·诺依曼的《报告草案》中寻找答案：

2.2 第一，因为这台设备主要是一台计算机，所以它必须能够执行最频繁的基本算术运算。因此，它应该包含特殊的器件来执行这些操作。

……这一设备的中央算术(Central Arithmetical)部件必须存在，它组成了第一个特定部分——CA。

2.3 第二，设备中控制操作顺序的逻辑控制部分，能够由中央控制器最有效地实现。

……中央控制(Central Control)和实现它的器件组成了第二个特定部分——CC。

现在，我们把CA称为运算器，CC称为控制器。

由此可见，CPU是计算机的运算中心和控制中心。运算中心——运算器——负责对数据进行处理和运算；控制中心——控制器——负责从存储器中读取指令、分析指令并执行指令。

虽然距离冯·诺依曼的《报告草案》已经过去了70年，时至今日，CPU的基本功能仍然不变！

3.3.2 处理器的逻辑结构

接下来看看要实现上述基本功能，CPU必须具备的结构。

1. CPU是计算机的运算中心

一个复杂的运算，都是由一些简单的运算组合而成。一个最简单的运算可以用下面的模型表示，如图3.4所示。

例如，对于基本运算 $c=a+b$，其输入数据是 a、b，输出数据是 c，要进行的运算是加法运算。

输入数据 ⇨ 运算 ⇨ 输出数据

图3.4 简单的运算模型

CPU作为运算中心，要实现加法运算，其内部结构如何呢？首先要有进行加法运算的器件——加法器(运算单元)；与此同时，要有暂存加数和被加数的存储单元，以及暂存加法结果的存储单元——CPU中称为寄存器(Register)。

CPU除了要执行加法运算，还要能执行减法、乘法、除法运算，通常还包括逻辑与、逻辑或等逻辑操作，相应地在CPU内部还应该有减法器、乘法器等。我们将这些实现常见运算

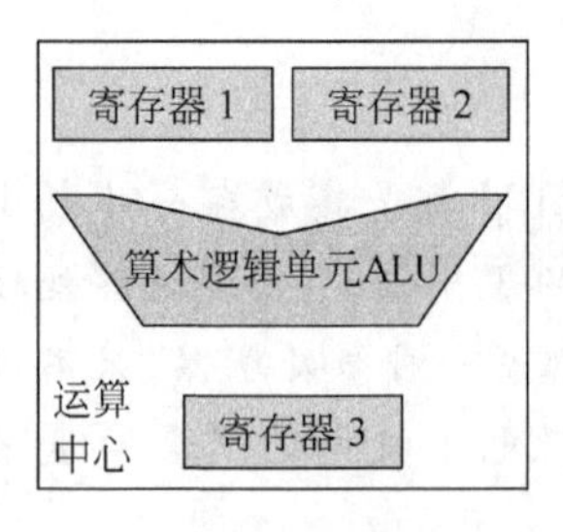

图 3.5 运算器逻辑结构

的器件组合在一起，起了个统一的名字——算术逻辑单元(Arithmetic Logic Unit，ALU)。如图 3.5 所示，运算中心主要包括：执行数据处理的 ALU 和提供 CPU 内部数据临时存储的寄存器。

2. CPU 是计算机的控制中心

剩下的事情，就是要有一个控制器，去控制将存储器中的数据送到 ALU 中去，随后做运算，最后将结果存回到存储器中。

控制器是怎么知道数据放在存储器的什么地方的？又是怎么知道要指挥运算器做什么运算的呢？答案简单又巧妙——这一切都由控制器从指令中得到！而指令序列由程序员根据任务编写，并被预先存储在存储器中。

由此可见，控制器内部必须包含以下器件。

(1) 程序计数器(Program Counter，PC)：给出待取指令地址。

(2) 指令寄存器(Instruction Register，IR)：暂存从存储器取来的指令。

(3) 指令译码器(Instruction Decode，ID)：对指令的功能进行分析。

(4) 操作控制器(Operation Control，OC)：根据指令译码的结果，向相应的部件发出电控制信号。

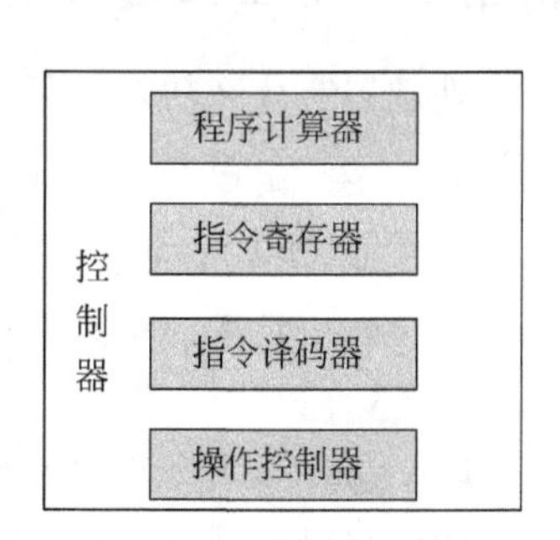

图 3.6 控制器逻辑结构

控制器的逻辑结构如图 3.6 所示。

3. CPU 的逻辑结构

将运算器和控制器合二为一，一个完整的 CPU 的逻辑结构如图 3.7 所示。

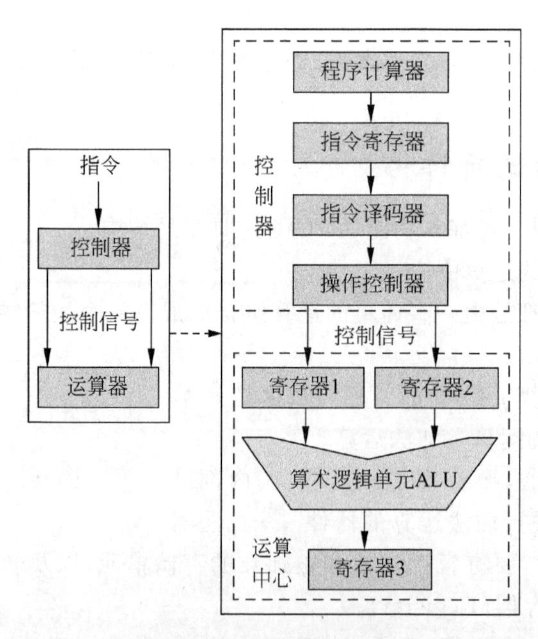

图 3.7 CPU 逻辑结构

(1) 控制器：控制 CPU 内部各器件以致整个计算机的操作。负责取指令，对指令功能进行译码，根据译码结果发出控制其他部件的操作控制信号。

(2) 运算器：对数据进行处理和运算。在控制信号的作用下可完成加、减、乘、除四则运算和各种逻辑运算。

(3) 寄存器组：CPU 内部数据的临时存储。临时存放参与运算的数据和运算结果。

另外，这些器件通过电子导线连接起来，以便器件之间进行信号的传送。

那么，在此结构下，CPU 到底如何工作，比如如何完成 $c=a+b$ 这样的加法运算？问题的答案在 3.4 节。

3.4 冯·诺依曼计算机的工作过程

在 1940 年左右的时间里，计算机是为特定的任务而制造的具有特定功能的机器，如图灵设计的用于战时解密的破译机 Bombe，用于弹道计算的 ENIAC，用于人口普查的 UNIVAC。而现在，只需要一台计算机就可以轻松完成上述不同任务。现在的计算机为什么会如此强悍？

回顾 3.1 节“存储程序”的思想——程序和数据以同等地位事先存放于存储器中，可按地址访问，机器从存储器中读取程序(指令序列)和数据，实现连续和自动的执行。这句话告诉我们以下两点。

第一点是，通过改变存储器的值就可以编写程序和修改程序。那么，要想改变计算机的用途，完全不需要任何的硬件改动，只需要改变存储器中的程序即可。这样，当人们需要计算机完成某项任务时，人们会根据不同任务编制不同程序，存储到存储器中。

第二点是，计算机连续和自动地执行存储器中的程序，或者通过自动执行程序来完成各种任务。

那么，程序以什么形式存储到存储器中？计算机是怎么自动执行存储器中的程序的？下面两节将分别来回答这两个问题。

前面从加法运算出发，分析了处理器的结构，下面继续以一个加法运算为例，来讨论计算机的工作过程。我们需要计算机完成的任务是：求解 6+8+9=？并存储运算结果。

3.4.1 指令与程序的存储

要想计算机自动完成加法任务，首先要根据任务编制程序。

按计算机可理解和执行的规则，加法任务可分解成以下动作序列。

(1) 把第一个数(6)加载到累加器(辅助 ALU 进行运算的一种特殊的寄存器)中；

(2) 把第二个数(8)加到运算器中；

(3) 把第三个数(9)加到运算器中；

(4) 把运算结果存储到存储器中；

(5) 令机器停止工作。

上述动作序列可以归纳为以下 4 个动作：①要把一个数从存储器取到累加器，这个操作称为加载(Load)。②把存储器中的一个数与累加器中的数相加(Add)。③把运算结果存储(Store)到存储器中。④还要有让自动执行停下来(Halt)的操作。

问题是，这4个动作如何为计算机所理解和获取呢？答案就是将这些动作用二进制进行编码。在此给出一种可行的编码方案：

加载 10H

加法 11H

存储 20H

停机 FFH

在此思路下，该动作序列的二进制编码形式如表3.1所示。

表3.1 "求解6+8+9=？并存储运算结果"的动作序列及对应的指令

加法任务(6+8+9=?)的动作序列	动作序列的二进制编码(指令)	
	操作码	地址码
(1) 把第一个数(6)加载到累加器中；	10	010D
(2) 把第二个数(8)加到运算器中；	11	010E
(3) 把第三个数(9)加到运算器中；	11	010F
(4) 把运算结果存储到0003H地址处；	20	0003
(5) 令机器停止工作	FF	

每一个动作序列是规定计算机执行特定操作的命令，这种命令在计算机中的标准称呼为"指令"，指令的二进制编码形式被称为机器指令。因为计算机是二进制的世界，所以，机器指令才是计算机可以存储、分析并执行的指令。

通常情况下，一条指令被分为两部分：操作码和地址码。操作码告诉CPU所要进行的操作类别，如加载、加法、乘法、存储、打印、停机等，地址码告诉CPU所要操作的数据在哪里，典型的数据可以存储在存储器中，也可以暂存在运算器中的寄存器中。如"10 010D"是一条机器指令，"10"是操作码，表示该指令要进行的操作是从把一个数从存储器中加载到运算器中；"010D"是地址码，给出了将要读取的数据在存储器中的地址。

程序是为解决某一问题而编写在一起的指令序列。表3.1中的机器指令序列就是我们为加法任务编制的程序。

图3.8给出了程序及其数据在存储器中的存储情况示意图。

其中，地址为"0100～010C"的存储片段存储程序，地址为"010D～0110"的存储片段存储的是数据。从图3.8中反映出：

(1) 程序和数据以二进制形式不加区分地存储在存储器中。

(2) 存放位置由地址指定，地址也是二进制。

(3) 程序中的指令按顺序存放。

(4) 指令的操作码在前，操作数在后。

程序和数据存储到存储器中之后，便可被CPU按地址访问和执行。

3.4.2 程序的自动执行原理

冯·诺依曼计算机的工作过程就是自动执行程序的过程，而程序由指令序列组成，所以，计算机的工作过程就是自动执行一条条指令的过程。

计算机自动执行指令的过程是：CPU依次从存储器中取出一条指令(取指令)，对指令的功能进行分析(指令译码)，根据分析结果，完成指令所指定的操作，如从存储器取出数据，对数据进行运算处理或者保存运算结果(执行指令)。

图3.8给出了第一条指令的自动执行过程。因为程序的起始地址为0100H，所以，程序开始运行时，PC的值为0100。

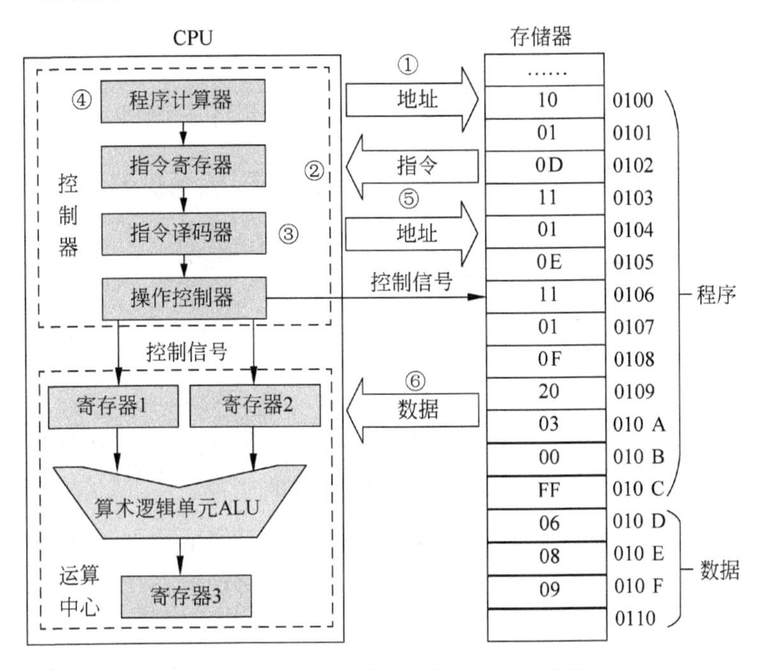

图3.8　一条指令的自动执行过程示意图

第一阶段：取指令阶段

(1) 将PC中的内容0100发往存储器，并由操作控制器发出一电信号通知存储器开始工作。

(2) 存储器对地址进行分析，找到地址为0100的存储单元，将指令内容“10 010D”输出，同时操作控制器发出一电信号控制指令寄存器IR接受该内容。

◎延伸阅读

第一条指令“10010D”在存储器中占用三个连续的存储单元，但一般用第一个存储单元的地址代表指令的地址，所以PC中存放的待取指令的地址为0100H。取指令时，会将占用三个连续存储单元的指令内容一次性地取到CPU内部。

第二阶段：分析指令阶段

(3) 分析指令(分析结果为“加载操作数到累加器，操作数地址为010D”)，然后产生相应的控制信号，控制指令的执行。

第三阶段：执行指令阶段

(4) 使PC加3，以便使其指向下一条指令的存储地址。

(5) 将指令中的地址码010D发往存储器。

(6) 存储器对地址进行分析，找到 010D 存储单元内容“06”并输出，同时操作控制器发出信号让累加器(如寄存器 2)接受内容。

至此，完成第一条指令的执行——把第一个数(6)加载到运算器中。

如图 3.9 所示，当该条指令执行完成后，由于 PC 中已经存储着下一条指令的地址，所以 CPU 会按地址取出第二条指令，然后分析指令，执行指令。机器不断重复这一过程，直到遇到停机指令才会结束程序的运行。

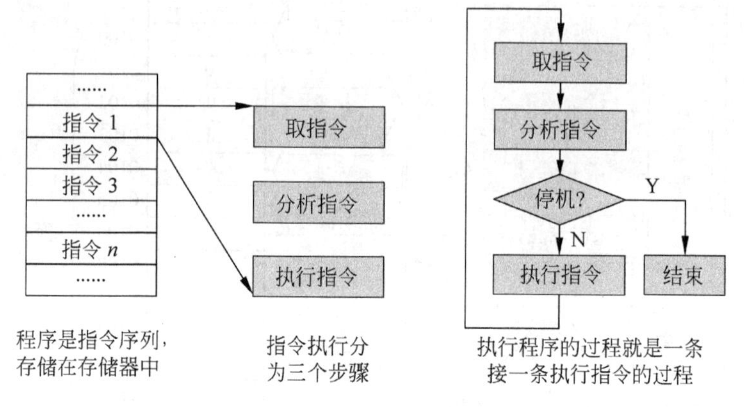

图 3.9　程序执行过程

读者可以自行分析后面指令的执行。这里只是机器指令执行基本思维的介绍，实际机器指令的执行会在此基础上有一些变化。若想要了解更多的内容，读者可以进一步学习“计算机组成原理”、“汇编语言”等课程。

我们也可以跳出单条指令执行的微观框架，从更宏观的角度理解程序的执行。

宏观一点儿来看，计算机执行程序的过程就像一个工厂对产品的加工过程：首先物资分配部门(控制器)读取生产计划(程序)，然后按计划进行调度(操作控制器发出控制信号)，包括：从仓库(存储器)进入工厂的原料(数据)，经调度被送往生产线(运算器)，生产出的成品(处理后的数据)暂存在车间，再存储到仓库(存储器)中，最后拿到市场上去卖(交由程序使用)。

在这个过程中，我们注意到从控制器开始，CPU 就开始了正式的工作，中间的过程是通过运算器来进行运算处理，交到存储器代表 CPU 工作的结束。

3.4.3　硬件和软件的划分：各司其职的设计哲学

前面以加法为例，讨论了 CPU 的概念结构，以及计算机的工作过程。

对于加法运算，算术题本身是可以千变万化的，可以是 1+2，可以是 2+3，可以是 3+4……只要愿意，可以一直写下去，可谓“子子孙孙无穷尽也”。那是不是意味着对每一个加法算术题，都要对应地编写一个指令系列，然后再设计对应的硬件去执行？这样一种笨方法，聪明的计算机设计者们肯定不会采取。

毫无疑问，加法运算有一个通用形式：$c=a+b$。其中，a、b、c 三个数是灵活多变的，无法穷尽的；加法运算是机械的、固定不变的，如图 3.10(a)所示。即加法运算包含两种不同成分：固定、机械的和灵活多变、无法穷尽的。我们很自然地想到物理的硬件(如 CPU 的加法器)极其擅长前者，而后者可由软件代劳。至于软件，则由我们强大而灵活的人类大脑来编写。这就是硬件/软件划分(HW/SW Partitioning),或者说是 CPU 甚至计算机的"各司其职"的设计哲学——Divide and Conquer(分治法),每个组件只做一件事情,但要做好。

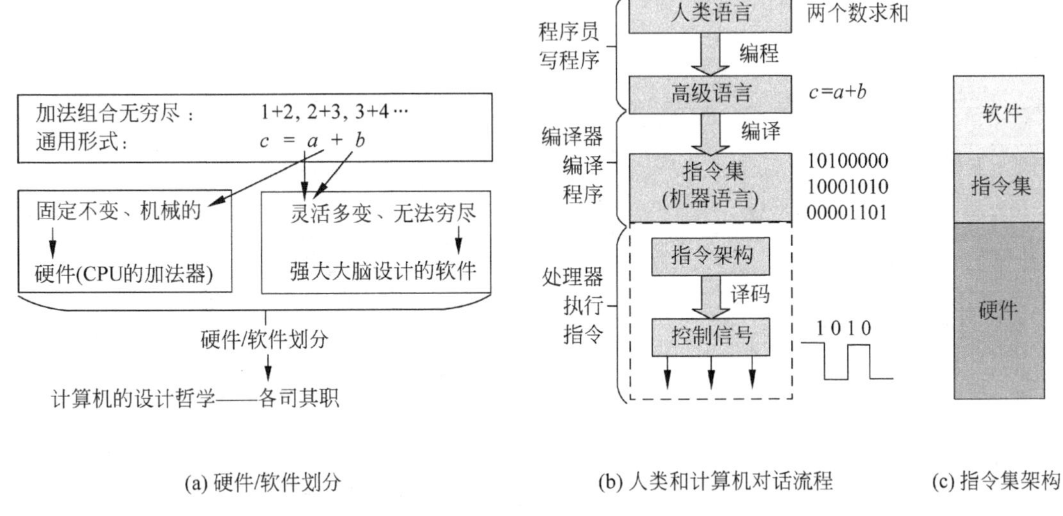

(a) 硬件/软件划分　　(b) 人类和计算机对话流程　　(c) 指令集架构

图 3.10　硬件和软件的划分:各司其职的设计哲学

因为能与 CPU 交流的语言只能是二进制,所以最开始的软件是直接用二进制编写的。在软件一方,人们渐渐觉得机器码看起来实在是太诡异了,就出现了高级语言(如 C 语言、Java 等),让编程这件非人类的事情尽量地向人类的自然语言靠拢,如图 3.10(b)所示。所以,我们用 C 语言编写的高级语言程序,就要被转换(计算机中称为编译)成二进制指令形式,才能为 CPU 所执行。

这些能够直接与 CPU 交流的二进制形式指令,就成了硬件与软件之间的接口(Interface)。所有指令的集合,就是 CPU 的指令集(Instruction Set)。

于是,整个解决方案进一步就被分成了三部分:硬件、软件和指令集,如图 3.10(c)所示。指令集相当于处理器内部物理结构的外部呈现。这样,从编程人员的角度来看,程序员只需要了解指令集就可以编写程序,而不需要去了解底层的硬件信息。

这样带来的好处是什么呢?早期计算机出现时,软件的编写都是直接面向特定的硬件系统的,所以,即使是同一家计算机公司的不同计算机产品,它们的软件都是不能通用的,这个时代的软件和硬件紧密地耦合在一起,不可分离。而有了指令集后,硬件和软件解耦,只要中间的这个接口——指令集——能够正常地起作用,软件人员只需面向指令集编程,开发出的软件不经过修改就可以应用在使用同样指令集的计算机上。例如,你把处理器从 Core 2 更换成了更高性能的 Corei 7,甚至处理器从 Intel 处理器更换成 AMD 处理器,Office 软件照样可用,因为这些处理器都有相同的指令集。

阶段小结

3.1~3.4 节介绍了冯·诺依曼计算机的设计思想、硬件结构以及工作过程,在这里进行一个阶段性的小结,如图 3.11 所示。

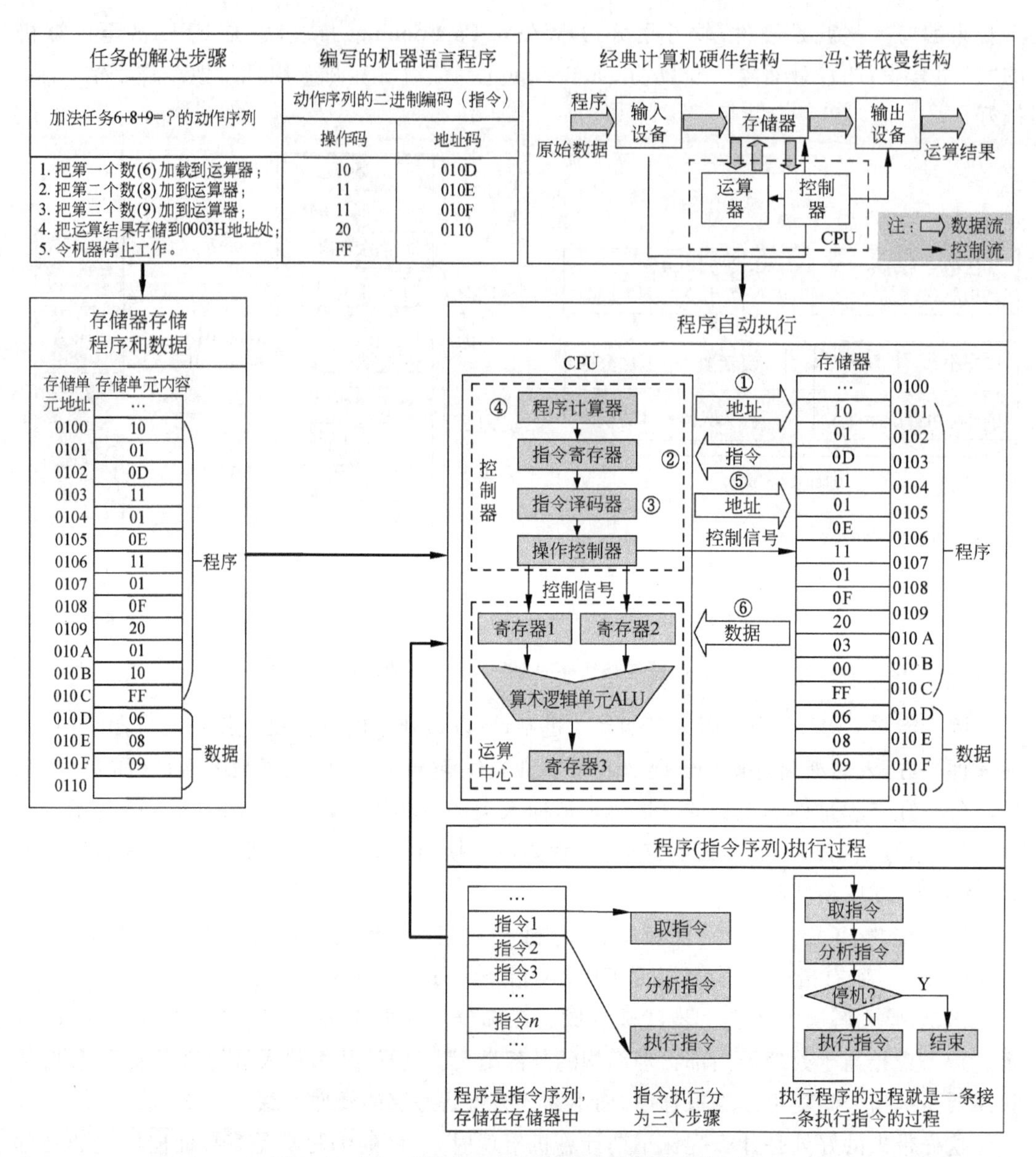

图 3.11　冯·诺依曼计算机硬件结构及其工作原理

冯·诺依曼计算机由存储器(Memory)、运算器(Arithmetic Logic Unit，ALU)、控制器(Control Unit)、输入设备(Input)和输出设备(Output)等 5 大部分组成。

冯·诺依曼计算机的工作实质就是自动执行程序，而程序由指令序列组成。机器指令是计算机能够直接解释和执行的指令，由 0/1 编码表示。一条机器指令包括操作码和地址码两部分，操作码告诉 CPU 所要进行的操作类别，地址码告诉 CPU 所要操作的数据。

程序能“自动”执行主要取决于两点：一是程序和数据以二进制形式不加区别地存放于存储器中，存储器由存储单元组成，存储单元可按地址访问，地址也是二进制形式。二是控制器根据事先存放在存储器中的程序来工作。通常把这两点简称为“程序存储”与“程序控制”。

◎ 延伸阅读

虽然计算机技术发展很快，但“程序存储”与“程序控制”原理至今仍然是计算机内在的基本工作原理。自计算机诞生的那一天起，这一原理就决定了人们使用计算机的主要方式——编写程序和运行程序。科学家们一直致力于提高程序设计的自动化水平，改进用户的操作界面，提供各种开发工具、环境与平台，其目的都是为了让人们更加方便地使用计算机，可以少编程甚至不编程来使用计算机，因为计算机编程毕竟是一项复杂的脑力劳动。但不管用户的开发与使用界面如何演变，“程序存储”与“程序控制”没有变，它仍然是我们理解计算机系统功能与原理的基础。

冯·诺依曼计算机的工作过程就是自动执行程序的过程，或者说是自动执行一条条指令的过程。

计算机自动执行指令的过程是：CPU依次从存储器中取出一条指令（取指令），对指令的功能进行分析（指令译码），根据分析结果，完成指令所指定的操作，如从存储器取出数据，对数据进行运算处理或者保存运算结果（执行指令）。

总之，冯·诺依曼计算机的特点如下。

(1) 计算机由存储器（Memory）、运算器（Arithmetic Logic Unit，ALU）、控制器（Control Unit）、输入设备（Input）和输出设备（Output）等5大部分组成。

(2) 程序（即指令系列）和数据以二进制形式不加区别地存放于存储器中，可按地址访问。

(3) 控制器根据事先存放在存储器中的指令序列（即程序）来工作。

5大组成部分的功能及协同工作原理如下。

(1) 输入：用户使用输入设备（通常为键盘）将程序和原始数据输入内存。在输入过程中，计算机实际干了三件事——转换、存储、显示，包括：输入设备要将输入的内容转换成计算机能够识别和存储的二进制机器码，并按可用的地址存入存储器。与此同时，作为输出设备的显示器也同时将输入的内容显示出来，以便于用户监视输入内容的正确性。

(2) 控制：控制器根据PC中的内容从存储器取出指令，并对该指令进行译码，得到控制其他部件的微操作，对应地给其他部件发出各种控制信号。

(3) 运算：从存储器取出相应的原始数据送到运算器，指挥运算器按照操作码的要求进行处理，数据处理的中间结果再送回存储器保存起来。然后再循环往复同样的过程，直到程序结束。

(4) 数据存储：由输入设备输入到存储器中的程序和原始数据以及程序运行后数据处理的结果，都是存储到存储器中的。

(5) 输出：指挥输出设备将数据处理的结果输出。通常使用显示器，必要时使用打印机或其他设备。在输出过程中，还要将二进制机器码转换为用户可读的形式。

以上过程，除开、关计算机和敲击键盘外，全部都是由控制器根据程序（指令序列）指挥计算机的各个部件自动进行的。所以，人的任务就是编制能让计算机自动运行的程序。

从图3.11中的冯·诺依曼结构框图可以看出：在计算机内部传送与流动的主要有两大类信息：数据流与控制流。其中，空心线表示数据信息流向路线，实线表示控制信息的流向路线。若将这5部分看成5个景点，框图可以看成是在控制器的控制之下，二进制数据

(包括数据和程序)在5大组成之间的旅行。

无论是数据流还是控制流,都要有支撑其流动的载体。在计算机中,5大组成部件通过什么来传输信息呢?

此问题留待3.5节回答。

3.5 计算机的总线架构

3.5.1 总线架构的基本概念

1. 总线结构

思考我们前面提出的问题:在计算机中,5大组成部分通过什么来传输信息呢?

道是相通的,现实生活中的道路对于我们回答这个问题很有帮助。

如图3.12所示,多个端点(工厂、库房等)通过中间的一条公共道路相连,不同的端点可通过该道路来传输货物,以达到货畅其流、信息互通的目的。

图3.12 现实生活中的传输通道——道路

同样的概念,移植到计算机中,计算机也是用一条公共线路将它的主要部件连接起来,如图3.13所示。

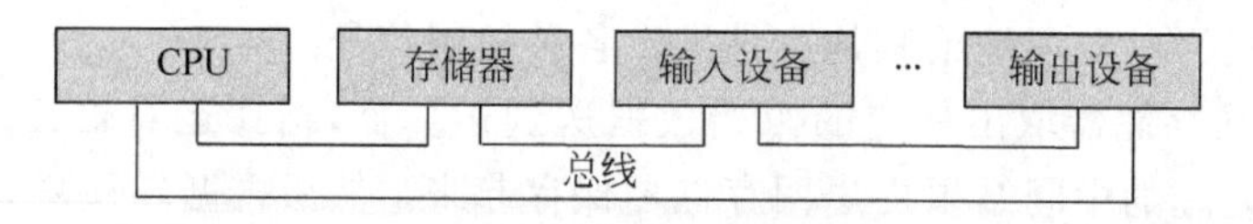

图3.13 计算机的总线结构

只不过在计算机中这个公共线路被称为“总线”,串联在总线上的各个部件可以利用总线这个公共通道来传输信息。

我们把这种用总线互连计算机主要部件的结构称为总线结构——这也是系统互连最常用的方法。

2. 总线的概念

总线的物理形式如图3.14所示。

实际上,在计算机中,总线就是一组电子导线,其中:

(1) 一根导线可以传送一位二进制信息(要么传输的是0,要么传输的是1);

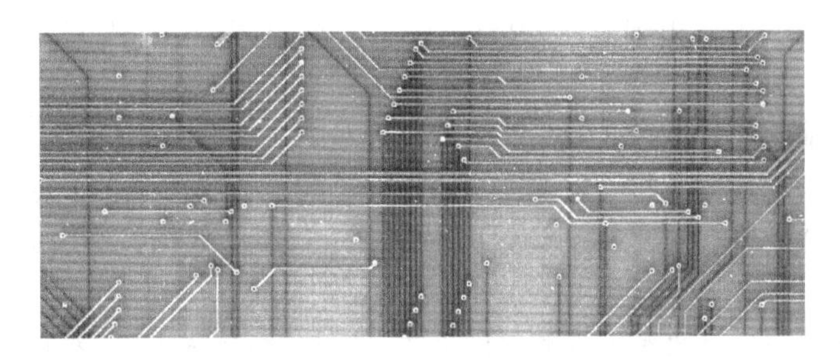

图 3.14　计算机总线物理图

(2) 多根导线放在一起，就能够用来同时(并行地)传送多位二进制信息。

如图 3.15 所示，该总线包括 8 根导线，故一次可传送一个 8 位二进制数据，即一个字节；若是 16 根呢？当然是一次可传送两个字节。

在一段时间里，随着时间的推移，一根导线能传送一串二进制数据。

如何判断总线输送数据能力的强弱呢？通常用总线带宽来表征。

总线带宽(Bandwidth)：指单位时间内可以传送的数据总量，单位 B/s，它取决于总线宽度和总线工作频率两个参数。

总线宽度：总线宽度不是指电子线路有 1mm 或 2mm 的宽度，而是指每次可传输多少信息。在主板密密麻麻的线路中，每条线路在同一时刻都仅能负责传输一位，因此必须同时采用多条线路才能传送更多的信息。总线每次可同时(并行)传输的数据位数便称为总线的宽度(Width)，以位(bit)为单位。图 3.15 中总线的宽度为 8b。

总线的宽度如同马路的车道，有 2 车道、4 车道，车道越宽越好；同理，总线宽度越宽，性能越好，如图 3.16 所示。

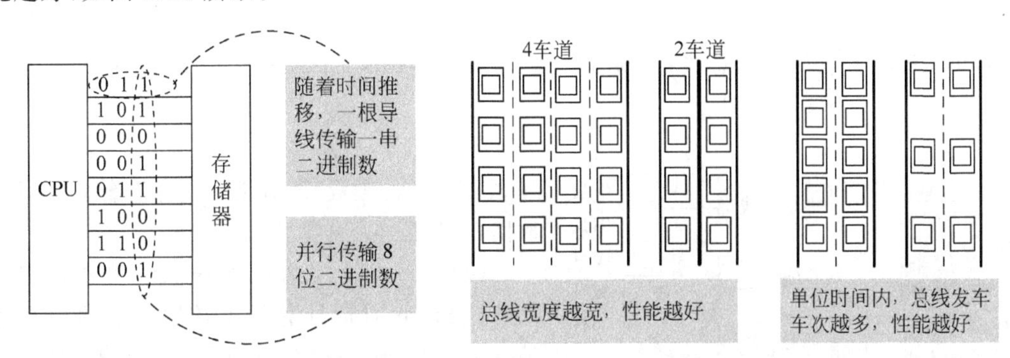

图 3.15　总线传输信息示意图　　图 3.16　总线性能与车道的类比示意图

总线工作频率：在总线中，速度指的就是总线的工作频率，通常以 MHz 为单位。简单来说，就是总线上每秒传输数据的次数。

可以把它看作每秒发车的次数。在相同的条件下，单位时间内发车越多表示传送的数据量越多，总线的速度就越快，总线的性能越好。

我们已经知道，总线宽度表示一次可传送的位数，而总线频率则指每秒可以传送多少次，综合二者，可以通过下列公式求得总线带宽：

总线带宽＝总线宽度×总线工作频率

举例来说，p4 的前端总线 FSB 的总线宽度是 64b，频率是 800MHz，所以总线带宽是

6.4GB/s；Core i7 的 QuickPath Interconnect(QPI)总线，其宽度是 16b，频率是 6.4GHz，所以总线带宽是 12.8GB/s。

3. 总线上传输的三种信息

CPU 对存储器的读写操作可以帮助我们理解总线上传输的三种信息。

CPU 对存储器会执行两种基本操作：一是从存储器取数据，二是向存储器存储数据。其中：

CPU 从存储器中得到指定地址的存储单元里的数据，称为 CPU 对存储器的读操作，或取操作；

CPU 把某个数据存放到指定地址的存储单元里，称为 CPU 对存储器的写操作，或存操作；

CPU 对存储器的读操作或写操作，简称为 CPU 对存储器的访问。

CPU 如何对存储器进行读写操作呢？

CPU 要从存储器中读或写数据，首先要确定它要访问哪一个存储单元中，即确定存储单元的地址。好比要在一条街上找人，先要确定他住在哪个房子里。另外，CPU 在访问存储器时还要指明，它要对该存储单元进行哪种操作——是读出数据还是写入数据。

由此可见，CPU 要想对存储器进行数据的读写，必须和存储器进行下面三类信息的交互。

(1) 地址信息：要访问存储单元的地址。

(2) 控制信息：器件的选择，读或写的命令。

(3) 数据信息：具体要读或写的数据。

现实生活中，人、自行车、机动车各自有专门的道路——人行道、自行车道、机动车道等，同样地，这三类信息也各自有专门的总线传输。传输数据信息的总线称为数据总线(Data Bus，DB)，传输控制信息的总线称为控制总线(Control Bus，CB)，传输地址信息的总线称为地址总线(Address Bus，AB)。

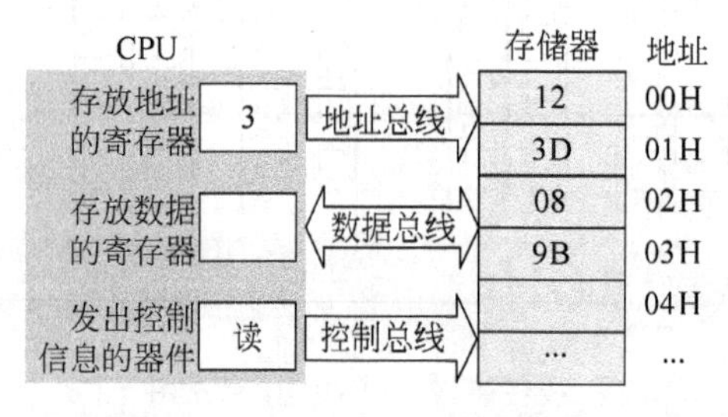

图 3.17　CPU 从存储单元读取数据的示意图

为了加深读者的理解，下面举例说明。如图 3.17 所示，假设 CPU 要从 3 号存储单元读取数据，其过程如下。

(1) 首先 CPU 通过地址总线将地址信息 03H 送出(此时地址总线上传输的二进制信息是 03H)，找到 03 号存储单元。但 CPU 要对存储单元干什么呢？存储单元不知道，一切得听从 CPU 的指挥，即第(2)步。

(2) CPU 通过控制总线发出读命令，通知存储器，将要从该存储单元读取数据。

(3) 存储器将 03 号存储单元中的数据 9BH 通过数据总线(此时数据总线上传输的二进制信息是 9BH)送入 CPU。

写操作与读操作的步骤相似，后两步略有不同，请读者自行分析 CPU 向存储器写数据的过程。

实际上，计算机系统总线通常包含上百条分立的导线，但它们总是可以分成数据总线、地址总线和控制总线三个功能组，分别用来传输数据、地址和控制信息。

(1) 数据总线：提供部件间传送数据的路径。典型的数据总线包含32条、64条、128条或更多的分离导线，这些线的条数称为数据总线的宽度。因为每条线每次能传送1位，所以总线的条数决定了每次能同时传送多少位，宽度越宽，传输数据越快。例如，如果数据总线宽度为32位，而待读二进制数据是64位，那么处理器需要访问存储器两次。

严格说来，总线的宽度应该是数据、地址、控制等三个宽度的总和，不过我们比较在乎一次可传多少数据，所以宽度通常仅指负责传递数据的那部分，可以说，数据总线宽度是决定计算机系统总线总体性能的关键因素。

(2) 地址总线：用于指定数据总线上数据的来源或去向——它可以是某个外设(输入/输出地址)，也可以是存储器中的某个位置。例如，如果处理器希望从存储器中读取一个字数据，它要将所读取字的地址放在地址线上。

显然，地址总线的宽度决定了系统能够使用的最大的存储器容量。举例来说，早期8086CPU的地址线有20根，所以其可控制的存储器上限为1MB。而且，地址总线通常也用于I/O端口的寻址。

(3) 控制总线：用来控制对数据线和地址线的存取和使用。由于数据线和地址线被所有硬件模块(如处理器、存储器、外设接口等)共享，因此必须用一种方法来控制它们对总线的使用。典型的控制信号有以下几种。

存储器写(Memory Write)：引起总线上的数据写入被寻址的存储单元。

存储器读(Memory Read)：使得被寻址单元的数据放到总线上。

I/O写(I/O Write)：引起总线上的数据写入被寻址的I/O端口。

I/O读(I/O Read)：使得被寻址I/O端口的数据放到总线上。

传输响应(Transfer ACK)：表示已经从总线接收到数据，或者已经将数据放到总线上。

总线请求(Bus Request)：表示某个硬件模块需要获得对总线的控制权。

总线允许(Bus Grant)：表示允许发出请求的硬件模块获得总线的控制权。

◎ 延伸阅读

地址线、控制线中涉及一些外设、接口、端口方面的内容，读者可以先当它们是透明的，待看完下面的"总线与接口"后，再回来理解。无视它们并不会影响对总线的理解，此处之所以标出来是为了保证知识的完整性和严谨性。

4. 计算机通过接口电路与外围设备的通信

在图3.13的总线结构中，通过总线与CPU进行通信的，除了存储器，还有输入设备和输出设备，如键盘、鼠标、显示器、打印机等，它们统称为计算机的外围设备，简称外设。

存储器和CPU构成了计算机的核心，那么外设是如何通过总线与这个核心(简称为计算机)进行通信的呢？

与存储器直接通过总线与CPU通信不同，外围设备的通信是通过称为接口电路的中间设备来处理的。也就是说，图3.13应该修正为如图3.18所示形式。

为什么需要接口电路？或者接口电路的作用是什么？这是由外设的特点决定的。

外设分输入设备和输出设备，输入设备有字符输入设备如键盘，图形输入设备如鼠标、图形板、操纵杆、光笔，图像输入设备如扫描仪、传真机、摄像机、数码相机、条形码阅读器，语音输入设备如麦克风等；输出设备有显示器(又分为CRT、LCD的，黑白、彩色的，2D、3D的

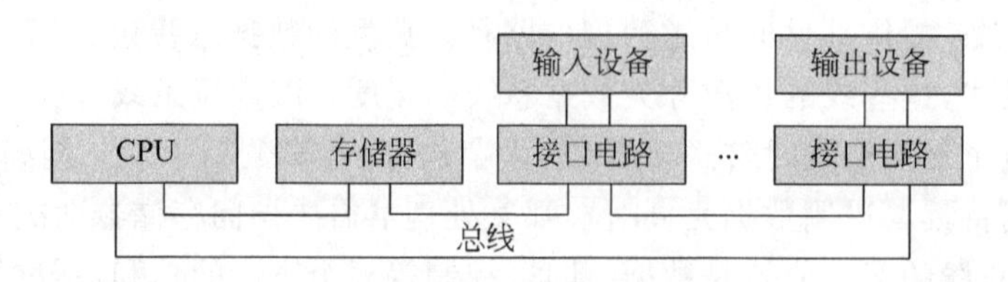

图 3.18　修正的计算机总线结构

等)、打印机(又分为针式、喷墨、激光的);绘图仪、音响等;而在数据采集、参数检测、实时控制和物联网领域,还需要把各种温度、湿度、压力、流量等传感器和执行机构与计算机连接起来,这些传感器和执行机构也属于外部设备。

由此可见,外设众多,形形色色。这众多的外设,导致的后果如下。

(1) 不同外设,工作原理各不相同,对应地对外设的控制方法也是不同的,所以若把控制外设的任务统统交给 CPU 来承担是不现实的。

(2) 外设的数据传送速度各不相同,而且一般比存储器或 CPU 慢很多,因此使用高速的总线直接与外设通信是不可行的。

(3) 外设使用的数据格式和长度各不相同,而且通常与 CPU 或存储器也不同,不能直接通过总线与其相连。

所以,需要有专门的硬件来负责外设的控制、数据速度的缓冲、数据格式的转换等,这个专门的硬件就是接口电路。

接口电路主要有以下三个功能,如图 3.19 所示(为了阐述和理解的方便,考虑外设与 CPU 之间的数据传送)。

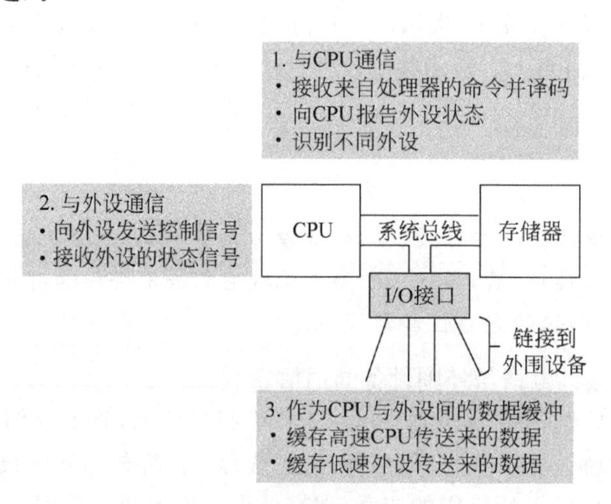

图 3.19　接口电路功能示意图

(1) 接口电路通过总线与处理器进行通信时,负责:

① 接收来自 CPU 的命令并对命令进行译码。例如,一个用于磁盘驱动器的接口电路,可能要接收来自 CPU 的 READ SECTDR (读扇区)、WRITE SECTOR(写扇区)、SEEK(寻道)等命令。

② 向 CPU 报告外设的状态。常用的状态信号有忙(BUSY)和就绪(READY),还有报告各种出错情况的信号。

③ 地址识别：接口电路必须协助 CPU 识别它所控制的每个外设。

(2) 接口电路还必须负责与对应的外设进行通信，通信内容包括向外设发送控制信号、接收外设的状态信号等。

(3) 接口电路最基本的功能是作为 CPU 与外设间的数据缓冲站。由于处理器传入、传出数据的速度很快，而许多外设速度要比 CPU 低几个数量级，所以来自 CPU 的数据通常以高速发送到接口电路，数据保存在接口电路的缓冲器中，然后以外设的速度发送到该外设。而反向传送时，由于数据被缓冲，CPU 不会被束缚在低速的传送操作中。因此，接口电路必须既能以外设设备速度又能以 CPU 速度工作。

接口电路中的缓冲器由一系列寄存器实现，为了与 CPU 中的寄存器相区别，接口中的寄存器被称为 I/O 端口(Port)。根据存放信息的不同，对应地有以下三种端口。

(1) 数据端口(Data Port)：用来缓存外设送往 CPU 的数据或 CPU 发往外设的数据。包括输入缓冲寄存器和输出缓冲寄存器。

(2) 状态端口(Status Port)：存放外设各种状态信号(如就绪、忙、故障等状态)。状态信号由外设存入，可由 CPU 读取，以测试或检查外设的状态。

(3) 控制端口(Control Port)：用来存放 CPU 向接口发送的各种控制命令，如启动、停止命令(控制外设的启停)，外设工作方式的选择等。

由此看来，外设的输入不直接送入 CPU，而是送入相关接口电路的 I/O 端口中；CPU 向外设的输出也不是直接送入外设，而是先送入接口电路的 I/O 端口中，再由接口电路送到外设。即 CPU 和外设之间的通信实际上是通过 I/O 端口来实现的。所以，从应用角度看接口结构，只需要关注 I/O 端口即可。

I/O 端口实际上就像一个小型的存储器，所以，每一个 I/O 端口和每个存储单元一样，有一个唯一的地址——端口号(如图 3.20 中的 60H 就是端口号)，一个端口能存放 8 位的二进制数据。CPU 对存储单元有两种操作：读操作和写操作，同理，CPU 对 I/O 端口也有两种操作：读端口操作和写端口操作，操作过程与存储器的读写操作类似。

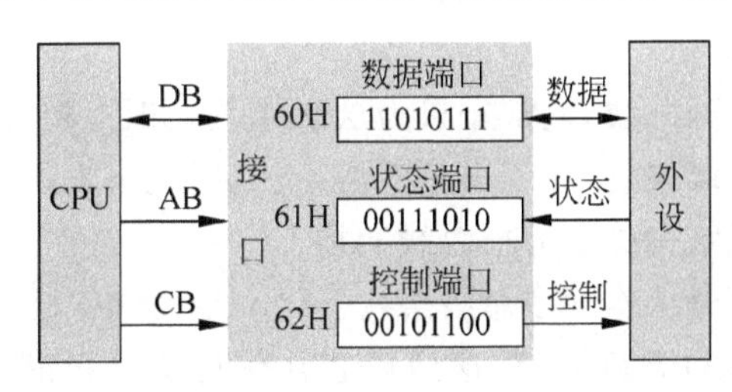

图 3.20　接口电路中的 I/O 端口示意图

接口电路的物理形式主要有两种，一种是插在主板插槽上的各种扩展卡，又称为适配器，如独立显卡(显示适配器)、独立声卡(声音适配器)、独立网卡(网络适配器)等；一种是置于外设本身或者系统主板上的芯片，又称为控制器，如板载音频芯片、USB 3.0 控制芯片等。控制器和适配器的功能和结构都是相似的，区别主要在于它们的封装方式不同。

最初，每一种控制器或适配器都是为特定类型的外设而设计的。因此，购买一种新的外设常常也需要同时购买一种新的控制器或适配器。但现在，人们开发了新的标准，如 USB (Universal Serial Bus，通用串行总线)和 FireWire(火线)，这个新标准允许一个控制器处理多种外部设备。例如，一个USB控制器作为一个通用接口电路，可以让其他任何同USB兼容的外部设备与计算机通信，现在市场上可以与USB控制器通信的外部设备繁多，如鼠标、打印机、扫描仪、数码相机、手机和外部存储设备等。

◎ 延伸阅读

USB与FireWire。USB和FireWire是标准化的串行通信系统，它们简化了给计算机添加外设的过程。USB由Intel公司主导研发，FireWire则由苹果公司主导研发。两者的目的都是通过一个控制器提供外部接口，并用该接口来连接多个外部设备。在其设置中，控制器将计算机内部信号特征转换成相应的USB或者FireWire标准信号，反之，为了与控制器通信，与控制器相连接的每个设备都将其内部特性转换成相同的USB或FireWire标准，于是，给计算机添加新设备就不再需要增加新的控制器，只需要在USB外部接口或FireWire外部接口插入与其兼容的设备即可。

3.5.2 计算机硬件结构的扩展：分层次的多总线架构

在图3.18中，唯一的一组线路被所有硬件模块共享，这种总线架构结构简单，成本效益好。但是，随着时间的流逝，人们逐渐发现这种结构的诸多缺点，主要有以下几点。

(1) 就像在节假日，太多的车通过同一条高速公路，导致在高速路上行驶的车辆接近了高速公路的饱和量，高速公路会堵车一样，当所有数据的传送都通过这一共享的总线进行，若传输的请求接近了总线的容量，总线就会产生通信瓶颈。

(2) 就像在某一条车道上，速度由开的最慢的车的车速决定一样，共享总线的传输性能也由最慢部件的传输性能决定。尽管CPU与存储器可以通过总线高速通信，但慢速的外设却在不停地拖后腿。

(3) 共享总线上连接的设备越多，因为排队等候等原因，导致总线的传输延迟就越大。

所以，在计算机的发展历程上，一组线路被所有硬件模块共享的总线结构逃不过被淘汰的结局。

目前计算机都使用多种总线，通常布置为层次结构，如图3.21所示的分层次的多总线架构。正是因为有了多总线架构，为了避免混淆，人们回过头去把3.5.1节中的一组线路被所有硬件模块共享的总线结构称之为单总线架构。

从处理器角度来考察分层次的多总线架构。Intel系统中，处理器通过两块重要的芯片与外部(存储器和I/O设备)进行通信，这两块芯片俗称为北桥芯片和南桥芯片，统称为芯片组。

如图3.21(a)所示，处理器旁边的芯片称为北桥(或内存控制中心MCH)，北桥下面的芯片称为南桥(或I/O控制中心ICH)。南桥和北桥有明确的分工，北桥负责处理器与那些需要高总线带宽的部件间的通信，主要是存储器和显卡；南桥负责处理器与较低速度部件间的接口，通常连接各种输入输出设备，如USB、硬盘等。

为什么会有芯片组呢？

在单总线架构时代，CPU和存储器是共进退的好兄弟，但随着计算机技术的发展，CPU与内存储器在性能上差距日显，当前内存储器的存取速度比CPU慢大约两个数量级，所以，在内存储器与处理器之间增加一个控制芯片(即北桥)作为数据缓冲站也就是应有之义了。从图 3.21(a1)中可以看出，系统总线与处理器直接相连，是处理器对外通信的唯一通道，故又称为处理器总线或前端总线 FSB，但存储器从系统总线上移走，通过北桥与系统总线连接，相应地，内存与北桥之间的总线称为存储器总线。

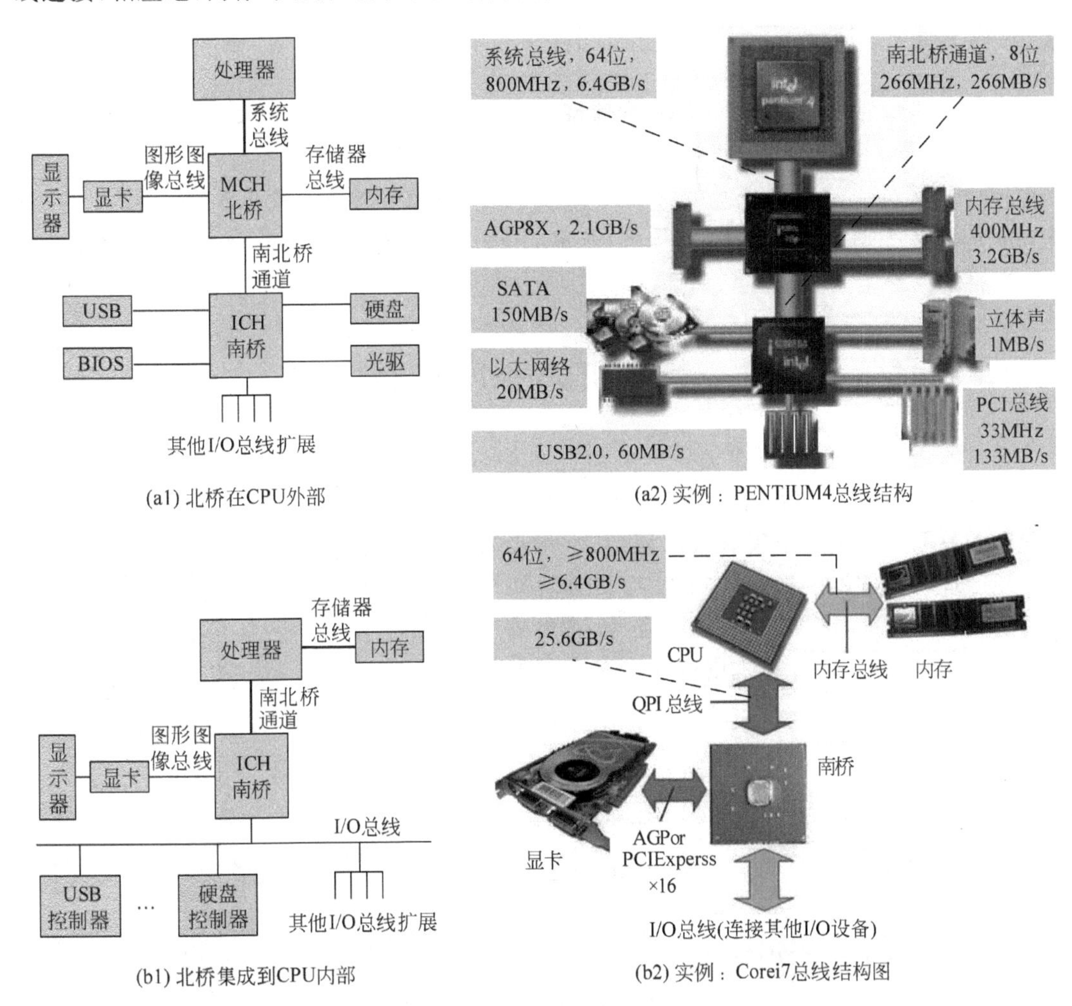

图 3.21　分层次的多总线架构示意图

外部设备如硬盘、USB 设备、网络、鼠标等的速度更慢(比内存慢得多)，基于同样的考虑，增加一个 I/O 控制中心(南桥)，作为慢速的外设与计算机系统间的数据缓冲站，相应地，慢速的 I/O 设备与南桥之间的总线称为 I/O 总线，慢速的 I/O 总线通过南桥与系统相连。

但有一个比较特殊的外设——显示器，系统要向它传输大量的图形数据，即系统需要高速总线与显卡进行通信，所以，人们将显卡直接与北桥芯片相连(如图 3.21(a)所示)，使得图形数据通过高速总线，直接送入显示子系统，增加图形数据传输速度，同时在显存不足的情况下还可以调用系统的内存储器。

近几年来，处理器中的晶体管密度有了很大的提升，以至于完全可以将芯片组的功能集成到处理器内部，这样设计的好处是主板的面积减小了，计算机更小型化，封装成本也降低了，如图 3.21(b)所示。实际的 Intel Core i7 处理器就将北桥芯片集成到其内部，因此内存也就直接与处理器相连，显卡虽然从北桥转移到南桥，但仍独占一条高速的图形图像总线。

分层次的总线架构好处是：①将高速的存储器-处理器传输与慢速的I/O传输分离开来，慢速部件不会影响高速部件的活动；②外部设备的变化不会影响系统总线和处理器结构，即允许计算机系统支持性能广泛的各种I/O设备。

◎延伸阅读

计算机的性能主要来源于CPU、存储器和显卡的性能，但是，如果没有适合的主板和芯片组，处理器与其他部件的数据通信就会受到限制，影响处理器的运行速度，就好比再好的跑车，在乡间小路上也是跑不快的。芯片组和主板一般是针对某一特定处理器或某一处理器家族进行设计的。其他部件，如显卡、硬盘、键盘、鼠标等，则相对较独立，只要符合I/O总线标准就可以了。

3.6 计算机的分层存储体系

到目前为止，我们对计算机硬件的研究主要依赖于一个简单的计算机系统模型(如图3.22所示)：CPU执行程序，存储器为CPU存储程序和数据。这是一个很有效的模型，它帮助我们从顶层理解存储器的概念和功能，以及计算机的运行过程。事实上，计算机技术发展至今，存储器的概念已经相当宽广，在计算机中存在诸多存储器类型，如图3.23所示。

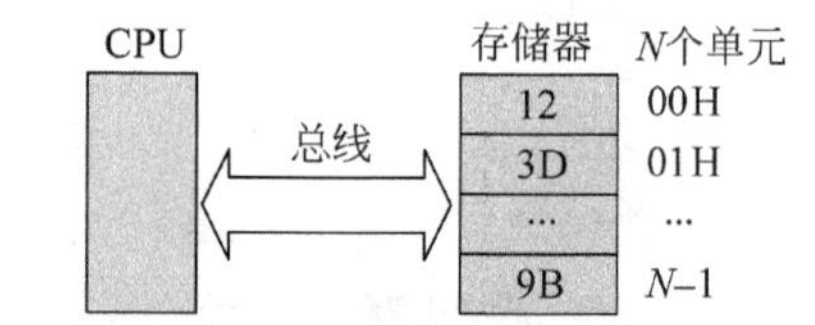

图3.22　一个简单的计算机系统模型

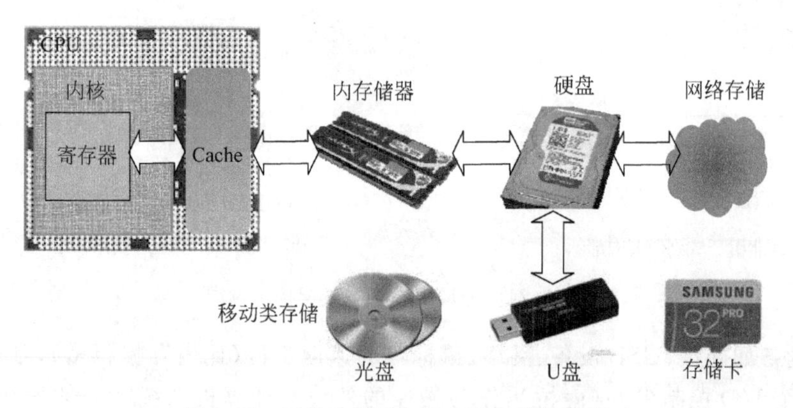

图3.23　目前计算机中的多种存储器类型

为什么一台计算机需要这么多类型存储器？这些存储器是怎么组织在一起为计算机服务的？本节将给出这些问题的答案。

3.6.1　为什么需要多种类型存储器：性能与成本的平衡之道

存储器是计算机的核心部件之一，其性能直接关系到整个计算机系统性能的高低。对于存储器，通常最关心三个性能指标：存储容量(B)、存取速度(存取时间)和价格(位成本)。我们对"存储容量"的需求可以说是无止境的，而"尽可能快的存取速度"比较容易回答，存储器的速度最好能跟得上处理器的速度(当处理器执行指令时，我们希望它不会因为等待指令或数据而暂停)，当然，存储器的价格也应该是合理的。所以，计算机存储器的设计所要追求的目标是：如何以合理的价格，设计出容量和速度均满足要求的存储器系统。

然而，容量大、速度快、价格低这三个要求是相互矛盾的。因为综合考虑不同的存储器实现技术，可以发现：

(1) 存取速度越快，每一个“位”的价格就越高；

(2) 容量越大，每一个“位”的价格就越低；

(3) 容量越大，存取速度越慢。

存储器设计变成一个多目标决策问题：从实现“容量大、价格低”的要求来看，应采用能提供大容量的存储器；但从满足存取速度的角度来看，又应采用昂贵的、容量较小的，但速度快的存储器。

对于多目标决策中鱼和熊掌不可兼得的困境，仅用单一的一种存储器难以实现目标。走出这种困境的唯一方法是：不依赖单一的存储部件或技术，而是采用一组具有不同容量、存取速度和成本的多种存储器，构成计算机的分层存储体系。

3.6.2 计算机硬件结构的扩展：计算机的分层存储体系

1. 多种存储器构成的分层存储体系

如图 3.24 所示的 n 级存储器构成的分层存储结构：该结构由存取速度不同、存储容量不同、成本不同的多种存储器，组成一个统一的存储器系统。随着层次的下降，存储器的存取速度变慢，容量增大，位价格下降。存储器系统中不同层次的存储器发挥各自在速度、容量、成本方面的优势，达到的效果是：其速度接近速度最快的第一级存储器 M_1 的速度，其容量接近最外层存储器 M_n 的容量，而位成本也接近廉价慢速的 M_n 的位价格。

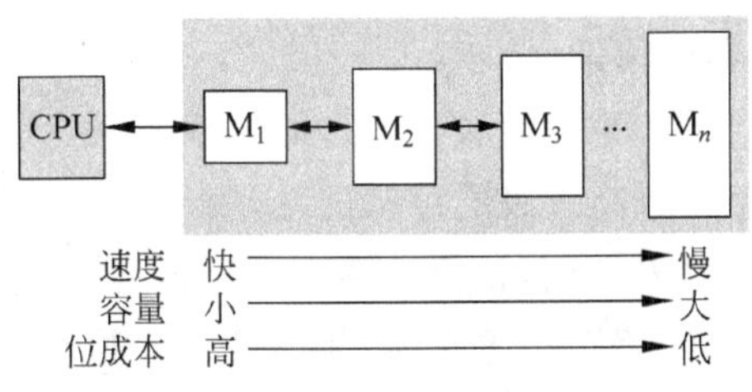

图 3.24 n 级存储器构成的分层存储结构

多种存储器构成的分层存储体系同时满足了速度、容量和成本三方面的要求，实现了我们希望存储器达到的目标!

多种存储器构成的分层存储体系到底是如何实现目标的呢? 且看下面的指标分析。

2. 分层存储体系的指标分析

为了简化问题，考虑两级结构的存储器系统，参数见表 3.2。

表 3.2 两级结构的存储器系统的参数

二级结构的存储器系统	存取时间	存储容量	位平均价格
第一级存储器 M_1(如 Cache)	$T_1 = 1$ns	$S_1 = 2$MB	C_1
第二级存储器 M_2(如内存)	$T_2 = 10$ns	$S_2 = 2$GB	C_2

两级存储器的位平均价格计算公式如下。

$$\text{每位平均价格}\ C=\frac{C_1\times S_1+C_2\times S_2}{S_1+S_2}$$

$$=\frac{C_1+1000C_2}{1001}$$

$$\cong C_2$$

正如我们希望的，在 $S_1 \ll S_2$ 的情况下，位平均价格趋近于 $C_2(C \cong C_2)$。

两级存储器的平均存取时间为：

$$T = H\times T_1+(1-H)\times(T_1+T_2)$$

这里设置一个参数——命中率 H。H 为 CPU 访问存储系统时，在 M_1 中找到所需信息的概率。

假设 95%的存储器访问都可以在 M_1 中找到，那么平均访问时间为：T=0.95×1ns+0.05×(1ns+10ns)=1.5ns。

正如我们所叙述的，平均访问时间更接近于 1ns，而不是 10ns。

可以看出，CPU 命中 M_1 的概率越高，总的平均访问时间就越接近于 T_1。所以，这种分层存储系统的关键在于提高 CPU 访问 M_1 的概率，在实际的计算机系统中，M_1 的命中率高达 95%以上。

该二级存储器系统组成的容量，是接近于 S_2 的，不用赘言。

由此可见，对于该二级存储系统，其容量和位价格接近于 M_2，而存取速度接近于 M_1。

推而广之，对于多级存储系统，达到的效果是：其速度接近速度最快的第一层存储器 M_1 的速度，其容量接近最外层存储器 M_n 的容量，而位成本也接近廉价慢速的 M_n 的位价格。

3. 现代计算机的分层存储体系

如图 3.25 所示，现代计算机采用 4 级分层存储体系。

(1) CPU 内部寄存器：是最高一级的存储器，一般是微处理器内含的。它与 CPU 采用相同工艺制造，速度与 CPU 完全等同，设置一系列寄存器是为了尽可能减少微处理器直接从外部取数的次数。但是，由于寄存器组受到 CPU 芯片面积和集成度的限制，寄存器的数量不可能做得很多，寄存器本身也不能做得过大。所以，寄存器一般用于指令级数据(CPU 正在处理的数据或者中间结果)的暂存。

(2) 高速缓冲存储器(Cache)：前面提到过，“CPU 执行程序，存储器为 CPU 存储程序和数据”。CPU 在做运算时，是从寄存器读取数据的，但寄存器的容量实在太小，CPU 时时刻刻都需要从内存读取数据，而内存和 CPU 在存取速度上相差很大，内存远远不能满足 CPU 的数据存取要求。在此背景下，人们在 CPU 和内存之间增加一级速度能与 CPU 匹配的高速缓冲存储器(Cache)，以弥补内存速度的不足。

目前，Cache 一般置于处理器芯片内部，通常有 2 或 3 级 Cache 结构。Cache 的速度比内存快一个数量级，导致位成本较高，又由于在 CPU 内不能集成太多电路，所以一般 Cache 比较小(MB 级)，用于存储 CPU 当前用得最多的程序和数据。

在有 Cache 的情况下，CPU 需要读取程序和数据时：先访问快速的 Cache，若找到所需程序和数据，CPU 就直接使用；找不到时，再访问慢速的内存。CPU 需要的数据在 Cache 中，称为命中，命中的概率称为命中率。

（3）内存储器，简称内存，又称为主存：由于微处理器所需程序和数据大部分都可以在高速缓冲存储器里找到，内存可以采用速度稍慢的存储器芯片来制作，以便以较低的价格实现大容量，当前内存容量都是 GB 级。内存虽然容量较大、速度较快，但断电后存放在其中的信息将丢失，所以只能临时存储信息，通常用于存放正在运行中的程序和数据。

◎ 延伸阅读

程序和数据有运行和不运行两种状态，假设你的硬盘上存储了 10 部电影，当你用某种播放软件（如优酷视频）来看其中一部电影（如“美丽人生.mp4”）时，“优酷视频”就是正在运行中的程序，“美丽人生.mp4”就是正在运行中的数据，在你的鼠标双击电影的同时，它们被从硬盘加载到内存中。而另外不被运行的 9 部电影只会安安静静地躺在硬盘上。

（4）外存储器，简称外存，又称为辅助存储器或辅存：如硬盘、U 盘、活动硬盘、各种存储卡、光盘等。外存容量通常是内存容量的 100 倍以上，但其存取速度比内存慢得多，如果加上寻找数据位置所需要的时间，速度更慢（ms 级）。但它平均存储费用很低，而且断电后信息也不丢失，可以永久存储信息，所以用于存放计算机上所有的程序和数据。

对于计算机而言，CPU 是核心，但对于计算机的使用者而言，硬盘更像是核心。因为我们所有的信息都存在其中，其他的器件可以随意更换，但硬盘可是万万不能随意更换的，更不能让别人随意更换。

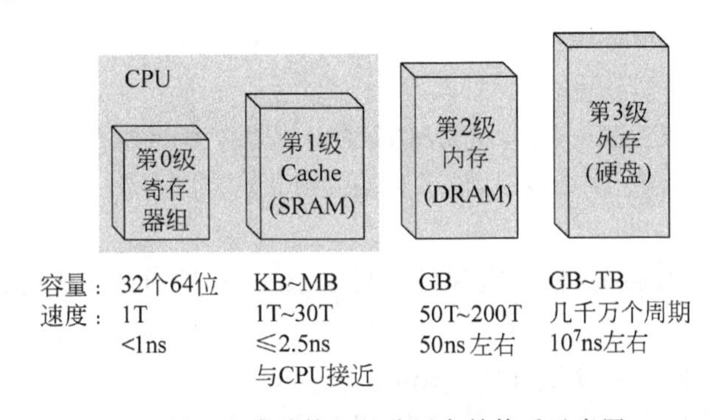

图 3.25　现代计算机的分层存储体系示意图

分层存储体系中的信息分配：在分层存储体系中，通过合理地把程序和数据分配在不同存储器中，以充分发挥不同存储器在速度、容量、成本方面的优势，从而实现：以最低廉的价格提供尽可能大的存储空间；以最快的速度实现高速存储访问。具体分配策略如下。

（1）用容量特大（GB～TB）、速度最慢的外部存储器，存放计算机上所有的程序和数据；

（2）用容量较大（GB）、速度适中的内存，存放当前正在运行的程序及其数据；

（3）从内存中将 CPU 近一段时间内用得最多的程序和数据，装入容量小（几百 KB～MB）但速度与 CPU 接近的 Cache 中。

在程序具有良好局部性的前提下，按这种信息分配策略，CPU 对 Cache 的命中率高达

95%以上。即CPU对存储器系统的访问，95%以上的时间里都是在访问Cache。

也就是说，外存、内存以及Cache构成的三级存储体系：其速度接近高速缓存的速度，其容量接近外存的容量，而位成本则接近廉价慢速的外存的平均价格。

◎延伸阅读

所谓程序的局部性是指CPU在一定时间段内通常只访问程序的某一特定区域。包括程序的时间局部性和空间局部性。

时间局部性是指：在一小段时间内，最近被访问过的信息项（程序和数据）很可能再次被访问。最典型的例子就是循环，循环体代码被处理器重复的执行，直到循环结束。如果将循环体代码放在Cache中，只是第一次从内存取这些代码到Cache需要耗费时间，以后CPU每次都能从Cache中快速地访问这些代码。

空间局部性是指：在存储空间上，如果某项信息被CPU访问，那么与它相邻的信息很可能很快也要被访问。最典型的例子有数组，数组中的元素常常按照顺序依次被程序访问，所以当数组第一个元素被访问的同时，计算机可以把整个数组放到Cache中。

程序的局部性原理是高命中率的关键。

3.6.3 有关分层存储的思维扩展

1. 思维扩展：随处可见的分层存储——技术来源于生活

其实分级存储的思想，并不是计算机所专用的，它来源于生活。

我们通常会有这样的生活习惯，将最常用的东西放在桌上，这样可以最方便地拿到，将次常用的东西放在抽屉里，也能较快地拿到，将不常用的东西放在箱子里，箱子的空间最大，但去箱子里拿东西需要消耗更多的时间。

再比如油料的分级存储：汽车发动机相当于CPU，车的油箱类似于Cache，存放当前在用油料；而整体自装卸加油站类似于内存，用于伴随保障；后方油库则是大容量的支撑。

由此可见，分层存储的思想，具有很好的科学意义，其目的是在节约成本的情况下，达到性能或收益的最优。

2. Cache概念的延伸和分层存储体系的扩展

如今高速缓存的概念已被扩充，不仅在CPU和内存之间有Cache，而且在内存和硬盘之间也有Cache——磁盘缓存，乃至在硬盘与网络之间也有某种意义上的Cache，如Internet临时文件夹或其他网络内容缓存等。

所以，Cache的概念可以延伸为：凡是位于速度相差较大的两种硬件之间，用于协调两者数据传输速度差异的结构，均可称之为Cache。

从图3.26(a)可以看到，L1 Cache对L2 Cache进行缓存，L2 Cache对内存储器进行缓存，内存储器对磁盘系统进行缓存，以此类推。

从此图还可以看出，对于互联网络而言，硬盘是容量较小但速度较快的存储器，互联网则是容量较大但速度较慢的存储器。

在此基础上，可以进一步对图3.25的“现代计算机的分层存储体系”进行扩展：将4级存储器系统扩展为7级存储器系统，如图3.26(b)所示。寄存器位于层次结构的最顶部，也

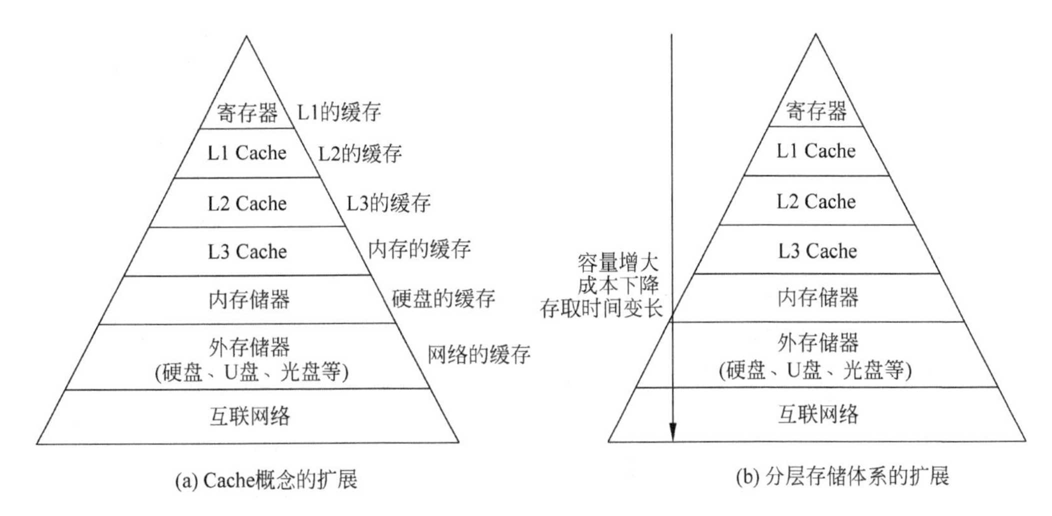

图 3.26　Cache 概念的延伸和分层存储体系的扩展

就是第 0 级或记为 L0。这里我们展示的是三层高速缓存 L1～L3，占据存储器层次结构的第一层到第三层。内存在第 4 层，以此类推。

在这个层次结构中，从上到下，存储器访问速度越来越慢、容量越来越大，位成本也越来越便宜。

注意，将多个速度、容量和价格各不相同的存储器构成的分层存储器系统是透明的，即对用户而言它就是一个存储器。该存储系统的速度接近速度最快的那个存储器，容量与容量最大的那个存储器相等或接近，位价格接近最便宜的那个存储器。

小　　结

本章前面部分介绍了冯·诺依曼计算机的硬件结构以及指令的执行过程，以上述内容为基础，后两节讨论了现代计算机在计算机硬件结构之上的扩展。

(1) 由于硬件不同传输性能的需求，现代计算机由单总线结构扩展为分层次的多总线结构；

(2) 由于对计算机存储性能"贪得无厌"的需求，现代计算机由单一的存储器结构扩展为多存储器构成的分层存储体系。

从图 3.27 中可以看出，分层存储体系是建立在分层次的多总线结构基础之上的，或者说分层次总线架构使得分层存储体系的思想得以实现；反之，分层存储体系的需求又推动着总线向分层结构方面发展。可以说这两种结构扩展路线是相辅相成、相互依存的，共同推动着计算机技术和性能向前发展。

总之，现代计算机架构是由相互独立又相互依存的多个体系组成的，它们相互配合，协同执行一个程序。这个协同执行程序的问题，第 4 章中还会继续探讨。

还要说明的是，无论是分层次的多总线结构还是分层存储体系，都充分体现了一种很有用的科学思维方式——通过不同性能资源的分层组合优化，以达到整体性能或收益的最优。

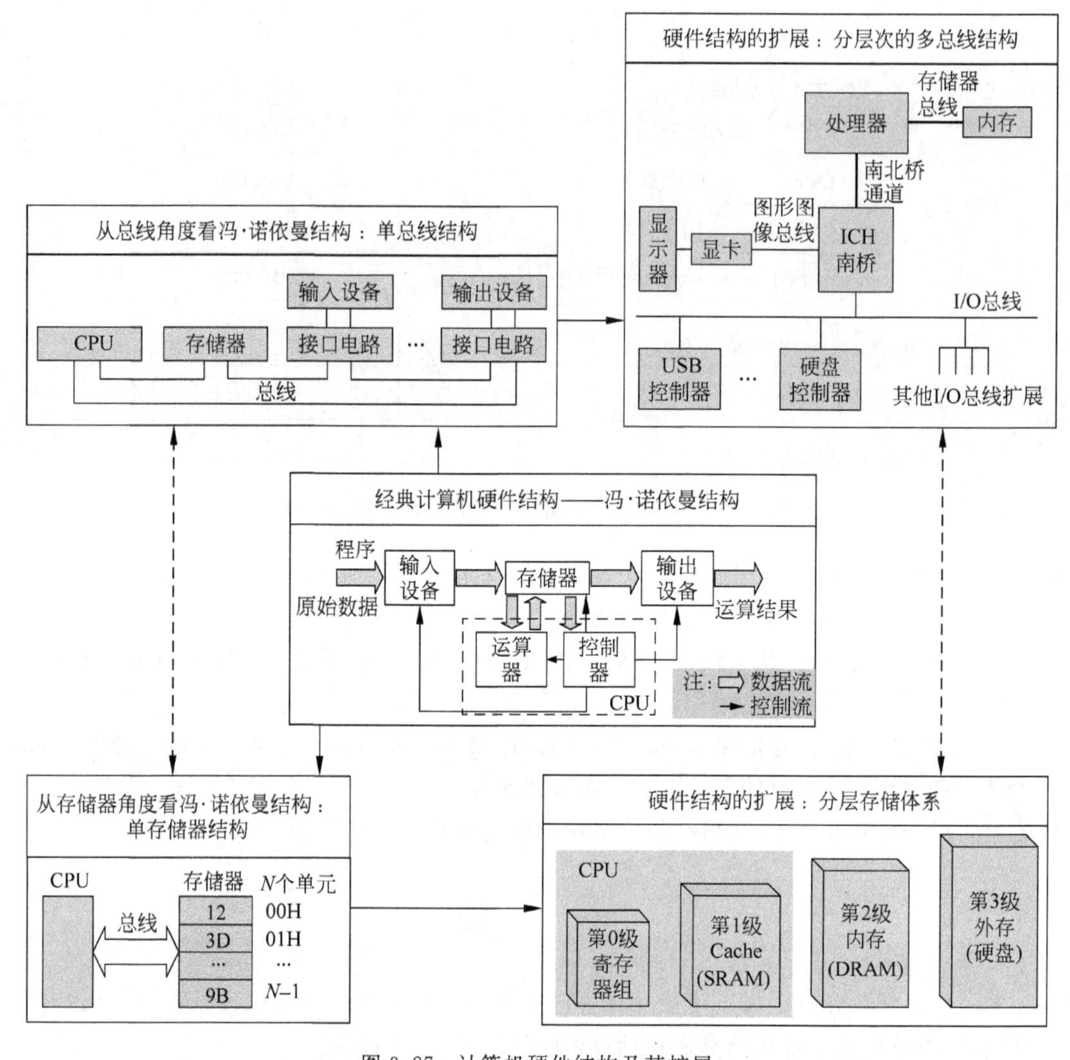

图 3.27　计算机硬件结构及其扩展

复　习　题

3.1　计算机的经典硬件结构是什么？画出其结构框图，并简述各部件的主要功能。

3.2　图 3.1 中的两种结构有何不同？为什么现在的计算机会采用以存储器为中心的结构？

3.3　如果存储单元地址用两个十六进制数字表示，那么该计算机的存储器有多少个存储单元？如果某计算机的存储器容量为 64GB，则需要多少位二进制数为该存储器地址编码？

3.4　列出并概要定义处理器的主要结构部件。

3.5　怎么理解计算机的程序存储和程序控制两个概念。

3.6　结合表 3.1 和图 3.8，分析第二条指令的自动执行过程。

3.7 Office 软件不能在手机上用，反之，手机上的软件也不能在一般的 PC 上使用，这是为什么？

3.8 若某总线的地址线为 32 根、数据线为 32 根，当它工作于 33MHz 时钟频率下时，其总线带宽为多少？

3.9 参考图 3.17，请描述此过程：CPU 怎样向存储器写入数据？

3.10 简述 I/O 接口的基本功能。

3.11 列出你认为是存储器的部件，并从位置、容量和速度三方面对这些存储器进行比较。

3.12 什么是存储器的分层存储结构？为什么存储器要采用分层存储结构？

3.13 内存-辅存结构与 Cache 内存结构有何区别？

3.14 请收集“云计算”和“大数据”的有关资料，在此基础上进一步理解“分层存储体系的扩展”。

3.15 思维扩展题：冯·诺依曼计算机架构为计算机的发展做出了巨大贡献，但随着计算机应用领域的不断扩展，冯·诺依曼计算机逐渐暴露出其不足和局限性，请收集相关资料，了解冯·诺依曼计算机的局限性以及当前的一些非冯·诺依曼计算机的研究，以便对未来计算机的发展形成自己的初步认识。

第4章 原理：计算机系统是如何工作的

第3章主要讨论了从计算机内部结构看指令的自动执行过程，本章关注的是，计算机系统中硬件和系统软件相互配合、协同执行一个程序的过程。如果说，第3章是从微观角度考察程序的指令在硬件内部的运行，本章就是从宏观角度看程序的执行。

4.1 计算机系统

4.1.1 计算机系统的构成

现代计算机系统由硬件和软件构成，如图4.1所示。

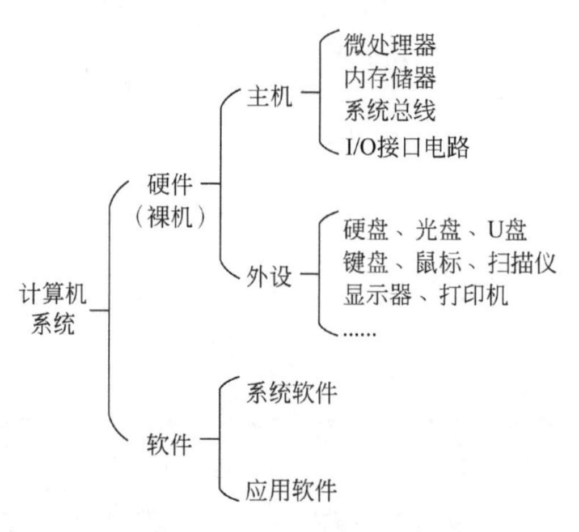

图4.1 计算机系统的构成

硬件是构成计算机系统的有形的物理实体，由主机和外部设备两大部分构成。主机的核心是CPU和内存储器。CPU和存储器插在主电路板（俗称主板）上，通过主电路板上的系统总线与I/O接口电路相连，而各种外部设备通过慢速的I/O总线与控制外设的相应接口相连。计算机系统如果不配有软件，通常称为裸机。

软件是由指令序列构成的程序的集合，程序控制硬件按指定要求进行工作。软件总体分为系统软件和应用软件两大类。系统软件主要用于管理、监控和维护计算机系统，使得计算机系统中的各部分可以协同工作，以及支持应用软件开发和运行的系统，如操作系统、语言集成开发环境、数据库管理系统、管理和维护计算机系统的各种工具软件等。应用软件是为了满足用户工作、生活、娱乐等各种应用需求而提供的软件，如各种办公软件、商务管理软件、计算机辅助设计软件、互联网互动软件、多媒体软件、游戏软件等。

虽然硬件是计算机得以运行的基础，但若没有软件，计算机系统也只不过是一堆破铜烂铁而已。只有在裸机上安装一层又一层的软件，计算机系统才具有实用意义，为我们所用。所以说，软件扩展了计算机的功能，是计算机系统无形的灵魂。而软件中最重要的一类软件就是操作系统。

4.1.2 硬件功能的扩展：操作系统

我们知道，计算机系统最根本的任务是通过执行程序来处理数据。在冯·诺依曼架构和分层存储体系下，计算机执行程序的过程是：首先将存储在外存中的程序和数据装载到内存，然后程序被CPU所执行。那么，问题来了：①如何将程序和数据存储到外存上呢？②如何将程序和数据装载到内存中，又装载到内存的什么位置呢？③内存中可能有多个程序，如何让CPU来执行一个程序，CPU该执行内存中的哪一个程序呢？

这些问题的解决是复杂的，与人无关而与硬件直接相关。在第3章中，在假设待执行程序已事先存储在内存中的前提下，我们考察了CPU是如何执行程序的，从某种意义上部分解决了第三个问题，但问题的全面解决需要操作系统这一核心软件来实现。

操作系统由一系列具有不同管理和控制功能的程序模块组成，位于硬件和用户之间，是覆盖于计算机硬件之上的第一层软件。一方面，它为用户提供一个硬件的抽象接口，方便用户使用计算机；另一方面，它管理计算机系统的各种资源（硬件资源、软件资源、数据资源），以便用户更合理更充分地利用这些资源。总之，操作系统是计算机硬件功能之上的扩展。

操作系统的作用可以用图4.2来说明，主要可以从两方面来理解。

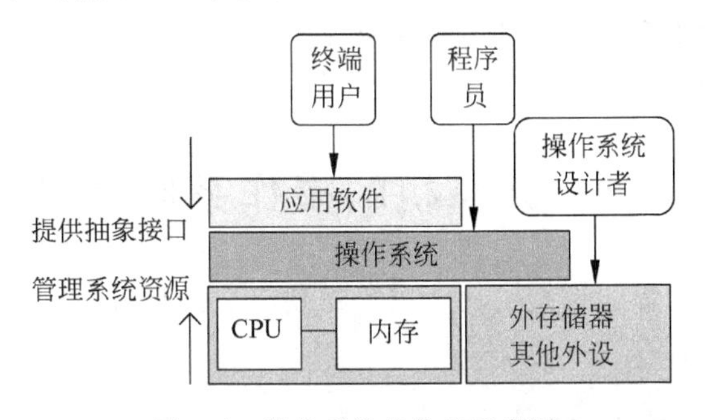

图4.2 操作系统的作用示意图

(1) 提供用户与计算机硬件之间的抽象接口，使计算机更易于使用。

应用软件（通常也称为应用程序）的用户，即终端用户，通常并不关心计算机硬件的细节，于终端用户而言，可以把计算机系统看作是一组应用软件，而应用软件由应用程序员编写而成。如果没有操作系统，应用程序员工作时就要直接针对硬件进行编程，为使用某个硬件将不得不掌握该硬件的所有操作细节。为了说明对硬件编程是一项非常复杂和挑战性的任务，我们试着考察一下对磁盘进行的读操作。该操作可能涉及的命令有：移动磁头臂、检测状态、校准控制、读数据等；可能要设置的参数有：预读取的磁盘块地址、磁道的扇区数、物理存储介质的记录格式、扇区间隙等。不用进一步叙述读操作的具体过程，读到这里，是不是已经头昏脑胀、不知所云？这就对了！这种如读天书的感觉就是问题的关键所在——直接对硬件进行编程实在是太困难和复杂了！

好在操作系统为程序员屏蔽了这些烦琐的细节，并为程序员使用硬件系统提供了简单、高度抽象的接口。如磁盘，在操作系统中被抽象成包含一组文件的设备，文件可以是一张照片、一个网页、一篇文档等，对磁盘的访问(读或写)就抽象成了对文件的访问，而这个抽象出来的接口——文件，以及对文件的访问无论对程序员还是对终端用户来说都很好理解。

需要指出，操作系统的实际客户是应用程序(当然是通过应用程序员)。它们直接与操作系统及其提供的抽象接口打交道，所以，本章后面提到的都是对应用程序的抽象，更多的时候会简单地以“程序”二字代替，后面行文中不再明确指出。

(2) 管理计算机系统资源，以便更有效更合理地使用它们。

自顶向下看，操作系统为应用程序或者应用程序员提供抽象的接口。如果自底向上看，操作系统则要负责管理计算机系统的各个组成部分。一台计算机就是一组资源。计算机系统中的主要资源有处理器、存储器、I/O 设备以及运行中的程序和数据。所以，从自底向上的角度看，操作系统的主要任务就是对这 4 种资源进行管理和分配，以便有限的资源能被相互竞争的程序更有效、合理地使用，包括：记录哪个程序在使用什么资源，对资源的请求进行分配，并且为不同的程序和用户调解相互冲突的资源请求。

◎延伸阅读

试举两例，以帮助理解这段话——操作系统的主要任务就是对 4 种资源进行管理和分配，以便有限的资源能被相互竞争的程序更有效、合理地使用。假设在一台计算机上运行的三个程序试图同时在一台打印机上输出计算结果，此时需要操作系统对打印需求和打印设备进行有序化管理。而当一台计算机有多个用户时，如何让用户既能共享硬件和信息(文件、数据等)，又要能管理和保护硬件与信息资源，以防止用户间相互干扰和破坏，这些都需要操作系统发挥管理作用。

4.2 计算机的操作系统管理

从资源管理角度看，操作系统的功能包括磁盘与文件管理、存储器管理、进程与处理器管理、设备管理等。

4.2.1 外存与文件管理

如第 3 章所述，内存所存信息在断电后消失，而许多应用程序需要在计算机关机后还能长时间保存，计算机系统中支撑该要求的是外存和文件系统，如图 4.3 所示。

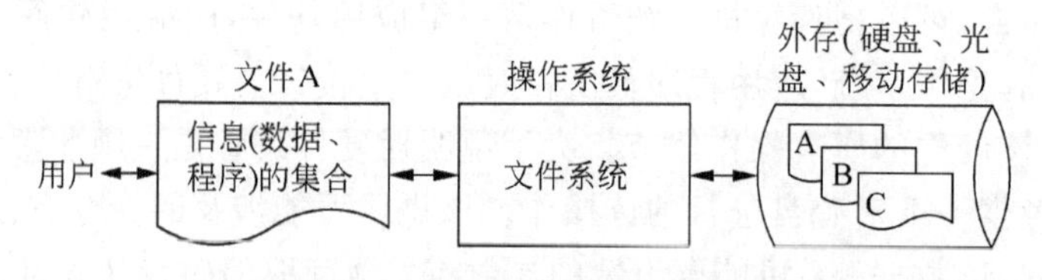

图 4.3 操作系统对文件和外存的管理

计算机中的信息可以是数字、文本、声音、图像、视频等数据，也可以是程序，这些信息被操作系统组织成文件。文件是若干信息的组合，可以表现为数码照片、网页以及一篇保存的文档等。如前所述，操作系统的一个主要功能是隐藏磁盘等外存的细节特性，并提供给用户一个简单的抽象接口——文件。显然，处理数码照片、网页和文档等，要比处理磁盘等容易得多。对程序员来说，文件是一个方便的概念；对操作系统来说，文件是管理信息的一个基本单元。有关文件的构造、命名、存取、使用、保护等管理都是操作系统的主要工作。从总体上来，操作系统中处理文件的部分称为文件系统（File System），本书第5章会具体介绍有哪些文件系统，此处不再赘述。

可以说，实现长期存储需求的硬件是外存，而文件系统是操作系统是为外存提供的抽象接口。

文件管理主要解决以下问题：如何将文件A存储到外存？如何将存储到外存的信息还原成文件，以供用户访问？如何为文件访问提供有效的访问和控制手段？

所以，文件管理的功能包括：有效地管理文件的存储空间；合理地组织和管理文件；为文件访问和文件保护提供有效的方法。

1. 文件存储空间的管理

计算机中最常用、最基本的外存是硬磁盘，关于文件的存储空间管理，此处主要研究文件在硬磁盘上的存储和组织。

内存以存储单元为基本的组织单位，类似地，磁盘中最基本的存储单元和组织单位是扇区（Sector），一个扇区的大小可能为128×2^n（$n=0,1,2,3,4,5$）B。尽管如此，操作系统仍然认为扇区的单位太小，因此把n(2,4,8,16,32,64)个连续的扇区捆绑在一起，组成一个更大的存储单位，即簇，以提高操作系统访问磁盘的速度和管理磁盘的能力。例如，在XP系统中簇的大小通常是1KB，Windows 7系统中是4KB。

簇是操作系统读写数据的最小单位，由操作系统在高级格式化过程中自定义。即：①操作系统以簇块为单位和内存交换信息；②文件信息按簇块大小分割成一个个逻辑簇块，再对应地写入磁盘的一个个簇块上，因此文件所占用的空间，只能是簇的整数倍。

需要指出的是，属于同一个文件的逻辑簇块，在被写入磁盘时，并不一定存放在连续的物理簇块上，即这些物理簇块可能分散在磁盘中的不同地方。那么，操作系统怎么知道这些簇块存放在磁盘的哪些位置，又怎么把这些分散的簇块看成一个整体的文件的呢？这就需要用到文件分配表和根目录，如图4.4所示。

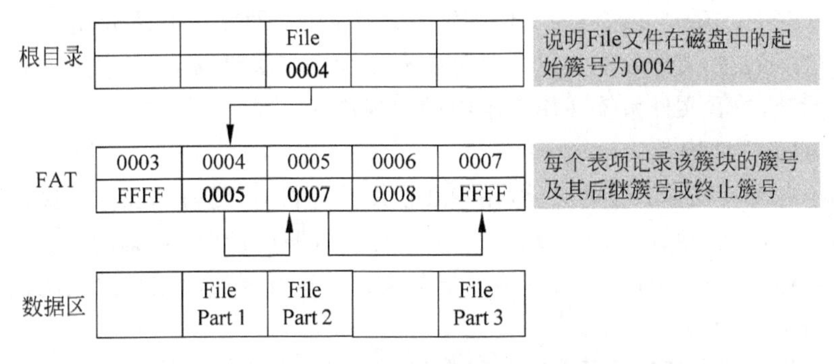

图4.4 根目录与文件分配表示意图

文件分配表（File Allocation Table，FAT）是磁盘上的一块特殊区域，用于记录文件的各个簇块在磁盘上的存储位置。文件分配表中的每个表项记录一个物理簇块的位置信息，包括该簇块的簇号以及后继簇号或者终止簇号。如图4.4所示，假设文件file存放在三个不连续的簇块中，簇号分别为0004、0005、0007的。当我们要访问文件file时，操作系统通过查找FAT找到上述簇块，如0004号表项的内容为“0005”，即0004簇块的后继簇块是0005簇块，而由0005号表项内容为“0007”可知，0005簇块的后继簇块是0007簇块，以此类推，直到表项内容为“FFFF”，FFFF为终止簇号，说明该文件存储位置到此结束。由此可见，文件分配表形成了一个簇链，前一个簇块指向下一个簇块。通过文件分配表，操作系统基本能找到文件所有簇块，但是，一个特殊的簇块——文件的第一个簇块，如file的第一个簇块0004，操作系统从何处得知呢？

记录第一个簇块信息（也称之为该文件的入口信息）的是根目录。根目录是该目录下所有文件的一个清单，在其中记录着每一个文件的文件名、文件大小、文件更新时间等文件属性，而且对应文件名，目录中还会记录该文件在磁盘中的起始簇号的信息。也就是说，当要访问一个文件时，操作系统首先从根目录中获得该文件的起始簇号，然后利用文件分配表的簇链，找到第二个簇块位置，以此进行下去，直到定位最后一个簇块。有关于目录的概念，本节后面还会进一步解释。

需要指出的是，在磁盘格式化时，就会在磁盘上建立本磁盘的根目录和文件分配表，以后由操作系统负责维护。同时，操作系统还有一个空闲盘块表，负责记录空闲存储空间（未用簇块）的情况。当用户新建一个文件时，操作系统会核查空闲盘块表，找到安放该文件的簇块，并更新根目录和文件分配表。如果用户要删除一个文件，操作系统是通过更新文件的根目录区和空闲盘块表，包括在根目录中删除该文件的入口信息，并将该文件腾出来的空间信息写进空闲盘块表中。从这里可以看出，删除文件操作并没有删除文件本身，文件本身仍然在磁盘上，这也就是硬盘上的数据能够恢复的一个原因。

文件的创建和删除贯穿于计算机使用全过程，期间可能造成空闲簇块零零散散地分布在磁盘的不同角落，这就是人们通常说的磁盘碎片。磁盘碎片多了，每次读写文件时，磁盘磁头都需要来回移动，增加了查找时间，所以磁盘碎片会降低系统的性能。现代操作系统中都有磁盘碎片整理工具，可以将磁盘中的文件簇块重新排列，以便同一个文件的簇块能尽可能地靠近，以提高磁盘的读写性能。

2. 文件的组织结构

文件在外存上的存放形式称为文件的物理结构，在上面已经有所介绍。从用户角度来看，可能用户并不关心文件分配表以及磁盘中有多少空闲块等细节，所以下面将从用户角度来考察文件系统，看看文件系统在用户眼中的表现形式。

1）文件的逻辑结构

计算机中存放着成千上万的文件，用户在使用计算机时，随时都在对文件进行访问。用户通常看到的文件是按照目录来组织的。从最上层的根目录（如C盘盘符）到下一层子目录（文件夹），再到下一层子目录，直到最底层的文件。这种提供给用户看到的组织结构称为文件的逻辑结构，如图4.5所示。

大多数操作系统支持目录（Directory）的概念，从而可以把文件分类成组。比如，可给所学的每门课程创建一个目录，用于保存课程学习所需的学习资料、程序等，给自己的摄影爱好创建一个目录，以存放摄影资料、处理软件、数码照片等。目录可以包含目录和文件，这样就产生了层次结构，文件层次可以组织成树状结构。该结构中的每一个文件都可以通过从目录的顶部——根目录（Root Directory）——开始的路径名来确定。绝对路径

(a) 资源管理器中的树状目录结构

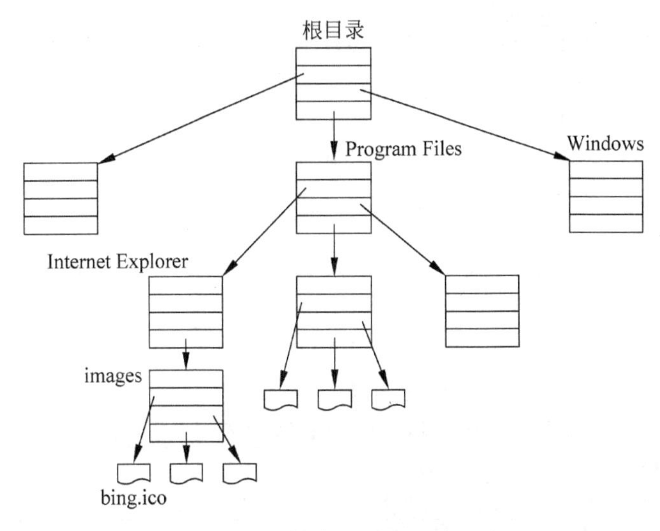

(b) 树状目录结构示意图

图 4.5 文件的逻辑结构

包含从根目录到该文件的所有目录清单，Window 操作系统中通常用“\”隔开，如在图 4.5 中，文件 bing. ico 的路径名是“C:\Program Files\Internet Explorer\images”，但在 UNIX 中用正斜线(/)隔开。对应地还有相对路径，是指从当前路径开始的路径，比如当前路径为“C:\Program Files”，文件 bing. ico 的相对路径名是“Internet Explorer\images”。

用户对文件的访问，使用的就是文件的逻辑结构，而操作系统使用的是文件的物理结构。将这两种结构连接在一起的纽带就是目录。

2) 目录

前面讲“文件存储空间的管理”时，提到过目录中记录着文件在磁盘上的入口信息，下面正式给目录一个比较清晰的定义。

目录(Directory)是管理文件系统结构的系统文件。目录包含关于文件的信息,这些信息包括属性、位置和所有权。表4.1中列出了目录中为每个文件保存的常用的信息。从用户角度看,目录在用户和系统所知道的文件名和文件自身之间提供了一种映射。因此,目录中的每个文件项包含文件名。实际上所有系统都需要处理不同类型的文件和不同的文件组织,因此文件项还必须提供这方面的信息。文件项的一个重要分类涉及它的存储信息,包括它的位置和大小。出于共享的目的,还必须提供用于文件的访问控制信息。一般情况下,用户是文件的使用者,同时可以给其他用户授予一定的访问权限。最后,还需要提供使用信息,用来管理当前对文件的使用并记录文件的使用历史。

表4.1　文件目录的信息单元

基本信息	
文件名	由创建者(用户或程序)选择的名字,在同一个目录中必须是唯一的
文件类型	例如文本文件、二进制文件、加载模块等
文件组织	供那些支持不同组织的系统使用
地址信息	
卷	指出存储文件的设备
起始地址	文件在外存中的起始物理地址(如在磁盘上的柱面、磁道和簇块号)
使用大小	文件的当前大小,单位为字节、字或块
分配大小	文件的最大大小
访问控制信息	
所有者	被指定为控制该文件的用户。所有者可以授权或拒绝其他用户的访问,并可以改变给予他们的权限
访问信息	这个单元最简单的形式包括每个授权用户的用户名和口令
允许的行为	控制读、写、执行以及在网上传送
使用信息	
数据创建	当文件第一次放置在目录中时
创建者身份	通常是当前所有者,但并不一定必须是当前所有者
最后一次读访问的日期	最后一次读记录的日期
最后一次读的用户身份	最后一次进行读的用户
最后一次修改的日期	最后一次修改、插入或删除的日期
最后一次修改者的身份	最后一次进行修改的用户
最后一次备份的日期	最后一次把文件备份到另一个存储介质中的日期
当前使用	有关当前文件活动的信息,如打开文件的进程、文件是否在内存中被修改但没有在磁盘中修改等

由此可见,目录本身是一个特殊的文件,存放在受特殊保护的磁盘空间上。目录中的大部分信息,特别是与存储有关的信息,都是由操作系统管理的,并且可以被操作系统访问。尽管应用程序也可以得到目录的某些信息,但这通常都是由操作系统间接提供的。

用户在操作系统作用下访问文件。如打开文件时,操作系统利用用户给出的路径名找到相应的目录项,根据目录项中提供的文件位置信息,定位文件磁盘块,从而找到所需要的文件信息。可以说,目录的主要功能是把ASCII文件名映射成定位文件数据所需要的信息。

对于文件系统中存放的众多文件，如何对文件进行保护，以免受到无意或恶意的破坏？一个文件如何为多个用户所共享？这些涉及文件的保护和访问控制问题，不在本书的讨论范畴，感兴趣的读者可以通过“操作系统”课程或者书籍学习之。

4.2.2 存储器管理

内存是计算机中需要认真管理的重要资源。操作系统中管理内存的部分称为存储器管理（Memory Manager）。要理解存储器管理方面的内容，涉及操作系统中一个重要的概念——进程（Process）。与程序对应起来更有利于进程概念的理解。

我们知道，只有装入内存的程序和数据，才能被 CPU 所执行和处理。程序以文件形式存储于磁盘上，磁盘上的程序文件可能包含源程序文件和可执行程序文件，可执行程序文件在操作系统的管理下被装载入内存，形成“进程”。关于进程的定义有很多种，简单来说，进程就是在内存中的可执行程序，是可以分配给处理器并由处理器执行的一个程序实例。

磁盘上的不同程序文件可以依次被装载到内存，形成多个进程。比如，读者用文字处理程序（如 Word）来写论文，完成论文过程中，读者需要打开浏览器上网查阅一些资料，以及需要在 Visio 中画一些图形，与此同时，你还习惯于一边思考一边听歌，这样，你的计算机上就至少有 4 个活动的进程：Word、Visio、浏览器、音乐播放器（如图 4.6 所示的虚线框）。另外，磁盘上的同一个程序文件也可以被装载多次（如同时打开三个 Word 文档），形成多个进程，互不干扰地被执行。这种计算机中有多个程序在同时运行的情景，被称为多道程序环境，也称为程序的并发执行。现代计算机都采用多道程序并发执行方式。

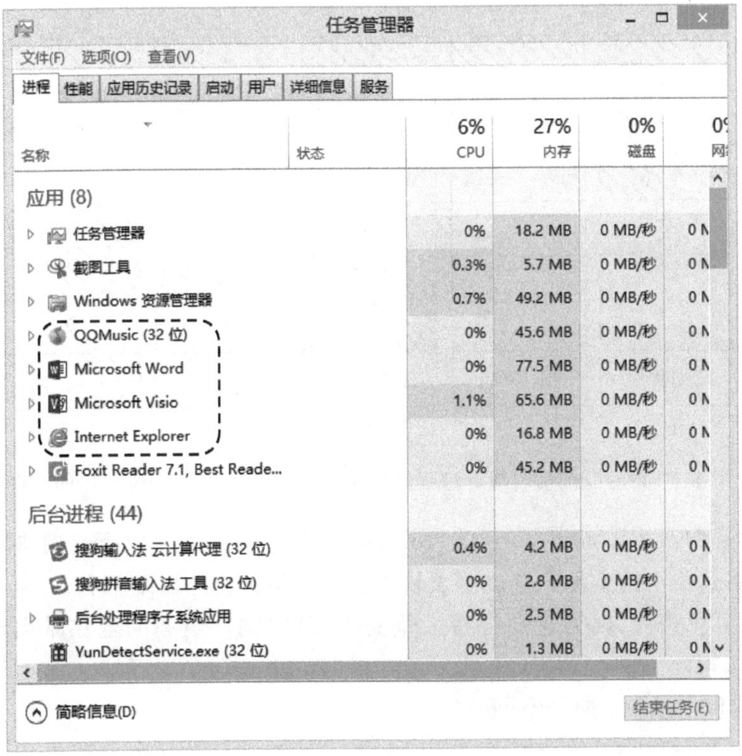

图 4.6　Windows 系统任务管理器中的进程

多道程序环境下进程的管理与执行留待4.2.3节探讨，本节主要考虑多道程序环境下内存管理问题。

存储器管理的主要任务是有效地管理内存，即记录哪些内存是正在使用的，哪些内存是空闲的；在进程需要时为其分配内存，在进程使用完后释放内存。

1. 交换技术

程序要运行，首先要将程序和数据从外存装入内存，而多道程序环境中，内存空间要分配给多个进程。如果计算机物理内存足够大，可以加载所有进程，那么一切都没有问题。但实际上，所有进程所需的内存空间总和通常要远远超出存储器能够支持的范围。在一个典型的Windows或Linux系统中，在计算机完成引导后，会启动40～60个，甚至更多的进程。并且，这一切都发生在第一个用户程序启动之前。当前重要的应用程序能轻易地占据几十MB甚至更多的空间。因此，要想把所有进程一直保存在内存中，就需要巨大的内存，而实际内存通常做不到这一点。

有两种通用的处理内存超载的方法：交换(Swapping)技术和虚拟内存(Virtual Memory)。下面先讨论交换技术，然后考察虚拟内存。

交换技术的策略很简单：把一个进程完整调入内存，使该进程运行一段时间，然后把它存回磁盘。空闲进程主要存储在磁盘上，所以当它们不运行时就不会占用内存。

交换系统的操作如图4.7所示。开始时内存中只有进程A。之后创建进程B和C并从磁盘将它们换入内存。图4.7(d)显示A被交换到磁盘，然后D被调入，B被调出，最后A再次被调入。

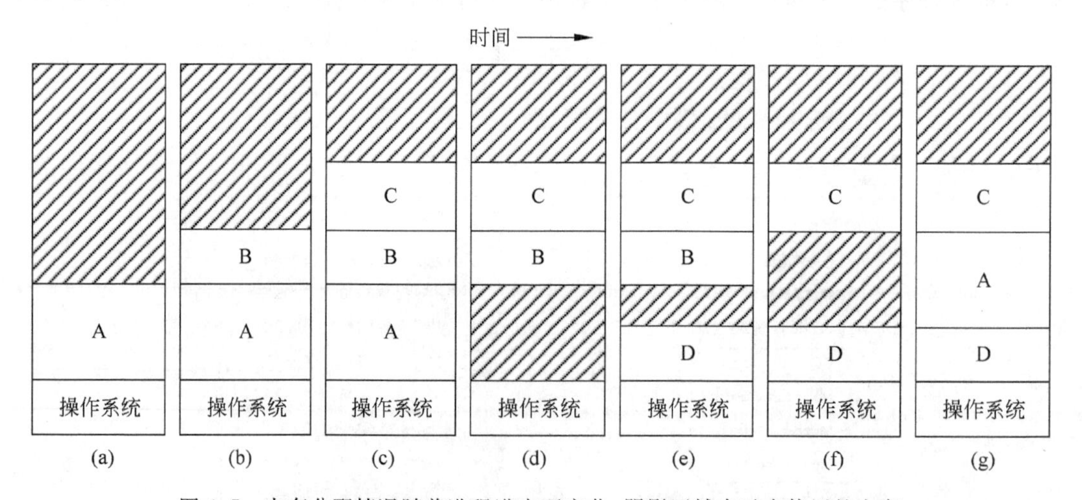

图4.7　内存分配情况随着进程进出而变化，阴影区域表示未使用的内存

交换在内存中产生了多个空闲区(Hole，也称为空洞)，通过把所有的进程尽可能向下移动，有可能将这些小的空闲区合成一大块。该技术称为内存紧缩(Memory Compaction)。这个操作通常并不进行，因为它要耗费大量的CPU时间。空洞问题在采用虚拟内存技术时会得到缓解。

2. 一种存储器抽象：地址空间

有一个问题值得注意，比较图4.7(a)和图4.7(g)，进程A在内存中的位置发生了变化。以我们现有知识，这种情况是不可能出现的。为什么这么说？

在第3章中提到，程序和数据存储在内存储器中，CPU按地址直接访问内存储器，地址包含在指令中，程序(指令序列)由程序员编写。也就是说，程序员在编写程序时，已经指明了程序和数据会存放在内存的哪个位置，每一个程序在运行时都直接访问物理内存，而且一个程序无论运行多少次，都必须加载到同一内存区域(因为存储地址在程序编写时已经指定)。要说明的是，这里的地址指的是物理内存的存储单元的地址，为了与后面提到的逻辑地址相区别，通常又称物理内存的地址为物理地址。

毫无疑问，这种直接把物理地址暴露给程序(准确地说是进程)会带来很多问题。第一，如果进程使用固定的内存区域，想要同时运行多个程序是不可能的，因为当多个进程同时加载到内存中时，进程之间的内存区域产生重叠不可避免，同一个程序文件被装载多次产生多个进程更无可能。第二，如果用户程序可以直接寻址内存的每个存储单元，那么它们就可以轻易地破坏同在内存中的其他进程，想想如果有一个恶意程序可以直接访问银行系统的账户进程，该有多可怕！

所以，我们不能让程序或者说进程直接访问实际的物理内存，取而代之，它们只能访问逻辑的内存——一个物理内存的抽象模型，这个抽象模型就是地址空间。地址空间是为每一个进程创造的、可用于寻址内存的一套逻辑地址集合，即每一个进程都有一个自己的地址空间，该地址空间独立于其他进程的地址空间，要等到真正运行时，才通过动态重定位把每个进程的地址空间映射到物理内存的不同部分。

实现思路是给CPU配置两个特殊的硬件寄存器——基址寄存器(Base Register)和界限寄存器(Limit Register)。这两个寄存器的内容用来定义该进程所要占据的存储区域：基址寄存器中保存了该存储器区域的开始地址(即程序的起始物理地址)，界限寄存器中保存了该存储区域的大小(或者说程序的长度)。当一个进程运行时，程序的起始物理地址被装载到基址寄存器中，程序的长度被装载到界限寄存器中。程序计数器中的内容会相对于基址寄存器被解释，并且不能超过界限寄存器的值，这样就保护内部进程间不能相互干扰。下面举例说明。

如图4.8所示。假设有两个程序A和B，大小各为16KB。第一个程序一开始执行就跳转到地址24处，那里是一条MOV指令；第二个程序一开始执行就跳转到地址28处，那里是一条CMP指令。与讨论无关的指令未列出来。当两个程序被连续地装载到内存中从0开始的地址时，程序在内存中的状态如图4.8(c)所示。

程序装载完毕之后就可以运行了。当程序A运行时，它执行了JMP 24指令，然后程序会跳转到地址为24处的指令(即MOV指令)。但是，当程序A运行一段时间后，操作系统可能会决定运行程序B，即装载在程序A之上的地址16 384处的程序。这个程序的第一条指令是JMP 28，表面上看，这条指令会使程序跳转到地址为28处，即执行程序A的ADD指令，然而程序本意是在程序B内部跳转，执行CMP指令。如果指令JMP 28使得程序跳转到地址28处，意味着：①由于对内存地址的不正确访问，程序B没有正确执行，一运行马上就会崩溃；②程序B可以随意访问程序A的内存空间，这是不允许的。

出现上述问题的关键是这两个程序都引用了绝对的物理地址，这是我们亟须避免的。我们希望每个程序都有一套自己的私有地址，并且内存寻址在私有地址内部进行。解决问题的法宝就是我们的基址寄存器和界限寄存器。在有这两个寄存器发挥作用的前提下，再来考察两个程序的运行。

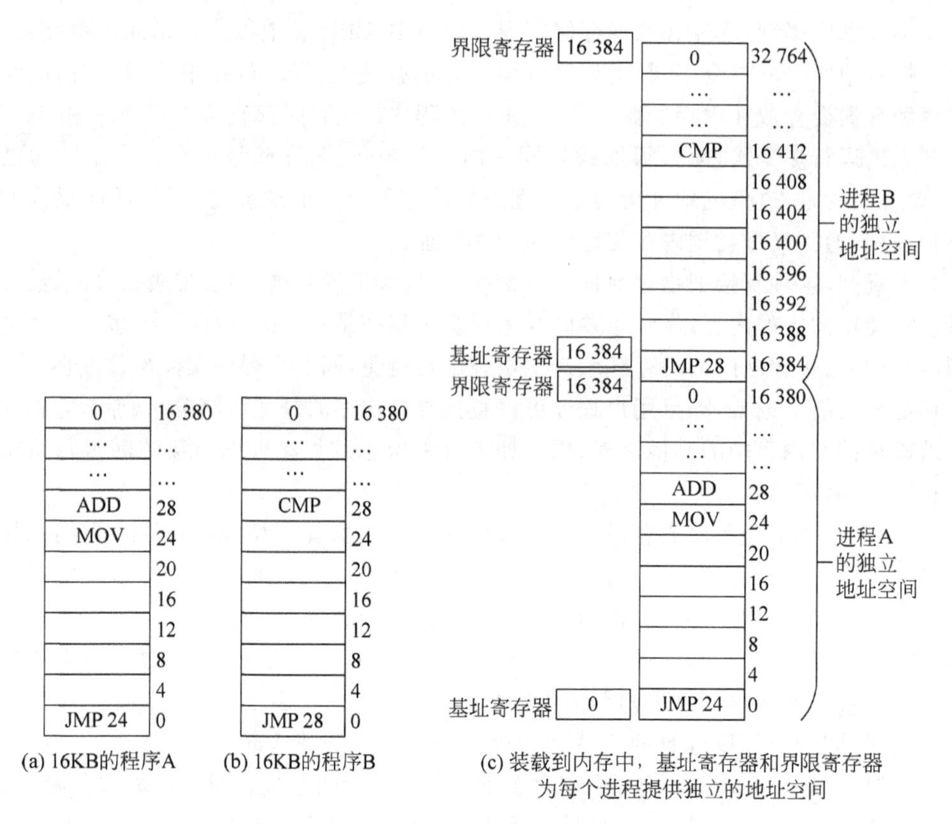

图 4.8　物理内存的抽象模型

在图 4.8 中,当第一个进程 A 运行时,程序的起始物理地址"0"被装载到基址寄存器中,程序的长度"16 384"被装载到界限寄存器中。当第二个程序运行时,基址寄存器和界限寄存器的值随之变更为 16 384 和 16 384。当一个进程访问内存,如读取一条指令时:

(1) CPU 在把地址发送到地址总线之前,会自动把基址寄存器的值加到进程发出的地址值上。如对于程序 B 的第一条指令 JMP 28,当程序执行该指令时,在把跳转地址发送到地址总线之前,CPU 硬件会自动把地址修正为 16 384＋28,即硬件会把这条指令修正为 JMP 16412,所以程序会如愿跳转到指令 CMP 处。即前面所述的"程序计数器中的内容会相对于基址寄存器被解释"。

(2) 同时,CPU 会检查程序提供的地址是否等于或大于界限寄存器里的值。如果访问的地址超过了界限,会因为错误而终止访问,从而预防地址越界问题。对于指令 JMP 28,因为指令提供的地址 28 小于界限寄存器的值 16 384,所以程序会正常执行。

由此可见,使用基址寄存器和界限寄存器是给每个进程提供私有地址空间的非常容易的方法,同时提供了地址越界的预防机制。

请注意:在 CPU 内部,只有一个基址寄存器和一个界限寄存器,图 4.8 中画两个是为了说明当 CPU 运行不同进程时,基址寄存器和界限寄存器的值会随之修正。

回到前面提到的问题:为什么图中程序 A 的位置会变化?原因不言而喻,在程序 A 换入的时候,利用 CPU 硬件对其地址进行了重定位。或者说,通过程序运行期间的地址重定位,使得地址空间与物理的内存空间解耦。利用地址空间这个抽象机制,可以允许在内存中同时运行多个进程，而且互不影响。最后要说明的是，虽然这种机制是硬件形式的，但是它由操作系统掌控。

要说明的是，同一个程序两次运行时，操作系统能让它们共享代码，因此只有一个副本在内存中。

3. 虚拟内存

尽管存储器容量增长快速，但是软件大小的增长更快。在20世纪80年代，美国的许多大学用一台4MB的计算机，运行分时操作的系统，供十几个用户同时运行。反观现在供单用户使用的Windows 7系统，微软公司推荐至少1GB内存。多媒体又进一步推动了对内存的需求。

这种发展趋势的结果是，需要运行的程序往往大到内存无法容纳。即使内存可以满足其中单独一个程序的需求，但在多道程序环境下，它们仍然超出了内存大小。前面提到的交换技术还不能较好地解决这个问题。一是交换技术是把一个进程完整地调入内存，会占用较多的内存；二是一个典型的SATA硬盘，厂家标称的理想接口传输速率通常在500MB/s左右(2015年数据)，这意味着至少需要两秒才能换出一个1GB的程序，并需要另一个两秒才能再将一个1GB的程序换入，对于访问时间以纳秒计的CPU来说，这个时间是相当长的。由此可见，内存容量不足会导致进程的执行之间存在时间脱节，降低系统整体性能。

解决内存超载问题的更好办法是虚拟存储器(Virtual Memory)。虚拟存储器的构想是：①允许程序在只有一部分调入内存的情况下运行；②一个进程内容被写出到外存，并且后续进程内容被读入到内存时，在连续的进程执行之间不会脱节；③缓解由于处理器在多个进程之间切换而导致的内存空洞的问题。

实现思路是：将每个进程拥有的私有地址空间，分割成固定大小的多个块，这些块被称作页(Page)，如图4.9(a)所示。一个进程的所有页都保留在外存(如硬盘)中，当进程执行时，只有一部分页在内存中。在程序运行过程中，如果需要访问的某一页不在内存中，存储管理部件可以检测到，然后由操作系统负责将缺页装入内存。

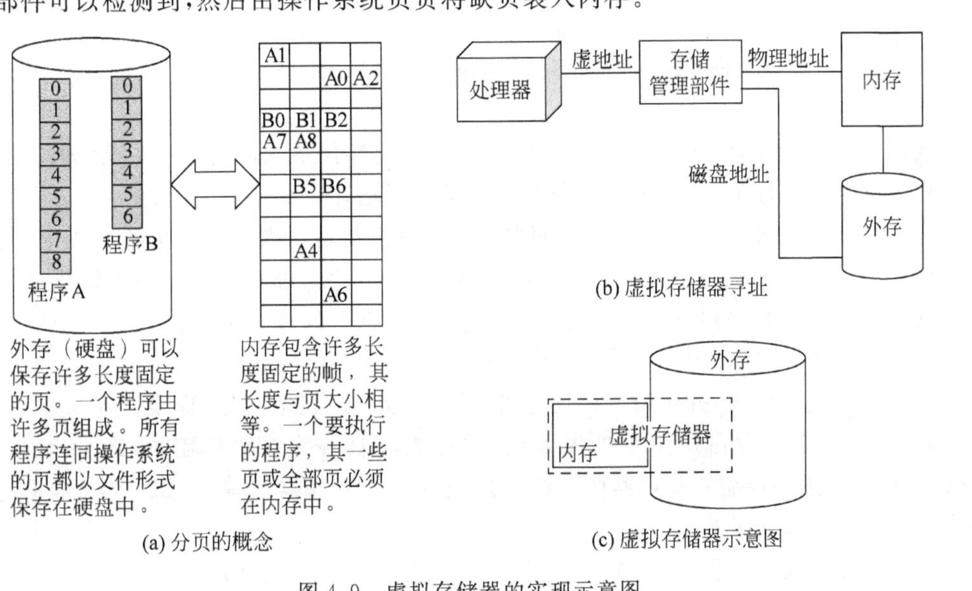

(a) 分页的概念

(b) 虚拟存储器寻址

(c) 虚拟存储器示意图

图4.9 虚拟存储器的实现示意图

图 4.9(b)显示了虚拟存储器方案中的寻址关系。存储器由内存和相对低速的外存组成，地址转换硬件(映射器)——存储管理部件——位于处理器和内存之间。进程使用虚地址访问，虚地址将被映射成真实的内存地址。如果访问的内容不在实际内存中，实际内存中的一部分内容将换到外存中，然后换入所需要的页面。进程中的每一页可以放在内存中的任何地方。操作系统设计者的任务就是开发开销少的地址转换机制，以及可以减少分层存储体系中不同层次存储器间交换量的存储分配策略。

存储管理部件和操作系统一起提供给程序员(或用户)虚拟存储器的概念。如图 4.9(c)所示，虚拟存储器由内存和部分硬盘组成，它力求将外存作为内存空间使用，在逻辑上实现内存空间的扩充。虚拟存储器提供的这个逻辑的地址空间，可由程序指令访问。

可以通过给每个进程一个唯一的不重叠的虚拟存储器空间来实现进程隔离；可以通过使两个虚拟存储器空间的一部分重叠来实现内存共享；文件长期存储于外存中，文件或其中一部分可以复制到虚拟存储器中供进程操作。

解决内存超载的最简单的策略是交换技术，即把一个进程完整调入内存，使该进程运行一段时间，然后把它存回磁盘。空闲进程主要存储在磁盘上，所以当它们不运行时就不会占用内存(尽管它们的一些进程会周期性地被唤醒以完成相关工作，然后就又进入睡眠状态)。另一种策略是虚拟内存，该策略能使程序在只有一部分被调入内存的情况下运行。

本节主要关注了与内存分配相关问题，有进一步了解需求的读者，可以学习《操作系统》相关课程或书籍。

4.2.3 处理器管理

前面两节解决了程序在外存的长期存储以及装载到内存的问题，本节要关注的是程序在 CPU 中的执行。

处理器管理的主要任务是对处理器进行有效的控制和管理，包括对处理器进行分配，解决谁来使用处理器和怎样使用处理器的问题。在多道程序环境下，处理器的分配与运行都是以进程为基本单位的，所以对处理器的管理可以最终归结为对进程的管理。处理器是计算机中最核心的硬件，相应地，进程也是操作系统中最核心的概念。

1. 进程模型

我们知道，在任何时刻都有很多程序在运行，需要操作系统提供一种系统级的方法来监控处理器中不同程序的执行，进程的概念为此提供了基础。

4.2.2 节中，我们给进程下了一个简单定义：进程就是在内存中的可执行程序，是可以分配给处理器并由处理器执行的一个程序实例。由此可见，进程的两个基本组成是一段可执行的程序代码和程序执行所需要的相关数据，它们都存放在内存中。假设处理器开始执行这个程序代码，我们就把这个执行实体叫作进程。

为了实现进程管理，操作系统创建和管理维护着一张表格，即进程表(Process Table)。在进程表中，每个进程占用一个进程表项，进程表项被称为进程控制块(Process Control Block，PCB)。进程控制块包括操作系统管理进程以及处理器正确执行进程所需要的所有信息。具体包括以下元素。

(1) 进程标识符：跟这个进程相关的唯一标识符，以区别其他进程。

(2) 进程状态：进程处于运行态、就绪态还是阻塞态(后面会讲述)。

(3) 进程优先级：进程调度执行的优先级。

(4) 程序计数器：程序代码中即将被执行的指令的地址。

(5) 上下文数据：进程执行过程中处理器寄存器中的内容，如基址寄存器、界限寄存器以及其他寄存器。上下文可能全部包含在进程表项中，也可能和进程自己保存在一起。

(6) 内存指针：包含程序代码和相关数据的存储块地址的指针，若该进程与其他进程共享内存块，则还有共享内存块的指针。

(7) I/O 状态数据：包括分配给进程的 I/O 设备(如硬件驱动器)、被进程使用的文件列表等。

以及其他由运行态转换到就绪态或阻塞态时必须保存的信息。

总之，进程控制块包含充分的信息，从而可以保证一个被中断执行的进程，随后被再次恢复执行时，就像该进程从未被中断过。

因此，可以说，进程是由程序代码、相关数据和进程控制块组成。而进程控制块是操作系统能够支持多进程运行的关键。下面我们结合图 4.10 来了解一下进程的实现模型。

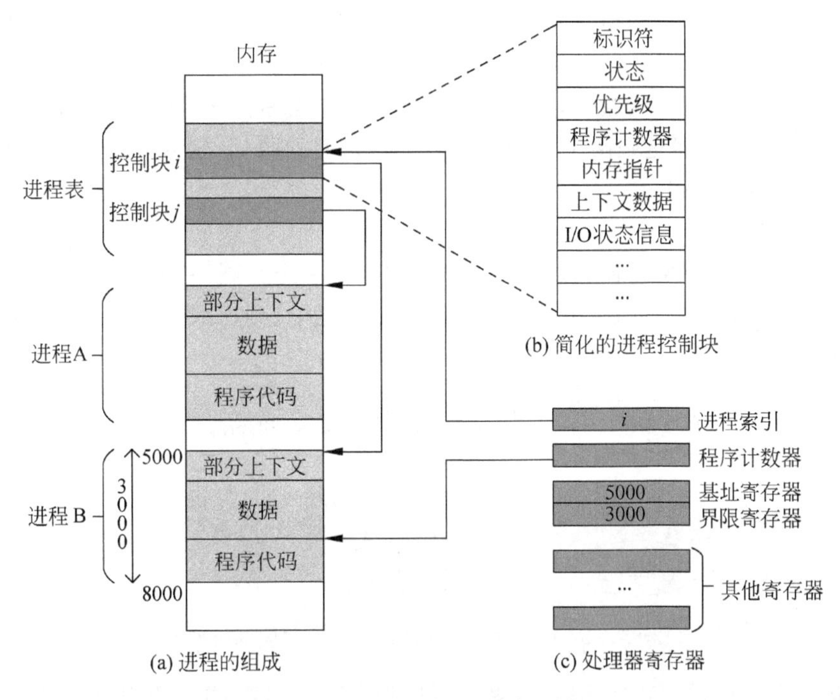

图 4.10　一种典型的进程实现模型

两个进程 A 和 B，存在于内存的某些部分，即给每个进程(包含程序、数据和部分上下文信息)分配一块内存区域，两个进程在进程表中有相应的进程控制块进行记录。进程控制块中包含指向进程存储块的地址指针，而处理器中的进程索引寄存器(Process Index Register)中则包含当前正在执行的进程在进程表中的索引。

在图 4.10(c)中，进程索引寄存器表明进程 B 正在被执行。以前执行的进程 A 被中断，当进程 A 被中断时，操作系统会把程序计数器和处理器寄存器(上下文数据)保存到进程控制块中相应位置，进程状态也被改变为其他的值(就绪态或阻塞态)。然后操作系统就可以把进程 B 设置为运行态，把进程 B 的程序计数器和进程上下文数据加载到处理器寄存器中，这样进程B就可以开始执行了，或者说只要程序计数器中载入了指向进程B的程序代码的指针，进程B就开始执行。至于指令的具体执行过程，在第3章中已有叙述。

进程和程序间的区别很微妙，但弄清楚这个区别很重要，下面试着用一个比喻来解释这个区别。《舌尖上的中国》挑动你的味蕾，周末在家，你想做红烧肉。于是，你找来菜谱，买来材料：五花肉、八角、大葱、姜、冰糖、料酒、生抽、酱油等，然后在厨房埋头苦干。其中，食谱就是程序（描述了完成任务的步骤），做红烧肉的材料就是输入数据，做出来的红烧肉是输出结果，而身为厨师的你就是处理器。进程则是厨师阅读食谱、取来各种原材料以及烹饪红烧肉等一系列动作的总和。

假设你正在厨房忙碌着，门铃响了，朋友来访。你会记录下照着食谱做到哪儿了（保存进程的状态信息），随后去开门，招待朋友落座、倒茶等。这里，我们看到处理器从一个进程（做红烧肉）切换到另一个高优先级的进程（开门接客），每个进程都有各自的程序（分别是食谱和接客流程），当把客人安顿好后，你又回到厨房，接着刚才离开的那一步把菜做下去。

从例子中可以看到区别的关键：一个进程是完成一项完整的工作任务的一个活动序列，它有程序、数据、输入、输出以及状态。单个处理器可以被若干进程共享，通过某种调度策略决定何时停止一个进程的工作，转而去为另一个进程服务。

如果一个程序运行了两遍，则算作两个进程。比如当你打开了两个Word文档，虽然运行的都是Word程序，但这是两个不同的任务——它们的数据、输入、输出以及状态通常并不相同，所以是两个进程。

2. 进程的状态

操作系统的基本职责是控制进程的执行。在任何一个时刻，一个进程要么正在执行，要么没有执行，所以进程是否执行的状态处于不断变化之中。通常，一个进程有以下三种基本状态（如图4.11所示）。

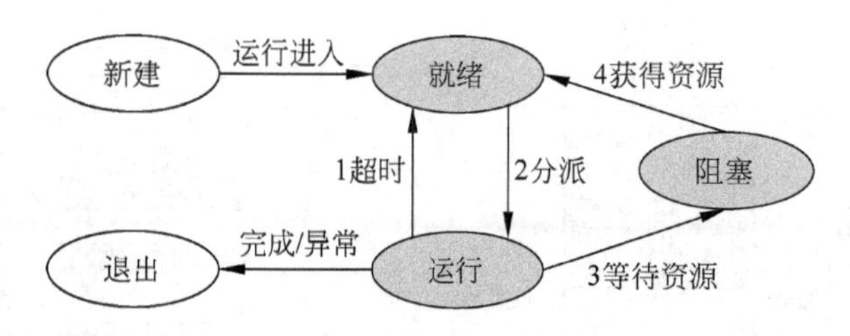

图4.11 进程的三种状态以及相互之间的转换

(1) 运行态。该进程正在运行，或者说该进程实际占用着CPU及其他所需资源。针对单处理器系统而言，一次最多有一个进程处于运行状态。

(2) 就绪态。进程做好了准备（除了CPU，其他所需资源都已经得到），只要有机会就可以运行，但因为其他进程正在运行而不能运行。在多道程序环境下，可能有多个处于就绪状态的进程，通常它们排成一列，称为就绪队列。

(3) 阻塞态，或等待态。进程运行过程中，由于所需的某种资源得不到满足（如输入设备没有准备好输入数据，磁盘上的文件还没读进来，等等），进程运行受阻而被暂停。处于等待状态的多个进程组成排队队列。

前两种状态在逻辑上是类似的，处于这两种状态的进程都可以运行，只是对于就绪态的进程，暂时没有CPU分配给它。但第三种状态不一样，处于该状态的进程没法运行，即使

CPU 空闲也不行。

进程的三种状态有 4 种可能的转换关系。

当系统认为一个处于运行态的进程占用处理器的时间已经过长,决定让其他进程来使用 CPU 时间时,会发生转换 1。当系统让其他进程都享有它们应有的公平执行待遇,而重新轮到某进程再次占用 CPU 运行时,就会发生转换 2。

在操作系统发现某个进程因为得不到资源而不能运行下去时,就会发生转换 3。当进程获得所需资源时,就会发生转换 4。如果此时没有其他进程运行,则立即发生转换 2,即该进程开始运行。否则该进程排入就绪队列,等到轮到它时再运行。

进程除了上述三种状态,在很多操作系统中还增加了另外两种状态。

(1) 新建态:刚刚创建的进程。通常是进程控制块已经创建,但还没有加载到内存中的新进程。

导致进程创建的情况有以下几种。

① 启动操作系统时,通常会创建若干个进程。在 Windows 中,可以使用任务管理器查看。

② 一个正在运行的进程会发出系统调用,以便创建一个或多个进程协助其工作。

③ 因用户请求创建一个新的进程。在交互式系统(如 Windows)中,可以单(双)击一个图标或输入一个命令,这两个动作的任何一个都会开始一个新的进程,并在其中运行我们选择的程序。我们可以同时打开多个窗口,每个窗口运行一个进程。通过鼠标可以选择一个窗口并与该进程交互。

(2) 退出态:进程执行完成或进程运行过程中出现异常,则进程会被终止。

一个进程可以在三种基本状态之间多次转换,但新建态和退出态只能出现一次。

转换 1 和转换 2 是由进程调度程序引起的。进程调度程序是操作系统的一部分,其主要工作是决定应当运行哪个进程,何时运行以及运行多长时间。进程调度是接下来要讨论的内容。

3. 调度程序

在多道程序环境下,通常会有多个进程同时竞争 CPU,如果只有一个 CPU,那么就必须选择下一个要运行的进程。在操作系统中,完成选择工作的这一部分称为调度程序(Scheduler),该程序使用的算法称为调度算法(Scheduling Algorithm)。

可以用图 4.12 来简单理解调度程序的构造模型。图中,操作系统的最底层是调度程序,在它上面有许多进程。所有关于进程启动、切换和停止的具体细节都隐藏在调度程序中。实际上,调度程序是一段非常短小的程序。操作系统的其他部分被简单地组织成进程的形式,也受调度程序的调度。不过,这是一种理想构造方式,真实的系统往往会有所变通。

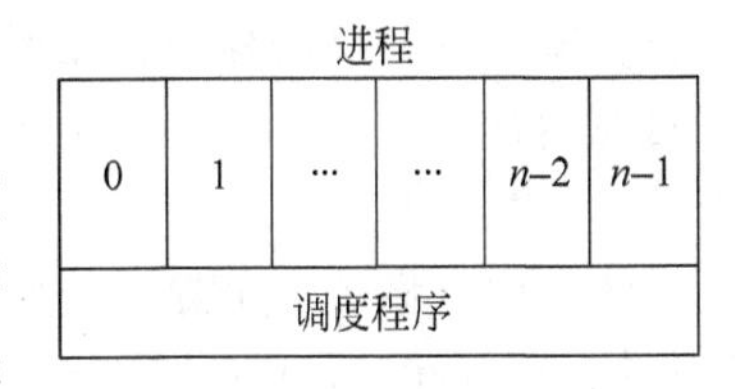

图 4.12 调度程序理想构造方式示意图

调度程序的目标如下。

(1) 公平:给每个进程公平的 CPU 份额。即相似的进程应该得到相似的服务,给一个等价的进程更多的 CPU 时间是不公平的。

(2) 策略强制执行。如对于薪水处理系统,有强制策略——只要需要就必须优先运行安全控制进程,即便这意味着推迟 30s 发薪。调度程序必须保证能够强制执行该策略。

(3) 平衡：保持系统所有部分都忙碌。即应对进程仔细组合，让 CPU 和 I/O 设备能够始终运行，避免让某些部件空转，以便系统每秒钟可以完成更多工作。

下面介绍两种常用的调度算法。

(1) 轮转调度(Round Robin)。

轮转调度是一种最简单、最公平且使用最广的调度算法。每个进程被分配一个时间段，称为时间片(Quantum)，允许该进程在该时间段内运行。如果在时间片结束时该进程还在运行，则将剥夺该进程 CPU 使用权并分配给另一个进程。如果该进程在时间片结束前阻塞或结束，则 CPU 立即进行切换。时间片轮转调度很容易实现，调度程序所要做的就是维护一张可运行进程列表，如图 4.13(a)所示，当一个进程用完它的时间片后，就被移到队列的末尾，如图 4.13(b)所示。

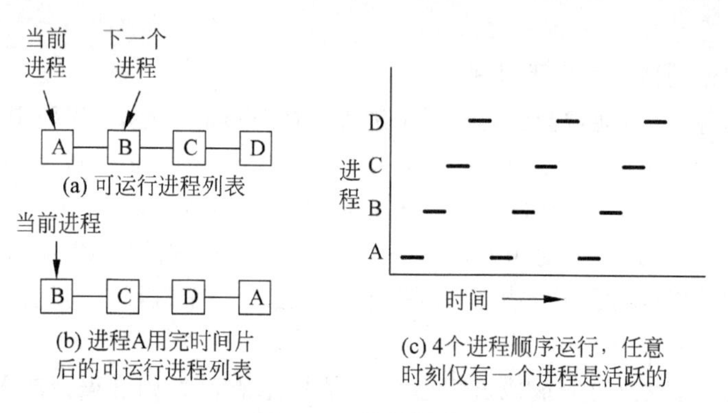

图 4.13 轮转调度

如图 4.13(c)所示，假设有 A、B、C、D 4 个进程，时间片为 20ms。进程 A 首先运行 20ms，无论是否运行结束，都必须让出 CPU 给进程 B，此时 A 被暂停，但处于就绪状态；同理，B 占用 CPU 运行 20ms 后，将 CPU 让出给 C；之后是 D，然后再从 A 开始第二轮……如此循环往复，直到进程运行结束。

时间片轮转调度算法实现了“公平”目标，可以保证就绪队列中的所有进程在给定时间内均能获得一个时间片的 CPU。相对于人的感知能力，每个进程所占用的 CPU 时间都很短，使得整个轮换过程进行得很快，所以我们不会觉察到进程在不停地运行、暂停、运行、暂停……就好像每个进程一直在运行、多个进程同时在运行一样，虽然它们实际上只有 1/4 的时间在运行。

(2) 优先级调度。

轮转调度做了一个隐含的假设，即所有的进程同等重要，这种调度算法满足不了“策略强制执行”目标，即有些进程比另一些进程更重要，需要优先运行。比如，在一台军用计算机上，将军所启动的进程优先级最高，然后是上校、中校、少校……以此类推。这些需求导致了优先级调度。其基本思想是：每个进程被赋予一个优先级，优先级最高的可运行进程先运行。

实现时，可以将一组进程按优先级分成若干类，并且在各类之间采用优先级调度，而在同一类进程的内部采用轮转调度。图 4.14 给出了一个有 4 类优先级的系统，其调度算法如下：只要存在优先级为 1 的可运行进程，就在该类进程队列中按轮转算法为每个进程运行一个时间片，此时不理会较低优先级的进程。若第 1 类进程为空，则按照轮转算法运行第 2 类进程。若第 1 类和第 2 类均为空，则按照轮转算法运行第 3 类进程。以此类推。

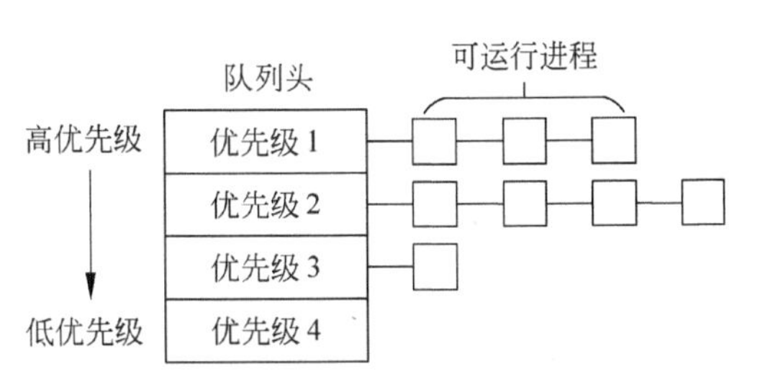

图 4.14　有 4 个优先级类的调度算法

当然，调度算法为了实现“平衡：保持系统所有部分都忙碌”的目标，还要考虑时间片的长度、进程切换时间、进程 I/O 请求等诸多问题，由此还设计出多级队列、最短进程优先等诸多调度算法。这些内容不在本书讨论范畴。

操作系统进行调度的依据是进程控制块。当要调度某个进程执行时，首先从该进程的进程控制块中查出它的现行状态（运行态、就绪态还是阻塞态）和优先级，并以此作为是否执行该进程的调度依据；在调度到某进程后，把进程控制块中的程序计数器和处理器寄存器（上下文数据）加载到处理器寄存器中，处理器就可以据此确定找到要执行程序的位置，并开始执行；在进程执行过程中，当需要与其他进程进行通信、访问文件或其他 I/O 设备，也要依据控制块中的相应信息实现；当进程因故而暂停执行时，操作系统会把程序计数器和处理器寄存器保存到进程控制块中的相应位置，进程状态也被改变为其他的值（就绪态或阻塞态）；当某进程结束时，操作系统会删除该进程的控制块。

总之，进程因创建而产生，由调度而执行，因得不到所需资源而暂停，因被撤销而消亡。

要特别指出的是，在本节，我们假设只有一个 CPU，即讨论内容是针对单处理器系统而言的，而现在的计算机，CPU 芯片通常是多核的，是多处理器系统。之所以如此假设，是因为一次只考虑一个 CPU 要简单一些，而且即使有多个核心或者多个 CPU，每一个核或 CPU 也一次只能运行一个进程。

4.2.4　其他功能

1. I/O 设备管理

除了管理存储器、处理器、文件、进程等计算机资源，操作系统还要管理计算机的输入/输出设备。I/O 设备管理主要是对 I/O 设备进行分配、回收、调度与控制。其主要任务就是负责控制和操纵所有 I/O 设备，实现不同类型的 I/O 设备之间、I/O 设备与 CPU 之间、I/O 设备与 I/O 通道之间、I/O 设备与控制器之间的数据传输，使它们能协调地工作，为用户提供高效、便捷的 I/O 操作服务。

◎延伸阅读

I/O 通道是一种 I/O 控制模块，有自己的内部处理器和局部存储器，可以在没有中央处理器干涉的情况下负责控制大多数 I/O 设备，并且在 I/O 设备与内存之间直接进行数据传送，使得中央处理器从 I/O 任务中解脱出来，从而提高系统性能。

通过操作系统的控制与管理，用户和应用程序不用直接处理与 I/O 设备相关的控制与操作，如 4.1.2 节所述，要读取磁盘中的某个文件时，不需要给出文件在磁盘上的物理存放地址，而只需要单击一下鼠标或者调用一个函数即可，具体到磁盘上找文件的工作交给操作系统来完成。

I/O 设备管理可能是操作系统设计中最困难的部分，这是因为存在许多不同的设备和它们的相关应用，因此很难有一个通用的、一致的解决方案。

2. 用户接口

我们知道，在计算机系统中，用户不能直接管理系统资源，所有对资源的管理都是由操作系统负责。但操作系统管理资源得最终目的是为了方便用户使用，实际上操作系统为用户使用资源提供了通道，即所谓的用户接口(User Interface)。用户接口主要有两种类型，一种是面向应用程序(当然是通过应用程序员)的接口，一种是面向最终用户的接口。

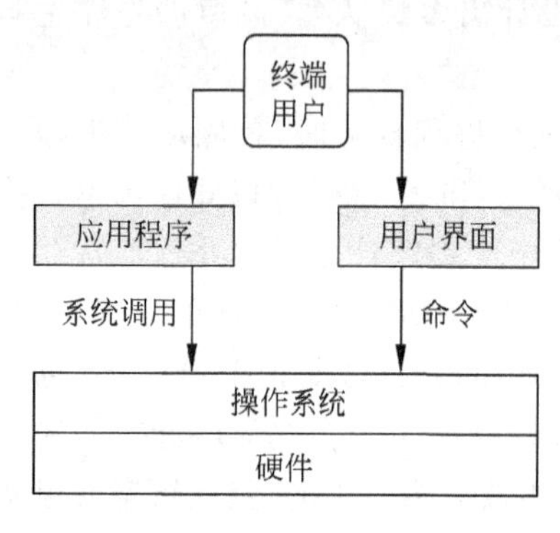

图 4.15　用户接口方式示意图

如图 4.15 所示，应用程序可以通过系统调用的方式使用系统资源，这种系统调用方式又称为应用编程接口(Application Program Interface，API)。目前的操作系统都提供了丰富的系统调用功能。常见的系统调用分类如下。

(1) 文件管理：包括对文件的打开、读写、创建、复制、删除等操作。

(2) 存储管理：包括存储的分配、释放、存储空间的管理等操作。

(3) 进程管理：包括进程的创建、执行、等待、调度、退出等操作。

(4) 进程通信：用户在进程之间传递消息或信号等操作。

(5) 设备管理：包括设备的请求、启动、分配、运行、释放等操作。

而最终用户通过操作系统提供的用户界面使用系统资源。用户界面本身是运行在操作系统之上的一种程序，它有两种表现形式，一种是我们通常使用的 Windows 桌面形式，因为是以图形方式为用户提供接口，所以这种形式又称为图形用户接口(Graphic User Interface，GUI)；另一种是命令行方式，类似于 Windows 中面向行的提示符。用户看到的是两种非常不同的界面，但实际上，它们使用的操作系统都是相同的，而且都是以命令的方式通过操作系统使用系统资源的。

4.2.5　本节小结

由于本节内容较多，而且对于理解计算机的工作原理很重要，所以在此对本节内容进行一个小结，以帮助读者更好地理解本节内容。

操作系统具有两种功能：管理计算机资源和为用户程序提供抽象。

作为计算机系统资源的管理者，操作系统对 CPU、内存、外存及其他输入/输出设备进行管理。包括：

(1) 外存管理。外存管理即管理外存资源，负责按照文件名和文件分配表(簇块链)，读取磁盘并将找到的簇块链接起来装载到内存中，或将内存中的数据写回到磁盘上。

(2) 内存管理。内存管理即管理内存资源。内存管理的目标是有效地管理、分配、利用和回收内存，以提高内存的利用率，进而保证多个程序的协调执行和 CPU 的使用效率。

(3) 处理器管理。处理器管理即管理 CPU 资源，即当多个进程要执行时，如何调度 CPU 执行哪一个进程。

内存管理、外存管理和处理器管理分别管理着内存资源、外存资源和 CPU 资源，分工是明确的，其管理的内容也很容易确定，但其任何一个都不能独自完成“让计算机或者 CPU 执行存储在外存上的程序”这样的任务，它们之间必须合作。

但于用户而言，资源管理部分基本是透明和自动完成的。用户程序和操作系统之间的交互主要是利用操作系统提供的、比实际机器更便于运用的抽象。这些抽象主要包括进程、地址空间和文件，它们是需要理解的中心。

虽然 CPU、内存、磁盘、输入输出等设备的形式和构造相差很大，但对它们进行管理采用的思维方法却有相同点——抽象。抽象是管理复杂性事务的一种很好的思维方法，也是操作系统管理计算机硬件的一个关键。好的抽象可以把一个几乎不可能管理的任务划分为两个可管理的部分。其第一部分是有关抽象的定义和实现，第二部分是随时用这些抽象解决问题。操作系统的任务就是创建好的抽象，并实现和管理它所创建的抽象。

操作系统中最重要的抽象是进程。进程是对正在运行程序的一个抽象，通过进程的并发执行，将一个单独的 CPU 变换成多个虚拟的 CPU，每个进程拥有它自己的虚拟 CPU。当然，实际上真正的 CPU 是在各进程之间快速地切换。

就像进程的概念创造了一类抽象的 CPU 以运行程序一样，地址空间为程序创造了一种抽象的内存。地址空间是进程可用地址的集合。每个进程都有一个自己的地址空间，并且这个地址空间独立于其他进程的地址空间。操作系统通过使用地址空间这个抽象，使得进程所需空间与实际的物理内存解耦，进程的地址空间可能大于也可能小于实际的物理空间。而且通过一种称为虚拟内存的技术，操作系统可以把部分地址空间装入内存，部分留在磁盘上，并且在需要时穿梭交换它们。

在操作系统中，使用最广泛的抽象是文件。文件是一种抽象机制，它提供了一种在磁盘上保留信息而且方便以后读取的方法。这种方法可以使用户不用了解存储信息的物理方法、物理位置和实际磁盘工作方式等细节。文件不仅用来对磁盘建模，也用来替代对内存建模，事实上，如果能把文件看作一种地址空间，那么读者就离理解文件的本质不远了。换一种说法，进程可以读取文件，并在需要时建立新的文件，文件是进程创建的信息逻辑单元。

进程、地址空间和文件，这些抽象概念均是操作系统中最重要的概念。如果深入理解了这三个概念，读者就基本理解了操作系统。

另外，磁盘与文件管理、内存管理、处理器管理、进程管理等内容的具体细节和详细技术不在本书讨论范畴，感兴趣的读者可以通过“操作系统”和“数据库系统”等课程和书籍进行深入学习。

4.3 计算机的运行

4.3.1 程序的运行

计算机程序是如何运行的呢？

首先得有程序。程序由程序员利用程序设计语言（如 C++、Java 等）编写，但计算机并不认识高级语言编写的程序，编好的程序需要利用编译软件进行编译，变成计算机能够识别的机器语言程序。一般地，人工编好的程序称为源程序，机器语言程序称为可执行程序。

从硬件角度来看程序的运行过程，如图 4.16(a)所示：首先，这两种程序都被保存在外存(如磁盘)中；然后，要将存储在外存中的可执行程序(及其数据)装载到内存，形成进程；最后，程序被 CPU 所执行。整个程序的运行过程离不开操作系统的管理和控制。

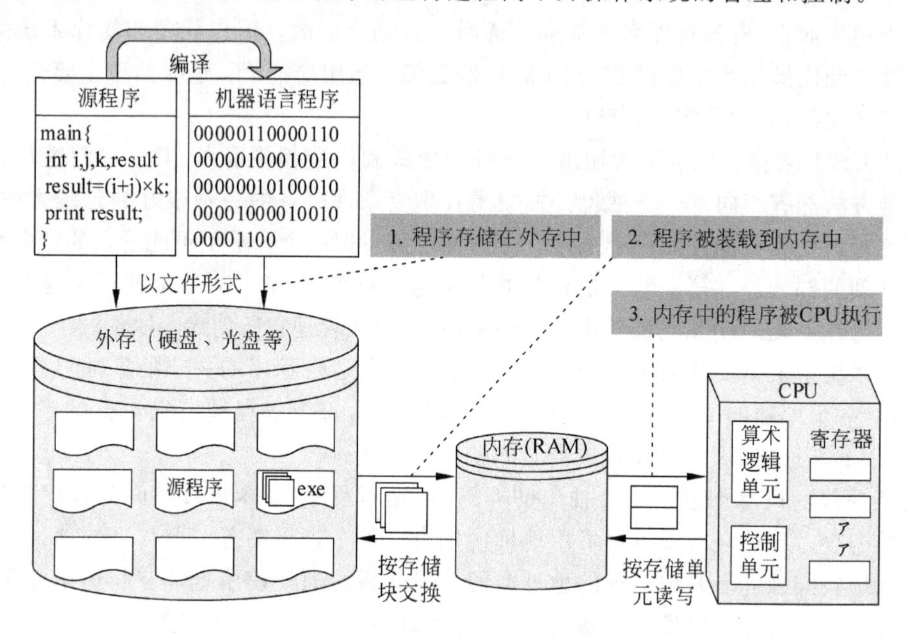

(a) 从硬件角度看程序的执行

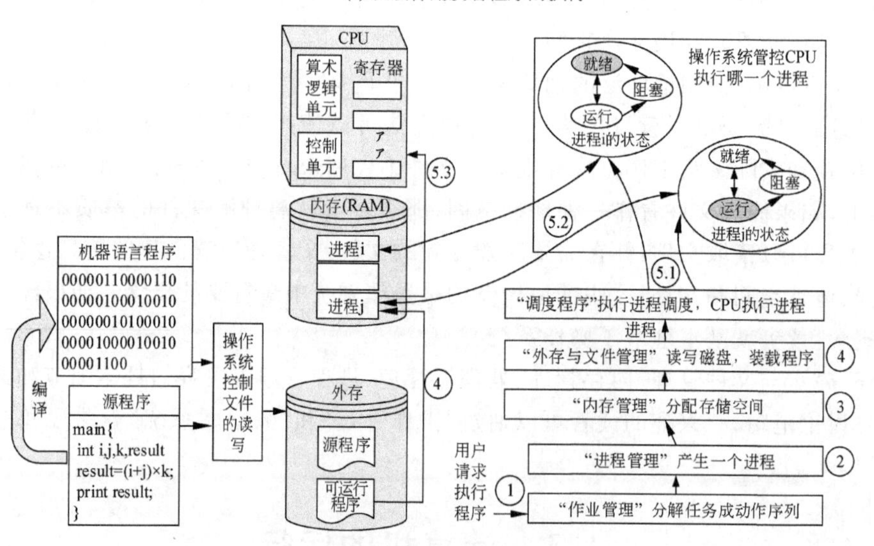

(b) 从操作系统角度看程序的执行

图 4.16 程序的执行示意图

下面探讨在操作系统的管控下，程序的运行。

当用户请求执行一个程序(可以是单击鼠标或输入命令)时，操作如下。

（1）“任务管理”将识别该任务，并产生一个动作序列。动作系列按接下来的步骤执行。

◎ 延伸阅读

在操作系统中，把用户请求计算机完成一项完整的工作称为一个任务。前面说过，一个进程是完成一项完整的工作任务的一个活动序列，同理，对于执行程序这个任务，也会分解成一个个动作，一步步执行。

（2）调用“进程管理”产生一个进程，为 CPU 执行进程做准备，包括确定其在磁盘上的存储位置和所需要的存储空间。

（3）调用“存储器管理”为进程申请内存空间。“内存管理”将依据当前内存使用情况进行内存空间的分配，并返回所分配的存储空间的地址。

（4）调用“外存与文件管理”读写磁盘，找到程序文件所在的簇块，并将簇块写入到分配给进程的内存空间中。这一工作被称为“程序装载”。

当然，动作（3）、（4）可能要执行多次，但在地址空间和虚拟存储器技术的支持下，进程好像在独立地使用内存，不会觉察到多次“装载”的存在。

（5）进程准备完毕，由“调度程序”调度进程被 CPU 执行。即到此进入 CPU 执行进程的控制阶段。

“调度程序”依据 CPU 和当前进程的运行状态，调度 CPU 执行该进程。

如果该进程被执行，“调度程序”将当前进程的程序地址赋值给 CPU 内部的程序计数器 PC，然后进程内的程序指令被一条接一条地执行。执行过程见 3.4 节。如果该进程被中断，则“调度程序”会保存当前进程的状态，以便恢复。

当然，我们只是从一个线性角度来讨论程序的执行过程，而没有考察各种因素和工作序列的穿插、交互以及并行执行。但这种线性的描述更有利于我们整体把握程序执行的本质。

4.3.2 计算机的启动

当用户希望运行一个应用程序时，操作系统会将它装入内存，但还存在以下问题：系统开机时第一个程序源自哪里？操作系统本身又是如何被装载进内存并运行的呢？这就涉及 BIOS、磁盘以及计算机的启动。

（1）BIOS。计算机主板上有一块只读存储器芯片（通常称为 BIOS 芯片），在其中存放着一个称为基本输入输出系统（Basic Input-Output System，BIOS）的程序。BIOS 程序包括一些硬件检测程序及对基本硬件进行输入输出的程序，还包括控制 CPU 读写磁盘来获取引导扇区和装载操作系统的程序。BIOS 程序由机器制造者事先存入 BIOS 芯片，该芯片被计算机当内存一样管理，其中的程序和数据不会因关机而丢失，BIOS 程序是机器接通电源后开始执行的第一个程序。

（2）磁盘。操作系统通常存放在磁盘上，但它在磁盘上被分成了两部分。一部分以特殊形式存在于磁盘上（通常存放在磁盘的第一个扇区），由 BIOS 通过直接读写磁盘扇区的方式将其载入内存。另一部分以文件形式存于磁盘上，需要在前一部分的控制之下被装入内存运行。第二部分是操作系统的核心部分，包括前面讨论过的处理器管理、内存管理、磁盘与文件管理以及 I/O 设备管理等内容。

(3) 计算机的启动过程简述如下。

按下计算机电源开关时，电源开始向主板和其他设备供电。由主板上的控制芯片组向CPU发出信号，让CPU自动恢复到初始状态，如对于Intel处理器，其内部的程序计数器PC的值会被恢复为FFFFFFF0H，即CPU将要从地址为FFFFFFF0H处开始执行程序。实际上，这个地址在系统BIOS的地址范围内，这也意味着BIOS程序将被计算机运行。所以我们也常说，在计算机启动时，BIOS即开始运行。

BIOS首先检查主板上安装的RAM数量，键盘和其他基本设备是否已安装并正常响应，若有故障，机器会发出警报声。接着，它开始扫描I/O总线并找出连在上面的所有设备，通常这些设备是即插即用设备。这些设备会被记录下来，如果现有的设备与计算机上一次启动的设备不同，则配置新的设备。

然后，BIOS读取存储在CMOS存储器中的设备清单，以决定启动设备。假设存储在CMOS存储器中的启动顺序是：光盘、U盘、硬盘。则如果存在光盘，系统试图从光盘启动。如果启动失败，系统会从U盘启动。如果光盘和U盘都不可用，则系统就从硬盘启动。BIOS会直接读取启动设备上的第一个扇区（又称为引导扇区），将该区域中的内容（就是操作系统的第一部分）装入内存，然后BIOS程序最后执行一条"无条件转移"指令，让CPU内部的程序计算器PC指针指向该内存地址，到此操作系统开始运行。操作系统的这一部分包括一个分区表检查程序，以确定哪个分区为活动分区。然后，从该分区读入操作系统启动装载模块，由该装载模块将操作系统读入内存，并启动之。到此，操作系统便正式开始运行了。

接着，操作系统询问BIOS，以获得硬件配置信息。对于每种设备，操作系统检查对应的设备驱动程序是否存在。如果没有，操作系统要求用户查找并安装该设备驱动程序。一旦有了全部的设备驱动程序，操作系统就将它们全部调入内核，然后创建需要的所有背景进程，并启动登录程序或GUI。

到此，计算机完成启动，用户可以使用计算机完成需要的工作了。

4.3.3 计算机的关闭

除了那些需要提供不间断服务的服务器计算机外，通常我们用完计算机以后应将其正确关闭。这样不仅可以节能，还有助于使计算机更安全，最重要的是能确保数据得到保存。

用户可以通过按计算机的电源按钮来关闭计算机，但通常使用操作系统来关闭计算机。

操作系统的关闭过程是：保存用户设置→关闭所有打开的用户程序→关闭操作系统服务程序→保存系统运行状态→最后按顺序正确关闭硬件设备和显示器。关机不会保存用户的工作，因此必须首先保存好文件后再关机。

虽然各种操作系统的关闭形式各不相同，但只有正确的关闭，系统信息和用户信息才不会丢失。

用户还可以将计算机设置为睡眠模式，而不是将其关闭。在计算机处于睡眠状态时，显示器将关闭，而且计算机的风扇通常也会停止，但操作系统会记住用户正在进行的工作，或者说计算机不会关闭用户的程序和文件，当然也不会关闭操作系统，它们都会被维持在内存中。计算机处于睡眠状态时，耗电量极少，原因就在于它只需维持内存中的工作。

若要唤醒计算机，可按下计算机机箱上的电源按钮。因为不必等待操作系统启动，所以将在数秒钟内唤醒计算机，并且屏幕显示将与用户先前关闭计算机时完全一样。

小　　结

本章主要探讨了硬件和操作系统是如何相互配合、协同执行一个程序的。

通过操作系统对硬件功能的扩展，形成了内存管理、外存管理、进程管理、处理器管理、I/O设备管理等资源管理体系，以及进程、地址空间、文件等抽象接口，通过上述内容的分工与合作，实现了程序的执行。

简单来说，所有信息（程序和数据）被组织成文件，文件被存储于磁盘等外存中，外存中的程序需要被装载进内存中才能被CPU解释和执行。内存中的程序被称为进程。内存中可以有多个进程，每个进程被CPU执行。这些进程是由操作系统统一管理的，使用程序的用户不用关心。操作系统以优化的方式管理着各种硬件资源，实现了对硬件工作的扩展，使得计算机不仅是硬件，而是硬件和操作系统所构成的一个系统。

复　习　题

4.1　应用软件和系统软件之间的区别是什么？请各举一例。

4.2　什么是操作系统？

4.3　简要说明操作系统的主要功能。

4.4　简要说明文件管理系统的功能。

4.5　当我们利用操作系统访问文件时，操作系统是怎么找到该文件的？

4.6　在Windows操作系统中删除文件时，是否真的删除了文件？请说明理由。

4.7　磁盘碎片是怎么产生的？可以怎么清理？

4.8　什么是多道程序环境？

4.9　在图4.8中，基址和界限寄存器含有相同的值16 384，这是巧合，还是它们总是相等？如果这只是巧合，为什么在这个例子中它们是相等的？

4.10　存储器管理的主要任务是什么？

4.11　概述解决内存超载的两种技术。

4.12　操作系统是如何防止一个进程访问另一个进程的存储空间的？

4.13　什么是虚拟存储器？它的实现思路是什么？

4.14　进程和程序有什么不同？

4.15　进程有哪几种状态？试描绘出进程状态转换图。

4.16　操作系统的进程表里包含什么信息？

4.17　简述时间片轮转调度技术。

4.18　列出多道程序设计系统中一个进程没有全部用完分配给它的时间片的情况，并回答此时该进程处于什么状态。

4.19　一个分时系统中的时间片，如果使其越来越短，那么会发生什么情况？越来越长呢？

4.20　简述计算机的启动过程。

第5章 硬件：打开计算机的机箱

5.1 主　　板

主板又叫主机板(Mainboard)、系统板(Systemboard)或母版(Motherboard)，它安装在机箱/机壳内部，是计算机最基本也是最重要的部件之一。

5.1.1 主板的结构

1. 印制电路板

印制电路板(Printed Circuit Board,PCB)又称为印刷电路板，是电子元器件的支撑体和电气连接的提供者，其主要优点是大大减少了布线和装配的差错。在这个电气普及的时代，PCB几乎存在于所有电子设备中，是所有硬件设备的基础。

PCB按层数通常可分为单面板、双面板、四层板、六层板以及其他多层板。计算机的主板由于要考虑非常多的元器件布局，同时还要考虑布线合理性以及抗干扰性能等，所以都是采用了多层PCB设计，通常是4层板或6层板，PCB层数越多电气特性越佳，但成本也越高，如图5.1所示。

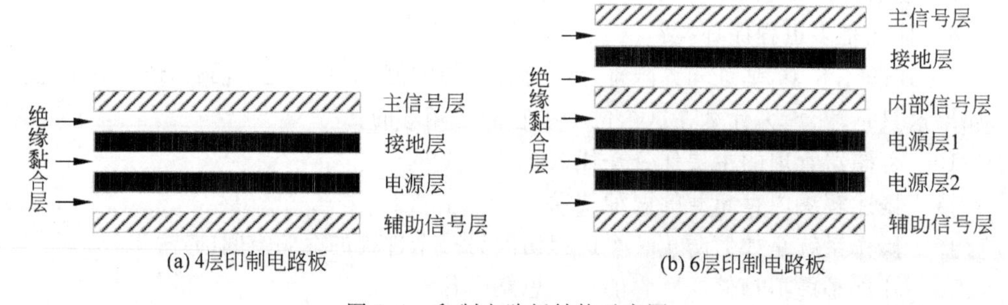

图5.1　印制电路板结构示意图

4层板的结构中，上下两层是信号层，中间两层是接地层和电源层，采用绝缘材料将层与层黏合在一起，各层均为铜箔，并按照需要完成电气连接，层间的连接通过孔实现。将接地层和电源层放在中间有利于上下两层信号间的隔离。现在的主机板通常采用6层板结构(如图5.1(b)所示)，6层板为三个信号层，一个接地层以及两个电源层，以便提供足够的电力供应和更有效的信号隔离。其实，如果仔细去看主板的横截面，会发现主板的层数比想象中的要多得多，因为除了上述电源层和信号层之外，PCB还包括阻焊层、丝印层、隔离层等，仿佛是千层饼一样。

为保障计算机稳定可靠地正常工作，信号连接线的布局与长度至关重要，应避免相互间的干扰，造成信号失真。因此，要求在相邻的两条连接线之间留出足够大的间距。有些连接线必须限制它的最大长度，以确保信号的最小衰减等。

2. 主板的结构和规范

主板一般为矩形电路板，上面安装了组成计算机主机系统的所有部件。家用计算机除了微处理器、内存条和显卡是可拆装的部件之外，在主板上还焊接了芯片组、BIOS芯片以及一些专用的I/O控制芯片，其他还包括微处理器的插座、内存条插槽、电源模块和电源接口、总线插槽、I/O接口等。图5.2和图5.3分别展示的是台式计算机华硕M5A97 EVO和笔记本联想ThinkPad T400的主板结构。

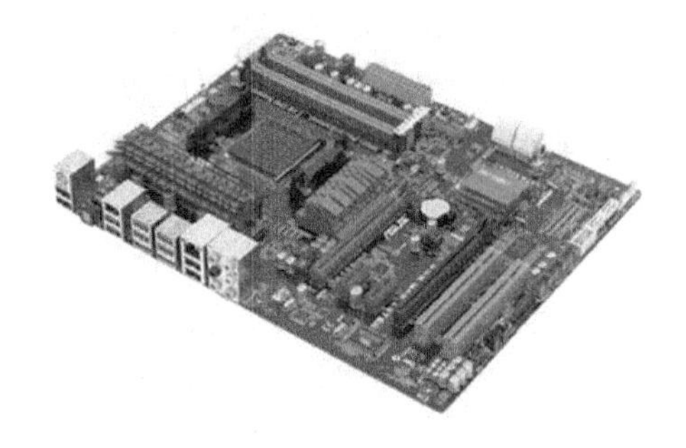

图5.2 ASUS M5A97EVO主板

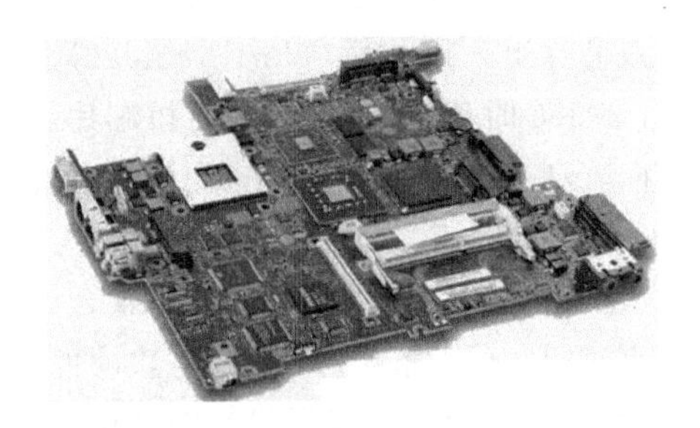

图5.3 Lenovo ThinkPad T400主板

主板的结构就是根据主板上各元器件的布局排列方式、尺寸大小、形状、所使用的电源规格等制定出的通用标准，所有主板厂商都必须遵循。但是，不同标准的主机板的实际尺寸存在较大差异，因此主机板上安装的部件类型和部件数量也不相同。主板结构分为AT、Baby-AT、ATX、Micro ATX、BTX等，如表5.1所示，其中，AT、Baby-AT是多年前的老主板结构，已经淘汰。ATX是市场上最常见的主板结构，Micro ATX是ATX结构的简化版，就是市场上常说的"小板"，而BTX则是英特尔制定的最新一代主板结构，相较ATX主板在走线、降噪及散热等方面都有着不小的革新。但是好景不长，由于ATX架构实在太过成熟，市场占有率太过庞大，厂商及用户认知太过广泛，BTX架构所引以为傲的散热问题便没有了优势。随着时间推移，BTX渐渐淡出了人们的视线，2006年，Intel公司宣布放弃BTX架构规范，至此，ATX架构依旧统治市场并一直延续到现在。

表5.1 常见的主板规范

规格	制定时间	最大尺寸/mm^2	简介
AT	1984年	330×305	标准尺寸的主板
Baby-AT	1985年	330×220	
ATX	1995年	305×244	改进型的AT主板
Micro ATX	1996年	244×244	ATX的缩小版本
BTX	2003年	325×267	优化了散热性能

5.1.2 主板芯片组

1. 芯片组的基本概念

在3.5节，从总线分层的角度简单了解了芯片组，本节将对芯片组的概念和功能做更详细的介绍。

芯片组(Chipset)是构成主机板电路的核心,可以比作 CPU 与周边设备沟通的桥梁,是主板的灵魂。对于主板而言,芯片组几乎决定了主机板的档次和性能,如果芯片组不能与微处理器良好地协同工作,将严重影响计算机的整体性能甚至不能正常工作。

早期的计算机主板采用的是非芯片组结构,CPU 与内存、I/O 系统的通信是由一个所谓的门列控制芯片来实现的,随着计算机性能的不断提高,采用标准的集成电路芯片来实现主机所需的功能的方法已不能满足要求,所以出现了用于实现主机功能的专用芯片组。由芯片组构成计算机主机系统的方式是从 80286 时代开始,80386 时代广泛采用的。

芯片组按芯片的数量可分为单芯片芯片组,双芯片芯片组和多芯片芯片组。其中,最传统的双芯片组采用北桥(North Bridge)芯片和南桥(South Bridge)芯片搭配的方式,可以说,自 80386 时代开始至今,南北桥芯片组的构成始终都没有发生改变。近年来,芯片组技术在向着高整合性方向发展,除了传统芯片整合 3D 显示功能之外,音频、网络、SATA、RAID 等功能也能够整合到芯片组中,从而大大降低了用户的成本。实际上,整合的好处远不止这样,比如对于主板厂商而言,整合的产品有较佳的兼容性,可以减少测试时间、加速产品上市时间;对于系统厂商而言,软硬件的设置非常简单,一次安装驱动程序即可;对于销售商而言,也可减少许多零组件的仓储成本。

芯片组的技术整合最典型的代表就是系统级芯片组(System on Chip,SoC)。系统级芯片的另一个名称是"片上系统"。从狭义的角度讲,它指的是一个包含完整系统并有嵌入软件的全部内容的集成电路。从广义的角度讲,SoC 是一个微小型系统,如果说中央处理器是大脑,那么 SoC 就是包括大脑、心脏、眼睛和手的一个系统整体。现阶段的平板电脑芯片大部分以 SoC 的形式存在,严格地说,人们日常所说的智能手机处理器都应该叫作系统级芯片。

2. 芯片组的架构与功能

目前,大多数芯片组仍然采用的是标准的南、北桥芯片组,芯片组的名称是以北桥芯片的名称来命名的,原因在于北桥芯片是主板芯片组中起主导作用的最重要的组成部分,也称为主桥(Host Bridge)。北桥芯片负责与 CPU 的联系并控制内存、显卡等数据在北桥内部传输,提供对 CPU 类型和主频、系统前端总线频率、内存类型和最大容量、PCI-E 插槽等的支持,整合型芯片组的北桥芯片还集成了图形处理器。相比于南桥芯片,北桥芯片更靠近 CPU 插座,数据处理量和发热量也相对较大,因此北桥芯片的上部通常会安装散热片。南桥芯片位于主板上离 CPU 插槽较远的下方,这种布局是考虑它所连接的 I/O 总线较多,离处理器远一点儿有利于布线。南桥芯片主要负责 I/O 总线之间的通信,如 PCI 总线、USB、LAN、SATA、音频控制器、网络适配器、高级电源管理等。南桥芯片的发展方向主要是集成更多的功能,高档主板的南桥芯片有时也需要覆盖散热片,图 5.4 是 Intel X38 芯片组的基本架构框图。随着 CPU 集成度的提升,芯片组的架构在不断革新,传统南北桥芯片的概念也逐渐变得模糊,越来越多的芯片组结构将对内存、显卡数据的核心控制交由 CPU 完成(习惯上称这一类 CPU 为混合处理器),而将其他功能整合到了一块芯片之中,如图 5.5 所示,可以说,"北桥"的逻辑在芯片组中已经不复存在,北桥芯片正在逐步退出历史舞台。

到目前为止,能够生产芯片组的厂家为数不多,以 Intel、VIA(威盛)、SiS(矽统)、ALi

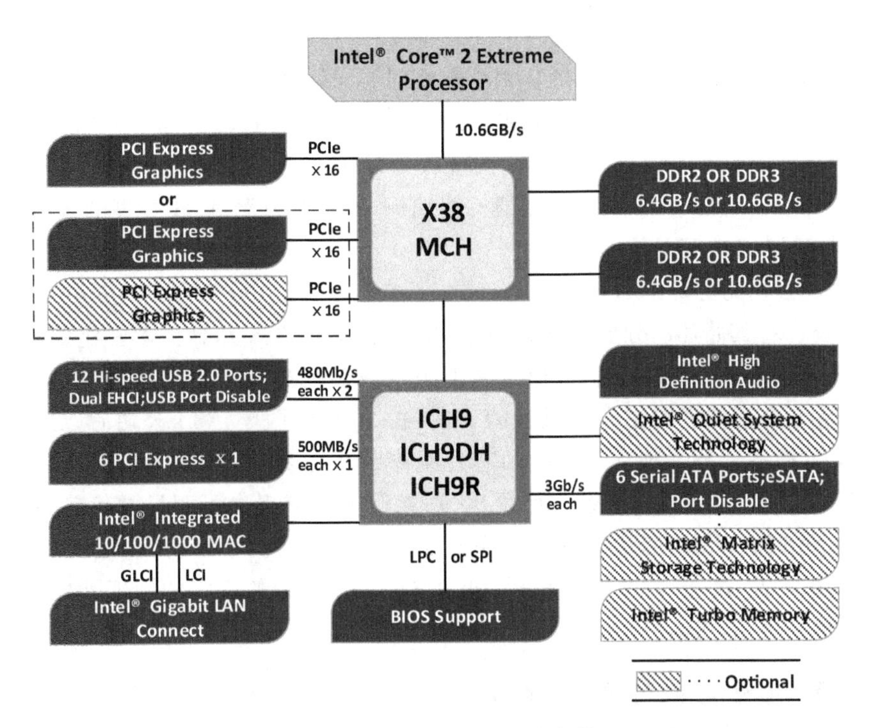

图 5.4　X38 芯片组的基本架构

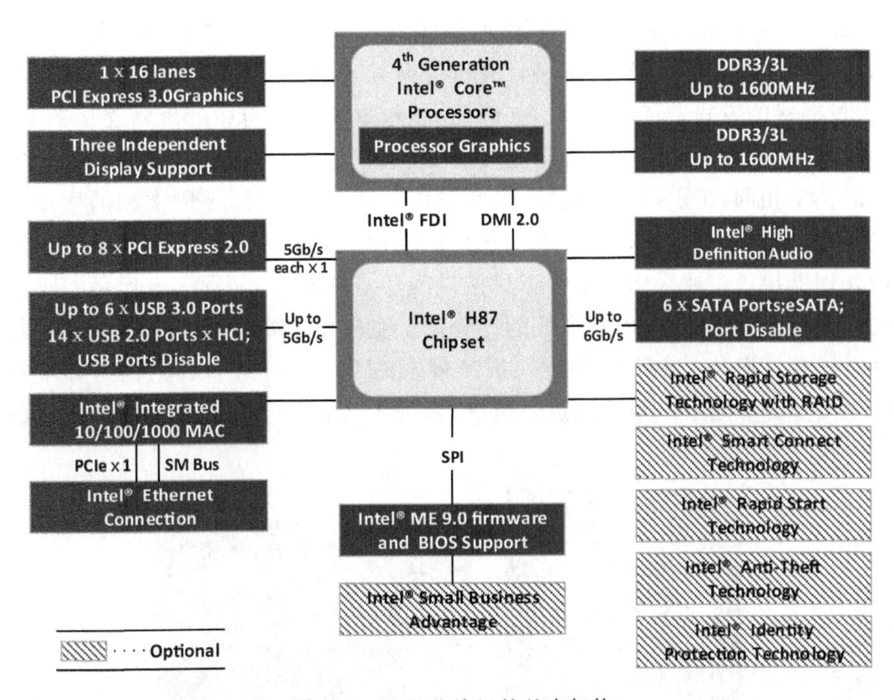

图 5.5　H87 芯片组的基本架构

(扬智)为代表的逻辑芯片生产企业曾经在 20 世纪上演了激烈的角逐，而当 NVIDIA、ATI 相继进入芯片组市场之后，VIA、SiS、ALi 的生存空间明显被挤占了，时至今日，Intel 和 AMD 的芯片组成为市场主导。

1) Intel 公司的芯片组

Intel 公司生产的芯片组从支持 80286 微处理器开始分成了不同的系列，配合 Core i 微处理器的芯片组主要有 5x、6x、7x、8x 和 9x 系列，而芯片组的命名规则采用前缀字母表示分类(用途)：P 表示无内置 GPU、M 表示移动类型、Q 表示厂商定制、G 表示内置 GPU、X 表示顶级的高端、H 适用于 i 系处理器但不能超频、Z 近似为 P 和 H 类型的混合类型，而 B 近似为 Q 类型与 H 类型的混合类型。

2) AMD 公司的芯片组

AMD 公司将其芯片组分成台式计算机芯片组、笔记本式计算机芯片组和嵌入式芯片组。近年来，AMD 公司在整合主机板市场上不仅成功地配合了自家众多高性价比微处理器，更扭转了大众消费者对整合主机板的看法，在 2006 年收购 ATI 公司后，更是大幅度提升了整合主机板的性能。现在 AMD 的芯片组产品可以看成是 ATI 芯片组的一个延续，AMD 在此基础上推出的 3A 平台在性价比、功耗等方面展现出了明显的优势。3A 平台指采用 AMD 处理器、AMD 芯片组和 AMD 显卡的整合计算机系统，其内涵是“和谐计算平台”，具有高稳定性、高兼容性、高性价比，通过 3A 平台获得的更好的图形性能促成了其产品在游戏玩家领域的热销。

5.1.3 常见的主板插槽与接口

1. CPU 插座

CPU 插座就是主板上安装处理器的地方，微处理器通过封装周边或底部众多的金属插针或金属圆点与主板相连。通常，微型计算机的微处理器不采用直接焊接的方式焊在主板上，而是通过插接的方式安装在主板上。因此，主板需要提供与微处理器连接的某种接口。经过多年的发展，微处理器接口的类型主要有引脚式、卡式、针脚式和触点式。即便是微处理器接口的类型相同，由于存在插孔数、形状和面积方面的差异，不同类型的微处理器与主板之间是不能互相接插的，这也是个人用户在购买微处理器和主板时需要特别注意的。目前主流微处理器接口主要采用的是针脚式接口或触点式接口，如图 5.6 所示，从外形上看，针脚式的针脚位于处理器端，而触点式的针脚位于主板接口端，处理器则采用了金属触点式封装。触点式接口避免了由于针脚意外折断带来的 CPU 损坏的风险，但这并不是采用触点接口的主要原因。之所以采用触点式接口，是为了防止由于针脚数量增多带来的额外的信号噪声干扰。

(a) 针脚式接口

(b) 触点式接口

图 5.6　主板上的微处理器接口

对于普通用户来说，分辨不同类型的CPU插槽主要是通过识别主板上CPU插槽旁的标注来完成，比如用于安装Intel酷睿i5系列处理器的主板插槽上标注有“LGA1150”字样，用于安装AMD APU系列处理器的主板插槽上，则标注有“SOCKET FM2＋”字样。用户在安装CPU时必须对号入座，由于引脚、形状等不同，随意的安装往往是行不通的。此外，将CPU插入插座时需要注意，CPU的安装有方向的规定，在CPU以及相应的插槽上都有三角符号的标记以防止安装时出现方向上的错误，如图5.7所示。

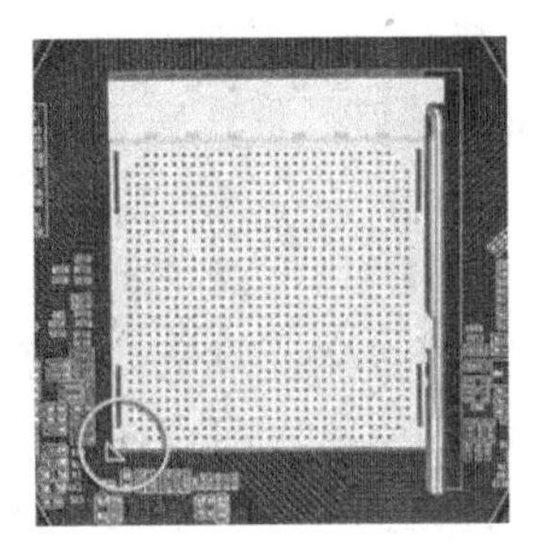

(a) 针脚式接口三角符号标识

(b) 触点式接口的三角符号和缺口标识

图5.7　CPU安装方向的标识

2. 内存插槽

内存插槽是指主板上用来安装内存条的插槽。主板所支持的内存种类和容量都由内存插槽来决定，内存插槽最少有两个，最常见的是4个。多个内存插槽之间有颜色区分(通常为两组)，如果想要实现双通道内存，则需要按照相同插槽颜色将内存安装到同一对插槽上(由于没有统一的标准，也有少数主板采用异色双通道结构)。如果觉得不够保险，用户也可以通过查看PCB上内存插槽编号来加以区分。不同内存插槽对应不同的内存针脚，目前，台式计算机系统主要有SIMM(Single Inline Memory Module，单内联内存模块)、DIMM(Dual Inline Memory Module，双列直插式存储模块)和RIMM(Rambus Inline Memory Module，直插式存储模块)三种类型的内存插槽，而笔记本内存插槽则是在SIMM和DIMM插槽的基础上发展而来，基本原理没有变化，只是在针脚数上略有改变。

图5.8　内存条的正确安装方向

内存条与主机板通过金手指和卡槽完成电气连接，如图5.8所示，卡口和卡键对齐才能安装上内存条，以防内存条插反或插上其他类型的内存条，扣耳和扣眼用于将内存条固定在插槽中。如果你手里只有一两根内存条而插槽数量较多，那么安装内存条时应按插槽的编号由小到大进行安装，即先安装在插槽1上，这样能最好地发挥内存条的性能。然而，由于插槽1的位置往往最靠近CPU，受CPU散热影响较大，因此，也无法完全发挥出内存条的性能。

3. 总线扩展槽

总线扩展槽是用于扩展计算机功能的插槽，总线扩展槽是一种添加或增强计算机特性及功能的方法，可用来插接各种板卡，如显卡、声卡、Modem 卡和网卡等。目前使用的板卡扩展槽主要有 PCI 插槽和 PCI-E 插槽等，在此之前还曾广泛应用 ISA 和 AGP 插槽，不过现已基本上被淘汰。

1）ISA 插槽

ISA 插槽是基于 ISA 总线（Industrial Standard Architecture，工业标准结构总线）的扩展槽，其颜色一般为黑色，有 8 位和 16 位两种，时钟频率为 8MHz 左右，最大传输率为 16MB/s，可插接显卡、声卡、网卡以及所谓的多功能接口卡等扩展插卡。其缺点是 CPU 资源占用太高，数据传输带宽太小，是已经被淘汰的插槽接口。现在新出品的主板上已经几乎看不到 ISA 插槽的身影了。

2）PCI 插槽

随着图形处理技术和多媒体技术的广泛应用，要求计算机的显示系统有高速的图形描绘能力和 I/O 处理能力。这不仅要求显卡要改善其性能，原有的各种总线也已远远不能适应要求，需要更高速度的总线。1991 年，Intel 公司首先提出了 PCI 总线的概念，并联合多家计算机公司和厂商成立了 PCI 特别兴趣小组，旨在推广 PCI 总线，并于 1992 年公布制定了 PCI 总线的初始版本（1.0 版）。PCI 1.0 版总线的地址总线与数据总线均为 32 位，总线时钟频率为 33MHz，基本数据传输速率为 33MHz ×32b/8＝132MB/s。随着后续版本的推出，PCI 总线的地址总线和数据宽度升级为 64 位，数据传输速率也随之大幅提高。

PCI 插槽是基于 PCI（Pedpherd Component Interconnect，周边原件扩展接口）局部总线的扩展插槽，其颜色一般为乳白色。PCI 插槽是主板的主要扩展插槽，通过插接不同的扩展卡可以获得目前计算机能实现的几乎所有外接功能。PCI 总线采用多路复用技术，即地址线和数据线引脚分时复用，地址总线和数据总线共享一条物理线路，分时传输数据和地址，这样可以减少引脚的数量，同 ISA 扩展槽相比，PCI 扩展槽的长度要短得多。

Mini PCI 总线扩展槽是在 PCI 2.2 版的基础上发展而来的，主要用于笔记本式计算机。Mini PCI 的定义与 PCI 基本一致，只是在外形上进一步进行了微缩。目前使用 Mini PCI 插槽的主要有内置的无线网卡、Modem＋网卡、电视卡以及一些多功能扩展卡等硬件设备。如图 5.9 所示的为台式计算机和笔记本计算机的 PCI 扩展槽。

(a) 台式计算机的PCI扩展槽

(b) 笔记本的PCI扩展槽

图 5.9　PCI 扩展槽

3）AGP 插槽

AGP（Accelerated Graphics Port，加速图形接口）是在 PCI 总线的基础上发展起来的，主要针对图形显示方面进行优化，专门用于图形显示卡，如图 5.10 所示。AGP 规范于 1996 年由 Intel 公司提出，1997 年正式投入使用。AGP 技术的两个核心内容是：①使用 PC 的主内存作为显存的扩展延伸，这样就大大增加了显存的潜在容量；②使用更高的总线频率极大地提高数据传输速率。尽管AGP总线不能完全取代计算机中应用广泛的PCI总线，但AGP规范显示技术能充分证明它在处理和显示计算机3D图形方面的优秀能力，同时，AGP插槽将显卡从PCI插槽上独立出去，使得PCI声卡、网络设备等的工作效率随之得到提高。

图5.10 AGP插槽

AGP标准的发展也经历了从最初的AGP 1.0、AGP 2.0到AGP 3.0。如果按倍速来区分的话，主要经历了AGP 1X、AGP 2X、AGP 4X、AGP 8X几个阶段。AGP 8X的理论最高传输速率可达到2.1GB/s，是AGP 4X的两倍。随着显卡速度和3D显示效果的提高，AGP插槽已经不能满足显卡传输数据的速度，目前支持AGP插槽的显卡已经被淘汰，取代它的是PCI Express插槽。

4）PCI Express插槽

计算机I/O总线大约每隔三年在性能上提高一倍，这远远低于微处理器性能提升的速度，这种发展的不均衡造成了I/O总线性能成为整个系统的瓶颈，也促使推出了新的PCI Express总线标准。

PCI Express(简称PCI-E)从名称上看似乎同PCI有着很大的关系，但实际上并不是PCI技术的延续，仅仅是沿用了PCI总线的编程概念和通信标准。PCI-E属于第三代总线接口规范，由Intel公司在2001年提出并在2002年完成，它采用了目前业内流行的点对点串行连接，比起PCI以及更早期的计算机总线的共享并行架构，每个设备都有自己独立的数据连接，各个设备之间并发的数据传输互不影响，而对于过去PCI那种共享总线方式，PCI总线上只能有一个设备进行通信，一旦PCI总线上挂接的设备增多，每个设备的实际传输速率就会下降，性能得不到保证。

PCI-E的接口根据总线位宽不同有所差异，包括x1、x4、x8以及x16，其中，x1的传输速率为250MB/s，而x16就是等于16倍于x1的速度，即4GB/s。因此，PCI-E x16专为显卡所设计，如图5.11所示，目前使用PCI-E 3.0的标准，双向带宽提高到32GB/s。主板上的PCI-E插槽也与速率模式相对应，较小模式的PCI-E卡可以插入较大模式的插槽中，而较大模式的PCI-E卡可以插入后端开口的较小模式的扩展槽上。

4. 硬盘驱动器接口

硬盘接口是硬盘与主机系统间的连接部件，用于在硬盘缓存和主机内存之间传输数据。在整个系统中，硬盘接口的优劣直接影响着程序运行快慢和系统性能的好坏。计算机用于

图 5.11　PCI-E×16 扩展槽

硬盘(包括光盘)驱动器的标准接口主要有 ATA、SATA 和 SCSI 接口，其中，ATA 也称为 IDE(Integrated Drive Electronics，电子集成驱动器)，用于 Pentium 处理器以及之前的计算机中，是 PC 的第一代硬盘驱动器接口标准。SATA 是 ATA 的更新换代标准，是串行化的硬盘驱动器接口，也是目前最通用的硬盘接口。SCSI 的全称是“Small Computer System Interface(小型计算机系统接口)”，是一种广泛用于小型计算机上的接口，在一些中、高性能服务器和工作站中使用。

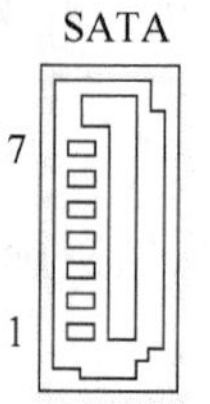

图 5.12　SATA 接口

SATA (Serial Advanced Technology Attachment，串行高级技术附属)是一种基于行业标准的串行硬件驱动器接口，始于 2000 年，如图 5.12 所示。SATA 接口由于采用串行方式传输数据，相比于 IDE 接口来说就具有很多优势。首先，SATA 一次只会传送 1 位数据，这就减少了接口的针脚数目，SATA 的连接器比 IDE 小很多，两端的键控式连接器只有 14mm 宽，采用 7 线连接，而其中的三条线用于地线和屏蔽地线，如表 5.2 所示。

表 5.2　SATA 数据线各针脚的定义

引　脚	定义描述	引　脚	定义描述
1	接地	2	数据发送正极信号接口
3	数据发送负极信号接口	4	接地
5	数据接收负极信号接口	6	数据接收正极信号接口
7	接地		

其次，SATA 的传输速率更快，SATA 的初始版本(1.0)的接口数据速率为 150MB/s，略高于 IDE 的 133MB/s，而 SATA 2.0 标准将数据速率提高一倍，达到 300MB/s，到了 SATA 3.0 标准，数据速率更是高达 600MB/s，但想要让连接在 SATA 接口上的硬件设备获得最佳的读取速度，除了 SATA 接口需要考虑之外，硬件本身也是一个重要的因素。例如，如果主板配备 SATA 3.0 接口而硬盘仅支持 SATA 2.0，那么硬盘的实际速度也仅有 SATA 2.0 的速度。另外，很多主板为了区分 SATA 2.0 和 SATA 3.0，往往会标注不同的颜色，方便用户安装。

最后,SATA 支持热插拔,可以很好地满足驱动器的外部连接,同时也不需要设置硬盘的主从盘跳线,使得硬盘安装更加方便。

◎延伸阅读

eSATA

对于移动硬盘,免不了要进行大数据量的文件传输,动辄几个 GB 甚至几十个 GB,对传输速度是个不小的考验,在没有 USB 3.0 出现之前,eSATA 接口在传输速度方面无疑具有绝对的优势。

eSATA 的全称是 External Serial ATA(外部串行 ATA),它是 SATA 接口的外部扩展规范。换言之,eSATA 并不是什么新技术,实际上就是"外置"的 SATA,即用来连接外部而不是内部的 SATA 设备。例如,当拥有 eSATA 接口之后,可以轻松地将 SATA 硬盘与机箱的 eSATA 接口连接,而不用打开机箱来更换。相对于 SATA 接口来说,eSATA 在硬件规格上有些变化,数据线接口连接处加装了金属弹片来保证物理连接的牢固性,原来的 SATA 是采用 L 型插头区别接口方向,而 eSATA 则是通过插头上下端不同的厚度及凹槽来防止误插,如图 5.13 所示。eSATA 硬盘盒在搭配 SATA 硬盘后,中间无须桥接转换的芯片,是一种原生的存储设备接口。在传输速度方面,eSATA 拥有理论 3Gb/s 的传输速度,作为移动硬盘的选择要优于 USB 2.0 接口。当然,随着 USB 3.0 的推出,eSATA 在易用性和通用性方面也受到了冷落,eSATA 没有得到足够的普及。

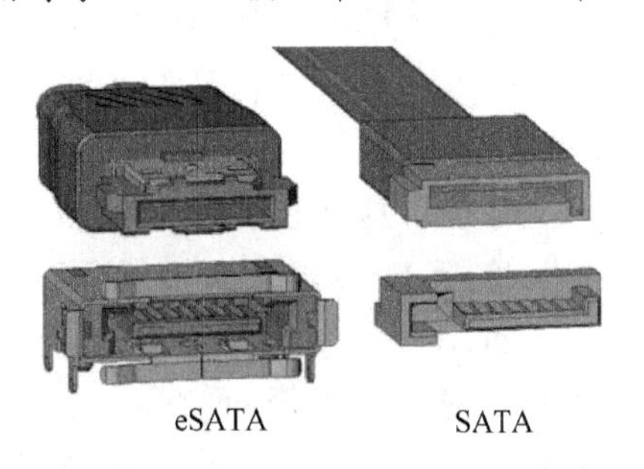

图 5.13 eSATA 与 SATA 接口的外形比较

5. USB 接口

USB 是英文 Universal Serial Bus(通用串行总线)的缩写,是 Intel、IBM 等 7 家公司共同提出的总线架构,它使得在计算机上添加串行设备非常容易,是目前最为普及的外部设备接口。从 1998 年开始,PC 主板开始支持 USB 接口,经过多年的发展,USB 接口已成为当今计算机与大量智能设备的必配接口。

1) USB 各版本的发展历程

USB 版本经历了多年的发展,最初的版本是 USB 0.7,1996 年出现的 USB 1.0 只具有速度为 1.5Mb/s 的低速模式(Low Speed)。USB 1.1 修正了 USB 1.0 在技术上的小细节,得到了硬件厂商的支持而得以普及,USB 1.1 增加了一个 12Mb/s 的全速模式(Full Speed),使得 USB 的传输速度大幅度提高。USB 2.0 发布于 2000 年,是由 USB 1.1 规范演变而来的,其在 USB 1.1 的基础上增加了一个速率为 480Mb/s 的高速模式(High Speed),而且向下兼容 USB 1.1。2008 年 USB 3.0 面世,再次将最高传输速率提高一个数量级,增加了一个更高速度的极速模式(Super Speed),达到 5.0Gb/s,而且是全双工传输方式。USB 的主要版本如表 5.3 所示。

2) USB 的硬件结构

USB 连接在物理上是点对点连接,连接的一端是 USB 主机,另一端是 USB 设备。USB

表 5.3 USB 的主要版本

USB 版本号	1.0	1.1	2.0	3.0
发布年代	1996	1998	2000	2008
性能	低速模式 1.5Mb/s	低速模式 1.5Mb/s 全速模式 12Mb/s	低速模式 1.5Mb/s 全速模式 12Mb/s 高速模式 480Mb/s	低速模式 1.5Mb/s 全速模式 12Mb/s 高速模式 480Mb/s 极速模式 5Gb/s
认证标志	CERTIFIED USB		HI-SPEED CERTIFIED USB	SUPERSPEED CERTIFIED USB

主机可以通过 USB 电缆为 USB 设备供电，提供＋5V 直流电源。USB 信号线采用平衡传输(差分传输)，即一个信号需要两条电平互逆的信号线传输。在 USB 1.1/2.0 接口中只有 4 根连接线，其中两条用于向设备提供电源，另外两条用于传输数据，电缆最长为 5 米。

USB 接口具有上万次的插拔寿命，每一代 USB 接口针对不同的设备又细分出来具体的型号，包括 USB type A/B/C/Mini/Micro，其中，type A 应用最为广泛，适用于个人计算机中，type B 一般用于 3.5 英寸移动硬盘、打印机等连接，Mini-USB 一般用于数码相机、数码摄像机、移动硬盘等，而 Micro USB 则主要用于手机的充电和数据传输接口，其尺寸比 Mini-USB 更小。type C 由苹果公司率先采用，是在 USB 3.1 时代之后才出现的新一代 USB 接口类型，该接口的亮点在于更加纤薄的设计、更快的传输速度以及更强悍的电力传输。type C 还支持 USB 接口双面插入，即不用辨别接头的正反向，从而有效避免了因错插而导致的部件受损的情况。现阶段市场上带有 type C 接口的设备很多，但真正符合 USB 3.1 标准的设备却并不多见，用户在连接 USB 设备时造成混乱的现象也就屡见不鲜了。各接口类型如图 5.14 和图 5.15 所示，需要强调的是，各接口类型相互之间是不能直接接入的，需要通过转换器才能实现兼容。

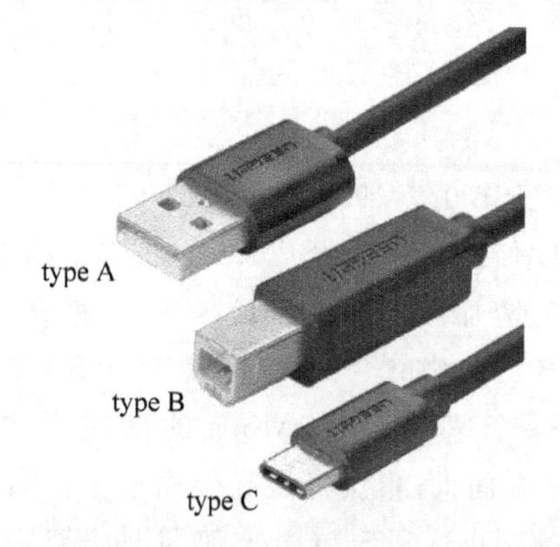

图 5.14 USB A、B、C 型连接器

图 5.15 USB Mini、Micro 连接器

USB 3.0 在 USB 2.0 的基础上增加了两个差分信号，这两个差分对分别实现两个方向的极速模式信号传输，由于 USB 3.0 的极速模式采用了专用的信号差分对，并不是在原

USB 2.0 的信号线上传输，所以 USB 3.0 允许在极速模式传输的同时实现 USB 2.0 信号的传输。从外观上看，规范的 USB 3.0 插口为蓝色，而在几何尺寸上，也只有 A 型连接器保持了与 USB 2.0 连接器的一致，如图 5.16 所示。

3) USB 的拓扑结构

USB 采用级联星状拓扑结构，在任何 USB 系统中都有一个 USB 主控制器（又称为 USB Host），该控制器与一个根集线器（又称为 USB Hub）作为一个整体，在这个根集线器下可以连接多级的 USB 设备。如图 5.17 所示。USB 主控制器负责处理主机与设备之间的电气和协议层互联。USB Hub 用来提供附加连接点，它采用一对多的方式连接外设，简化了 USB 互连的复杂性，集线器串接在集线器上可以让不同性质的更多设备接入 USB 网络中。

图 5.16　USB 3.0 连接器

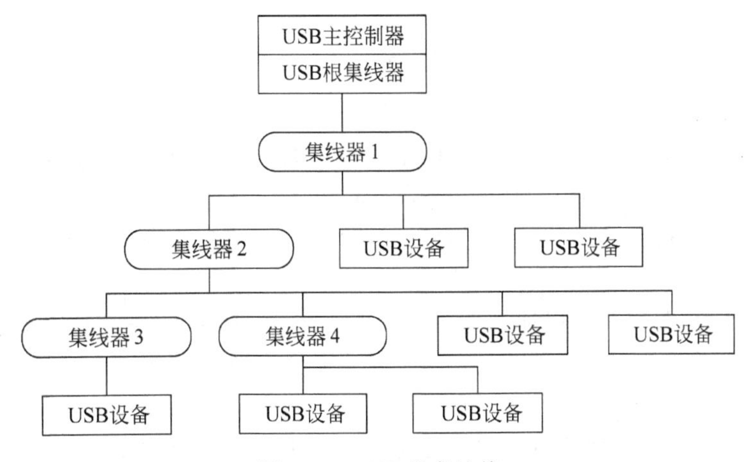

图 5.17　USB 设备连接

USB 设备是指连接在 USB 总线上工作的设备，广义上讲，USB Hub 也算是 USB 设备。有的 USB 设备功能单一，直接挂接在 USB Hub 上，而有的 USB 设备功能复杂，会将多个 USB 功能结合在一起形成一个复合设备。理论上讲，在 USB 连接网络中，设备总数，包括集线器和复合设备在内不能超过 127 台。需要注意的是，虽然目前的计算机能提供多个 USB 接口，但并不是多个 USB 主控制器，一般芯片组能提供一两个 USB 主控制器，通过 USB 根集线器扩展后形成多个 USB 接口。一个 USB 主控制器所提供的传输带宽被其所连接的所有设备共享，如果连接的设备很多，每个设备所获得的有效传输带宽会大幅下降。

◎ 延伸阅读

差分信号传输

差分信号使用两根线传输信号，这两个信号的振幅相等，相位相反，信号接收端通过比较两个信号电压的差值来判断发送端发送的是逻辑 0 还是逻辑 1。

我们知道，信号的转换时间就是能达到的速度的极限。更高的信号摆幅将需要更长的时间才能转换。一个提高速度的办法就是缩短转换时间，而差分传输正是通过降低信号的摆幅来加快转换过程。此外，信号摆幅的减小，还能够提高抗噪声的能力，降低功耗。因此，USB、HDMI、PCI-E、SATA 等高速接口均采用差分传输的方式。

5.2 微处理器的硬件特性

微处理器是采用大规模集成电路技术将 CPU 及其相关部件（如寄存器、高速缓存等）制作在一块芯片上的大规模或超大规模电路。根据微处理器的应用领域，微处理器大致可以分为通用高性能微处理器、嵌入式微处理器、微控制器。一般而言，通用微处理器追求高性能，用于运行通用软件，配备完备、复杂的操作系统；嵌入式微处理器强调处理特定应用问题的高性能，主要用于运行面向特定领域的专用程序，配备轻量级的操作系统；微控制器价位相对较低，在微处理器市场上需求量最大，主要用于工业领域的自控设备。

本节将在前几章的基础上进一步讲述常用微处理器的性能指标和发展现状。

5.2.1 微处理器的基本技术参数

1. 字长

微处理器的字长表示该微处理器同时最多可以处理二进制数据的位数，是微处理器极其重要的一个技术参数，它直接反映了一台计算机的计算精度。人们通常所说的 8 位机、16 位机、32 位机或 64 位机，实际上是指该计算机所采用的微处理器的字长分别为 8 位、16 位、32 位或 64 位。

需要强调的是，计算机可以通过程序来处理任意大小的数字，并不受微处理器字长的限制。只是说字长越长的微处理器其处理速度越快而已。例如，需要对两个 32 位的无符号数进行相加运算，不考虑溢出问题。16 位计算机要完成该运算，必须完成低 16 位的运算，再完成高 16 位的运算，因此要执行两次加法运算。如果是 32 位或 32 位以上的计算机，则执行一次加法运算即可直接得到结果。

2. 时钟频率

脉冲信号是按特定的幅度和特定的时间间隔连续发出的信号，该时间间隔称为脉冲信号的周期，周期的倒数即为频率。频率实际上就是周期信号在单位时间内的周期个数（脉冲个数），在数学表达式中常用 f 表示。频率的标准计量单位是 Hz（赫兹），其他常用的单位有 kHz、MHz、GHz，其中 k、M、G 分别表示 10^3、10^6、10^9。

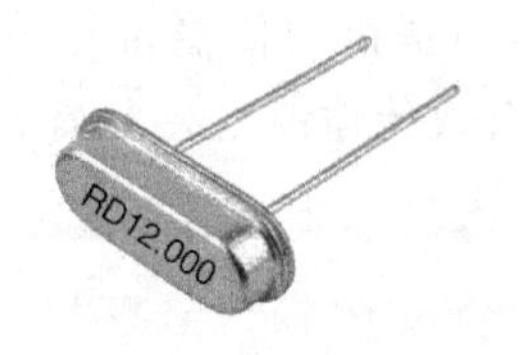

图 5.18 石英晶体谐振器

计算机中的时钟和人们日常所用的“时钟”的概念是不一样的，它并不是表示现在是“几点几分几秒”，而是一个按特定频率连续发出脉冲的信号发生器。在计算机中，最原始的脉冲信号由晶体振荡器产生，如图 5.18 所示，晶体振荡器所产生的信号经过主板上的时钟芯片的波形变换和分频形成了微处理器的基准时钟频率，这叫作外频。计算机系统中的各分系统所用的不同频率的时钟都与外频关联，外频决定了整块主板的运行速度。

人们在日常生活中所提到的频率通常是指微处理器的主频，主频也叫工作频率，是处理器内核电路的实际运行频率，是表示微处理器工作速度的重要技术参数。例如，“Intel i7-4790k

4GHz"中的4GHz指的就是这款CPU的主频为4GHz。主频与外频之间的关系可以表述为：主频=外频×倍频系数。其中，倍频系数(也可简称"倍频")是主频与外频间的相对比例关系，倍频系数可以大于1，也可以小于1。在其他技术参数相同时，主频越高，其运算速度也就越快。当然，主频仅是表述微处理器性能的一个方面，这在前文中已有详细的分析，这里不再赘述。

通过提高外频或倍频系数，可以使微处理器工作在比标称主频更高的时钟频率上，这就是所谓的超频。早期的微处理器没有"锁频"技术，因此只要提高倍频系数即可达到超频的目的，超频仅受限于微处理器的超频特性。而现在的微处理器一般都实现了"锁频"，即已经将倍频系数锁住，所以一般都是超外频。如何实现超外频与所使用的主板有关，可以通过主板上的DIP开关来调节，也可以通过专门支持软件来超频。注意：超外频并不一定在每一台微型计算机上都能成功，因为外频提高后，计算机系统中各分系统的频率也随之提高，某些部件可能由于工作频率过高而无法正常工作，从而导致整个系统瘫痪。

3. 高速缓冲存储器

在3.6节中提到的高速缓冲存储器Cache，其容量和大小是微处理器的一种重要技术参数。

Cache由静态存储芯片(SRAM)组成，其中复制了频繁使用的数据，以利于CPU快速访问，其存取速度比内存快，运行频率极高，一般与处理器同频。实际工作时，微处理器往往需要重复访问同样的数据块，而增大Cache的容量可以大幅度提升微处理器访问Cache的命中率，以此提高计算机性能。受限于微处理器芯片面积和成本等因素，Cache的容量一般不会太大。目前，主流的通用微处理器采用的是Cache分级体系，具有L1(Level 1)、L2、L3甚至是L4级缓存。

L1 Cache是微处理器的第一层高速缓存，通常分为指令缓存和数据缓存，由Intel在486时代首次将其整合到CPU内部。主流通用微处理器的指令缓存和数据缓存容量一般都各为32KB或64KB，由于L1 Cache容量相对固定，人们对于它的关注度相较于L2、L3来说要小得多。

L2 Cache是微处理器的第二层高速缓存，一般不区分指令缓存和数据缓存，主流通用处理器的L2 Cache容量一般为128KB～12MB。只配备二级缓存的微处理器，当二级缓存出现缓存遗漏时，计算机就转向系统内存。

L3 Cache的应用进一步降低了内存延迟，同时提升了大数据量计算时处理器的性能，在拥有三级缓存的CPU中，只有约5%的数据需要从内存中调用。就目前来说，L3 Cache已成为CPU性能表现的关键之一，在CPU核心数量不变的情况下，增加三级缓存容量能使性能大幅度提高。对于多核处理器，在Cache体系结构中，L1和L2 Cache往往由各内核独立占用，而L3 Cache则为多个核心共享，以满足协同运算的需要。因此，L3 Cache的容量相对较大，一般在2MB以上。

4. 处理器的核心数

多核的处理器架构缓解了单核处理器所遭遇的瓶颈。与单核微处理器相比，多核微处理器在运算能力和效率方面具有较大的优势。随着集成电路制造工艺的不断进步，一个微处理器上所能集成的内核数量也越来越多，常见的多核处理器有双核、四核、六核和八核。

5. 制造工艺

线宽，常称为制程，是指芯片上的最基本功能单元——门电路的宽度，单位为纳米(nm)。实际上，门电路之间连线的宽度同门电路的宽度相同，所以线宽可以描述制造工艺。缩小线宽意味着晶体管可以做得更小、更密集，可以降低芯片功耗，系统更稳定，微处理器得以运行在更高的频率下，而且在相同的芯片复杂程度下可以使用更小的硅片，从而降低成本。目前主流CPU的制程已经达到了14～32nm。

6. 工作电压

工作电压指的是微处理器正常工作所需的电压。目前，性能较高的微处理器的工作电压通常分为内核电压与I/O电压。内核电压是供给微处理器内核的电压，I/O电压则指驱动微处理器I/O电路的电压，通常内核电压小于等于I/O电压。早期CPU工作电压为5V，近年来工作电压有逐步下降的趋势，以解决功耗过高和散热量大的问题。目前台式计算机微处理器内核电压通常在2V以内，而移动平台微处理器的内核工作电压则更低，甚至可达1.2V。许多主板还提供了用于调节CPU电压的跳线或软件设置，以满足超频的需要。

7. 封装与接口

微处理器的外观实际上就是微处理器的封装，通常是正方形或矩形的块状物。微处理器通过封装周边或底部众多的金属插针或金属圆点与主板或主板上的微处理器接口相连。微处理器的封装不仅是一件漂亮的外衣，由于封装的保护，使得内核与空气隔绝，可以避免污染物的侵害。除此之外，良好的封装设计还有助于微处理器的散热。与AMD公司一直沿用针脚式相比，Intel公司的处理器普遍采用LGA封装(Land Grid Array，平面栅阵列)，其特点是采用金属圆点替代了以往的针脚，在主板上需要一个安装扣架来固定。

与微处理器的封装相对应，主板需要提供与微处理器连接的接口。由于微处理器可分为移动平台、桌面和服务器/工作站等不同类型，因此采用的接口标准不尽相同，这在选购主板时需要特别加以注意。

5.2.2 典型的微处理器及生产厂商

1. Intel处理器

1971年11月15日，当时还处在发展阶段的Intel公司以工程师霍夫(Ted Hoff)为首的团队发明了世界上第一个4位的商用微处理器——4004。从此以后，Intel便与微处理器结下了不解之缘，而这一天作为具有全球IT里程碑意义的日子也被永远地载入了史册。1978年，Intel公司再次领导潮流，首次生产出16位的微处理器，命名为i8086，采用的指令集称为x86指令集。以后Intel公司又陆续推出了80286、80386、80486和Pentium(奔腾)微处理器，仍然兼容原来的x86指令集，称为x86系列微处理器。

Intel公司从Pentium Ⅱ开始推出了一种专门为低端计算机设计的系列微处理器，即Celeron(赛扬)系列处理器。Celeron微处理器与同档次的Pentium微处理器的主要区别是减少了微处理器内集成的L2 Cache的容量。由于Celeron微处理器具有很高的性价比，受到了低端用户的欢迎。

Intel公司的早期Pentium微处理器使用的是P5和P6微架构，2000年Intel公司推出了Netburst微架构，成为迄今为止沿用时间最长的一代微架构。2006年，Intel公司又推出了Core(酷睿)微架构，Core微架构面向服务器、台式计算机和笔记本等多种处理器进行了多核优化，使 Intel 公司第一次在所有平台上使用了统一的微架构，基于该架构的 Core 2 双核处理器提供了突破性的性能以及超低的能耗，能有效处理密集计算和虚拟化工作负载。

2008 年，Intel 公司推出了 64 位四核心 CPU Core i7（酷睿 i7）。酷睿 i7 采用原生多核心设计，沿用 x86-64 指令集，并以 Intel Nehalem 微架构作为基础，如图 5.19 所示。酷睿 i7 的名称并没有特别的含义，i 的意思是智能（Intelligence 的首字母），而 Core 就是延续上一代 Core 处理器的成功。Intel 至此基本形成了“工艺年-架构年”的芯片技术发展战略模式，即所谓的 Tick-Tock 发展模式，如图 5.20 所示。

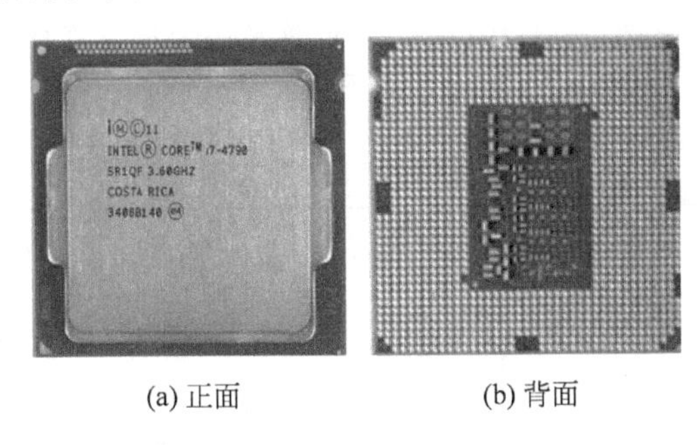

(a) 正面　　(b) 背面

图 5.19　Intel Core i7 处理器

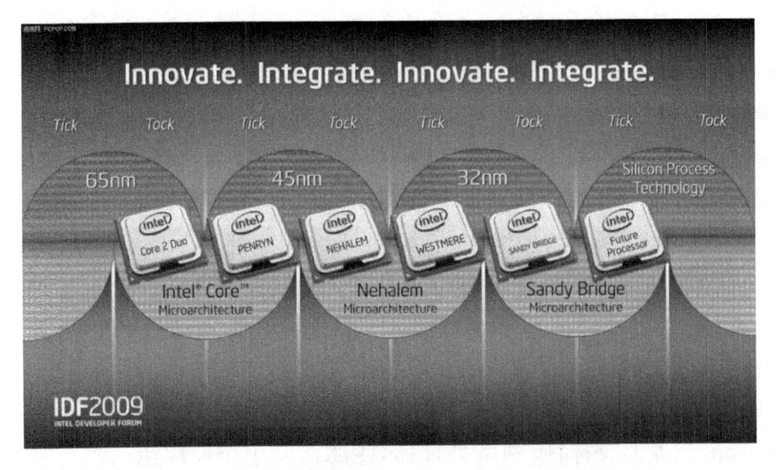

图 5.20　Intel 的“工艺年-架构年（Tick-Tock）”发展模式

Tick-Tock 原表示时钟的“嘀嗒”的意思，一个“嘀嗒”是一秒，在 Intel 公司的微处理器发展战略上代表两年，Tick 年代表工艺的提升、晶体管变小，并在此基础上增强原有的微架构。Tock 年则在维持相同工艺的前提下，进行微架构的革新，这样在制程工艺和核心架构的两条提升道路上总是交替进行，一方面避免了同时革新可能带来的失败风险，同时持续的发展也可以缩短研发的周期，并可以对市场造成持续的刺激，并最终提升产品的竞争力。Tick-Tock 的发展模式可以简单归结如下。

（1）2007 年推出 45nm 制程的四核 Penryn 内核，Core 微架构不变。

（2）2008 年推出 45nm 制程的 Nehalem 微架构，在四核的基础上引入更先进的技术。

（3）2010 年推出 32nm 制程的六核或十核的 Westmere 内核，Nehalem 微架构不变。

（4）2011 年推出 32nm 制程的八核 Sandy Bridge 微架构。

（5）2012 年推出 22nm 制程的 Ivy Bridge 内核，Sandy Bridge 微架构不变。

(6) 2013 年推出 22nm 制程的 Haswell 微架构。

(7) 2014 年和 2015 年推出 14nm 制程的 Broadwell 内核。

……

另外，在面对 Core i7 高端化难以走进广大消费者生活之中的情况下，Intel 还实时地推出了新处理器 Core i5 和 Core i3。Core i5 处理器于 2009 年 9 月正式发布，内部集成了北桥的功能，支持双通道的存储器，其整体性能较 i7 要低，但价格也相对偏低，更适合家用计算机市场。Core i3 则可以看作是 i5 的进一步精简版，采用双核心设计，通过超线程技术可支持 4 个线程，其最大特点是整合了 GPU(图形处理器)，满足日常影像输出的需要。Intel 公司的系列微处理器主要产品如表 5.4 所示。

表 5.4 Intel 系列微处理器

微处理器产品	产品状态	说　明
8086、8088、80186、80188、80286	已停产	16 位微处理器
80386、80486、Pentium、Pentium Pro、Pentium Ⅱ、Celeron、Pentium Ⅲ、Pentium 4、Pentium M、Core、Celeron M、Celeron D、Core 2		32 位微处理器
Pentium Dual-Core、Celeron G、Core i3、Core i5、Core i7、Atom、Xeon	现有产品	32/64 位微处理器

2. AMD 处理器

作为排位在 Intel 公司之后世界第二大微处理器制造商 AMD 公司，一直是 Intel 公司最有力的竞争对手。AMD 公司成立于 1969 年，早期的发展成就并不如 Intel 那么显赫。直到 1996 年 3 月，AMD 公司才推出了自己的第一款 x86 系列微处理器微架构——K5 微架构，从此 Intel 公司在 x86 系列微处理器领域的垄断局面不复存在。K5 微架构的设计理念与 Pentium Pro 类似，实际性能也接近于 Pentium。之后 AMD 又相继推出了基于 K6、K7、K8 和 K10 微架构的处理器，主要有以下品牌。

(1) Athlon(速龙)：针对移动平台和桌面的处理器，提供多任务性能以及栩栩如生的数字媒体效果。

(2) Duron(钻龙，毒龙)：精简版的微处理器。

(3) Sempron(闪龙)：精简版的微处理器，主要面向于企业应用。

(4) Turion(炫龙，锐龙)：针对于移动平台，提供优秀的移动办公能力。

(5) Opteron(皓龙)：针对服务器/工作站的微处理器。

(6) Phenom(羿龙)：全新 64 位架构的处理器。

(7) Fusion(融聚)：将 CPU/GPU 整合的处理器。

其中，Athlon 使用的时间最长，跨越了 K7、K8 和 K10 三代微架构，Athlon 系列微处理器又分为 Athlon 和 AthlonⅡ两大系列。Athlon 于 1999 年问世，主要面向桌面计算机消费市场，以廉价市场作为定位，它标志着 AMD 终于实现了设计和生产自行研发、兼容 Windows 操作系统处理器的目标。AthlonⅡ于 2009 年推出，采用 45nm 制程的 K10 微架构。AthlonⅡ不设 L3 Cache，相应地提高了 L2 Cache 的容量，其对应的高端处理器是 Phenom Ⅱ。目前市场上在售的 Athlon Ⅱ处理器为 Athlon Ⅱ X4 系列的四核 64 位处理器，如图 5.21 所示，AMD 公司将其定位为“新速龙”，“新速龙”屏蔽了 GPU 单元，其内存控制器进一步得到了强化，在微处理器的低端市场具备较强的竞争力。

(a) 正面

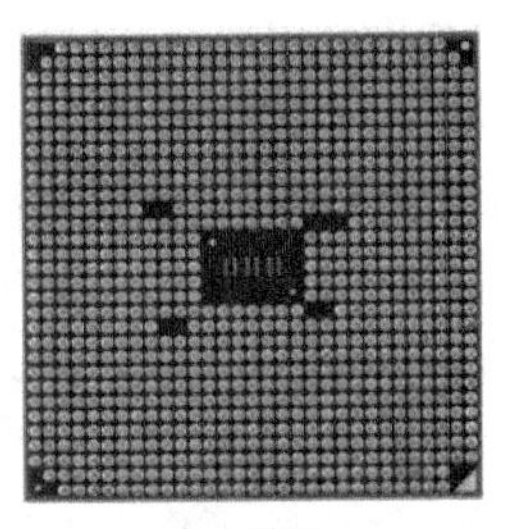

(b) 背面

图 5.21 Athlon Ⅱ X4 处理器

2006 年 10 月，AMD 公司在完成了对 ATI 公司的收购后，公布了产品代号为 Fusion 的开发计划，体现了公司融聚未来的理念。2011 年 1 月，AMD 推出了一款革命性的产品 AMD APU(Accelerated Processing Unit，加速处理器)，是 AMD Fusion 技术的首款产品。Fusion 系列的 APU 将多核处理器、支持 DX11 标准的强大独立显卡性能以及高速总线融合在一块单一的硅片上，协同结算、彼此加速，大幅提高计算机的运行效率，实现了 CPU 与 GPU 真正的融合。AMD 的 A 系列 APU 又分为 A10、A8、A6、A4 等多种子系列，其性能根据阿拉伯数字的大小进行区分，数字越大则性能越强，但价格也相应更高，如表 5.5 所示。

表 5.5 AMD 的 APU 系列处理器

APU 型号	A10-5800K	A10-5700	A8-5600K	A8-5500	A6-5400K	A4-5300	Athlon X4 750k	Athlon X4 740
AMD 显卡品牌	HD7660D	HD7660D	HD7560D	HD7560D	HD7540D	HD7480D		
功耗	100W	65W	100W	65W	65W	65W	100W	65W
GPU 核心数	384	384	256	256	192	128		
GPU 频率	800MHz	800MHz	760MHz	760MHz	760MHz	723MHz		
CPU 核心数	4	4	4	4	2	2	4	4
CPU 最高/基本频率	4.2/3.8GHz	4.0/3.4GHz	3.9/3.6GHz	3.7/3.2GHz	3.8/3.6GHz	3.6/3.4GHz	4.0/3.4GHz	3.7/3.2GHz
总缓存	4MB	4MB	4MB	4MB	1MB	1MB	4MB	4MB
最高 DDR3 内存支持	1866	1866	1866	1866	1866	1600	1866	1866
智能超频	是	是	是	是	是	是	是	是
不锁频	是	否	是	否	是	否	是	否

此外，AMD 还推出了 FX 系列的六核和八核处理器，主打处理器性能，可以同时处理多个密集型应用程序，定位于中高端，但需要用户额外配置显卡。AMD 公司的系列微处理器主要产品如表 5.6 所示。

表 5.6 AMD 系列微处理器

微处理器产品	产品状态	说　明
Am286	已停产	16 位微处理器
Am386、Am486、Am5x86、K5、K6、K6-2、K6-Ⅲ、Duron、Athlon、Athlon X2		32 位微处理器
Athlon X4、Sempron、Turion、Opteron、APU、FX	现有产品	32/64 位微处理器

3. ARM 处理器

严格来说，ARM 仅仅是一个公司的名字，但如今它却被公认为一类微处理器的统称。ARM 处理器是一类基于 RISC(精简指令集)微架构的嵌入式处理器，所有 ARM 处理器共享这一微架构，因而确保了开发者转向更高性能的 ARM 处理器时，软硬件高度兼容。

ARM 公司的总部在英国剑桥，成立于 1991 年，一开始大多数消费者并不熟知这家公司，但随着移动智能时代的到来，ARM 公司所设计的产品几乎被应用在全世界所有的智能手机或平板电脑上。ARM 公司并不像 Intel 公司那样直接将微处理器卖给消费者，而是将微处理器设计的基础技术以知识产权的形式向客户进行授权，合作伙伴在 ARM 的基础上集成自己的技术并推出各式芯片，ARM 获得授权费和版税。而产业链伙伴愿意选择 ARM 架构的原因则很大程度是因为 ARM 架构对移动智能设备的适配性，这些半导体公司不乏像微软、德州仪器、摩托罗拉、美国国家半导体公司、三星、苹果、索尼这样的知名企业。ARM 的成功与低功耗是分不开的，如果说一个智能手机只用半天就没电了，一个平板电脑一两个小时就要充电，那么这款产品的实用性就会大幅度降低。显然，这也正是 Intel 和 AMD 微处理器的大难题，而选择较低功耗的 ARM 处理器使得配置 ARM 芯片的移动设备的电池续航时间可以更长，ARM 这种"人民战争"的策略让自己伴随着移动智能设备的大潮迅速壮大起来。

ARM 主要做的是高效率、低功耗芯片(微处理器)架构的研究开发，通常两三年为一个周期，自 1990 年至今，ARM 架构已从 ARMv1 发展至 ARMv8，商品化的 ARM 系列处理器如图 5.22 所示。

图 5.22　ARM 处理器

ARM 公司在经典处理器 ARM11 以后的产品改名为 Cortex，并分为 A、R 和 M 三类，即：Cortex-A，Cortex-R，Cortex-M，分别用于高性能的开放应用平台、高端的实时嵌入式系统和嵌入式微控制器。其中，Cortex-A 系列应用型处理器是迄今为止应用最为广泛的处理器，从超低成本手机、智能手机、移动计算平台、数字电视到企业网络、打印机和服务器的解决方案。最近推出的 Cortex-A17 处理器，成熟的 Cortex-A15，被广泛运用的 Cortex-A9，以及高效率的 Cortex-A7 和 Cortex-A5 处理器都使用相同的 ARMv7-A 架构，因此完全共享应用程序的兼容性。此外，基于 ARMv8-A 架构的 Cortex-A72、Cortex-A57 和 Cortex-A53 处理器还支持 64 位计算，同时也能无缝混合运行现有的 32 位应用程序，体现出了 ARM 在平衡提升性能与降低功耗之间的技术优势。

5.3　内　　存

经过前面几章的学习，我们知道，内部存储器是计算机系统中仅次于 CPU 的重要部件之一，能够直接与 CPU 交换信息。本节主要讨论内存储器的物理结构、分类和性能参数等。

5.3.1 半导体存储器的分类

近代计算机的主存储器都是以半导体存储器为主要部件构成的，某些辅助存储器，如固态硬盘、U 盘和各类存储卡也是以半导体存储器为存储器件的。半导体存储器（Semiconductor Memory）是一种以半导体电路作为存储媒体的存储器。

半导体存储器按制造工艺可分为双极（Bipolar）型和单极（Unipole）型两大类。双极型存储器由 TTL 电路构成，其特点是工作速度快，集成度低、功耗大、价格偏高。单极型存储器由 MOS 管（也称为场效应晶体管）组成，其特点是集成度高、功耗低、价格便宜，但速度较双极型存储器慢。计算机中使用的各种 RAM 和 ROM 多为 MOS 型存储器，常见的 MOS 型存储器如图 5.23 所示。

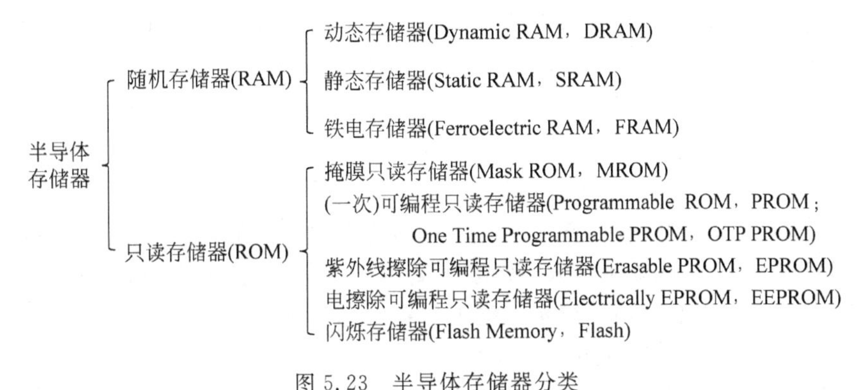

图 5.23 半导体存储器分类

半导体存储器按存取方式可分为随机存储器（Random Access Memory，RAM）和只读存储器（Read Only Memory，ROM）两大类。通过指令可以随时对 RAM 中的内容进行读写访问，而通常情况下只对 ROM 中的内容进行读访问，ROM 中的 EEPROM 和 Flash 存储器可通过指令进行擦除和重新写入操作。

RAM 可分为 SRAM、DRAM 和 FRAM 三种类型。SRAM（Static RAM，静态随机存储器）是靠双稳态电路的某一种稳定状态来存储二进制信息的，双稳态电路是一种平衡的电路结构，不管处于什么状态，只要不给它加入新的触发、不断电，它的这个稳定状态就将保持下去。SRAM 的特点是速度快、功耗低，但集成度较低、价格较高。DRAM（Dynamic RAM，动态随机存储器）是靠 MOS 电路中的栅极电容来存储二进制信息的，由于电容上的电荷会泄漏，需要定时给予补充，因此 DRAM 需要配置特殊的刷新电路。DRAM 的特点是集成度较高、价格较低，但速度较慢、功耗较高。由于 DRAM 和 SRAM 各自的特点，DRAM 用于制造大容量的存储器，而 SRAM 用于制造小容量的存储器以及高速存储器。FRAM 利用铁电晶体的铁电效应来实现数据存储，铁电晶体在自然状态下分为正、负两极。当在外加电场时，晶体中心原子在电场作用下运动，极性统一最终达到稳定状态；当电场撤除后，中心原子恢复原来的位置，因此能够保存数据。FRAM 的优点是速度快、功耗低、无须擦除即可反复写入。在计算机中，主内存为 DRAM，而 Cache 为 SRAM。

只读存储器 ROM 顾名思义是只读不写的存储器，它和 RAM 一样被做成单片结构，由于内容事先写好，所以电路相对简单，便于大规模集成。ROM 的最大特点是即使断电，已存的信息也不会丢失，它不仅用来存储信息，而且能实现任意组合的逻辑函数。ROM 可分为 MROM、PROM、EPROM、EEPROM 和 Flash。

MROM 中的数据是由集成电路制造厂家在制造掩膜板的同时将所存的信息编排在内。这种掩膜板是按照用户自己的要求而专门设计的。因此，MROM 制成后，数据就已经"固化"在里面了，用户不能再做任何修改，适合成熟的、大批量的应用场合。

PROM 属于可编程逻辑器件的范畴，它既可以用作微型计算机中存储程序和数据，也可以用作包括组合和时序电路在内的逻辑电路。PROM 的存储单元的利用率不高，工作速度一般较慢。PROM 中有行列式的熔丝，用户视需要利用电流将其烧断，写入所需的资料，但仅能写录一次。

EPROM 可反复多次擦除和写入数据，在需要经常修改 ROM 中内容的场合是一种比较理想的器件。EPROM 芯片封装时表面有一个石英玻璃透明窗口，通过紫外线擦除器中的紫外线照射芯片窗口而将整片数据擦除。写入数据前应将 EPROM 放入紫外线擦除器，用紫外线照射十几分钟就能完成擦除，然后使用编程器写入数据。存储有数据的芯片在阳光的影响和室内日光灯的照射下，经过三年时间可被擦除；若被太阳直射，约一个星期即可被擦除。所以在正常使用和储藏时，应在芯片窗口上贴上黑色的保护纸。

EEPROM 的擦除不需要借助其他设备，它是以电子信号来修改其内容的，以字节为最小修改单位，擦除时间为数毫秒，并且不必将资料全部洗掉就能再次写入。虽然 EEPROM 改用电信号擦除，但由于擦除和写入时需要加高电压脉冲，而且擦写的时间较长，所以在系统的正常工作状态下，EEPROM 仍然只能工作在它的读出状态。EEPROM 存储器的集成度不是太高，存储容量在 KB 量级。

Flash 存储器的操作性能与 EEPROM 没有本质区别，但 Flash 可以对称为"块"的存储单元进行擦写和再编程。任何 Flash 器件的写入操作只能在空或已擦除的单元内执行，所以大多数情况下，在进行写入操作之前必须先执行擦除。根据 Flash 存储器的制作技术，可分为 NOR Flash 和 NAND Flash 两大类。Intel 于 1988 年首先开发出 NOR Flash 技术，紧接着，1989 年，东芝公司发表了 NAND Flash 结构，尽管从它们出现到现在已经过了二十几年的时间，但仍然有相当多的硬件工程师分不清 NOR 和 NAND 闪存。就应用来说，NOR Flash 一般只用来存储少量的代码，其特点是应用简单、无须专门的接口电路、传输效率高，但很低的写入和擦除速度大大影响了它的性能。NAND Flash 能提供极高的单元密度，可以达到高存储密度，并且写入和擦除的速度也很快。另外，NAND Flash 可以在给定的模具尺寸内提供更高的容量，从而相应地降低了价格。

需要强调的是，不管是 NOR 还是 NAND 闪存，其擦写次数都是有限的，所以对于用户来说，应该定期对移动存储介质内的数据进行备份。

5.3.2 内存的基本技术参数

1. 存储容量

存储器可以容纳的二进制信息量称为存储容量。存储容量既是影响存储器价格的因素，也是影响整机系统性能的因素。存储容量的大小习惯以字节为单位，常用的有 B(Byte)、KB(KByte)、MB(MByte)、GB(GByte)、TB(TByte)等，其中，1TB＝1024GB＝1024×1024MB＝1024×1024×1024KB＝2^{40}B。目前，计算机的内存容量在 GB 量级，而硬盘容量达到了 TB 量级。

2. 存取时间

存取时间指的是 CPU 读或写内存内数据的过程。以读取为例,从 CPU 发出指令给内存时,便会要求内存取用特定地址的数据,内存响应 CPU 后便会将 CPU 所需要的数据送给 CPU,一直到 CPU 收到数据为止,便成为一个读取的流程。

3. 频率

内存的主频和 CPU 的主频一样,习惯上被用来表示内存的速度,它代表着该内存所能达到的最高工作频率。内存主频越高在一定程度上代表着内存所能达到的速度越快。内存的主频决定着该内存最高能在什么样的频率正常工作。实际上,内存无法决定自身的工作频率,因为在内存上没有配置时钟发生器,内存工作时的时钟信号是由主板芯片组的北桥或直接由主板的时钟发生器提供的。

内存的频率以 MHz 为单位来计量,PC 上所能达到的内存频率有 266MHz、333MHz、400MHz、533MHz、800MHz、1066MHz、1333MHz、1600MHz、1866MHz、2133MHz、2400MHz、2666MHz、2800MHz 等。需要注意的是,内存的实际工作频率与标称的频率并不一定相同,工作频率是内存颗粒实际的工作频率,但是由于 DDR 内存可以在脉冲的上升和下降沿都传输数据,因此传输数据的等效频率是工作频率的两倍。当然,购买内存也不是频率越高越好,这要取决于主板支持的内存类型。如果内存条的频率高于主板支持的频率,则计算机系统会自动降低内存条的运行频率。此外,不同频率的内存是可以一起使用的,只不过高频的内存条会自动降频至低频工作。

4. SPD 芯片

SPD(Serial Presence Detect,模组存在的串行检测)是识别内存的一个重要芯片,它用 EEPROM 存储了内存模组的配置信息,如电压、行地址/列地址数量、位宽、操作时序、产品序列号、生产厂商等。当计算机开机时,SPD 芯片会将内存模块大小、数据宽度、速度、电压等信息告诉 BIOS,BIOS 使用这些信息来合理配置内存以达到最好的可靠性和稳定性。因此,如果 SPD 内的参数值设置得不合理,不但不能起到优化内存的作用,反而还会引起系统工作不稳定,甚至死机。

同主板的 BIOS 一样,SPD 是可以刷新的。当同时使用两条 SPD 信息不一致的内存时就可能导致兼容性的问题。这时需要刷新内存的 SPD 信息,调整合适的 SPD 值以确保最佳的性能和兼容性。刷新 SPD 参数必须保证源 SPD 参数的内存条与目标内存条所使用的内存颗粒较为接近,否则可能导致刷新后的内存条工作不稳定甚至无法工作。SPD 芯片一般位于内存条的正面,如图 5.24 所示。

图 5.24　内存条上的 SPD 芯片

5.3.3 随机存储器

随机存储器(RAM)又称为随机存取存储器，它可以随时读写，而且速度很快，但保存的数据具有易失性，即电源关闭数据自动消失，因此RAM通常作为操作系统或其他正在运行中的程序的临时数据存储媒介。下面主要详细介绍静态随机存储器(SRAM)和动态随机存储器(DRAM)。

1. SRAM

SRAM是一种具有静止存取功能的内存，它依靠晶体管来存储数据，不需要刷新充电即能够保存它内部存储的数据，因此SRAM具有较高的性能，较低的功耗，但是SRAM也有它的缺点，即它的集成度较低，相同容量的DRAM内存可以设计为较小的体积，但是SRAM却需要很大的体积。同样面积的硅片可以作出更大容量的DRAM，因此SRAM成本更加昂贵。在计算机系统中，SRAM主要用于高速缓存。

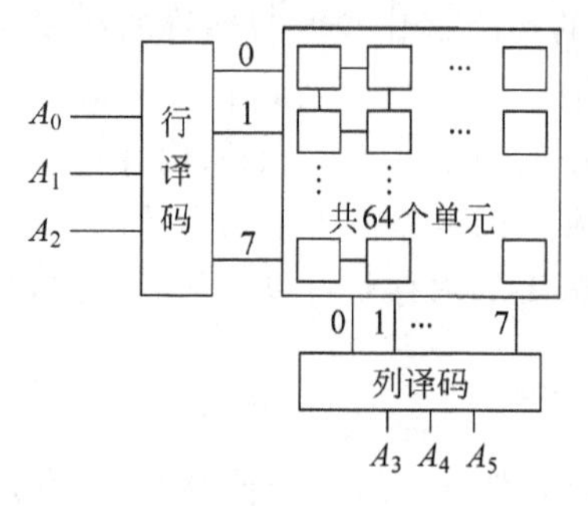

图 5.25　SRAM的结构框图

SRAM主要由存储阵列和外围电路组成，其中，存储阵列是SRAM的核心，它由存储单元按行和列排列起来，如图5.25所示。存储阵列中同一行的单元有一根公共的水平连线，叫作“字线”；同一列的单元有一根垂直连线，叫作“位线”。在SRAM中，排成矩阵形式的存储单元阵列的周围是译码器和与外部信号连接的接口电路。译码器是由一系列的与非门或者或非门组成，其在SRAM中所占面积仅次于存储单元阵列。存储器的地址分为行地址和列地址，译码器也相应地分为行译码器和列译码器。在译码过程中，首先由行译码器选中一条字线，然后由列译码器选中一条位线，由字线和位线确定唯一要访问的单元。因此，SRAM可以方便地对每一个单元进行读写操作。

2. DRAM

DRAM的基本存储单元为单管动态存储单元，存放信息靠的是电容器。当电容器有电荷时为逻辑“1”，没有电荷时为逻辑“0”。但由于任何电容都存在漏电性，因此在电容存有电荷时，过一段时间由于电容的放电过程导致电荷流失，信息也会随之丢失。解决的办法被称为“刷新”，即每隔一定的时间(一般为ms量级)为电容补充电荷。

DRAM的结构简单高效，被广泛用于计算机的内存。在早期计算机中，DRAM芯片被直接焊接在主板上充当内存，此方法一直沿用到286初期。由于采用焊接的方法不便于拆卸和更换存储器芯片，因此内存条便应运而生了。内存条由若干数量的存储器芯片组成通用标准模块，将这些内存芯片焊接在印制电路板上，而计算机主板上也改用内存插槽，这样就把内存难以安装和更换的问题彻底解决了。

在80286主板刚推出的时候，内存条采用的是30线的SIMM(Single In-lineMemory Modules，单边接触内存模组)接口，容量为256kb，如图5.26所示。自1982年PC进入民用市场一直到现在，搭配80286处理器的30pin SIMM内存是内存领域的开山鼻祖。

图 5.26　30线的SIMM内存条

随后，在 1988—1990 年当中，PC 技术迎来另一个发展高峰，也就是 386 和 486 时代，此时微处理器已经向 32 位发展，所以 30pin SIMM 内存再也无法满足需求，此时 72pin SIMM 内存出现了，容量也升到了 512KB ～2MB，如图 5.27 所示。72pin SIMM 一直沿用至早期 Pentium 计算机上。

EDO DRAM(Extended Date Out DRAM，外扩充数据模式存储器)内存，这是 1991—1995 年之间盛行的内存条，EDO DRAM 速度要比普通 DRAM 快 15%～30%，主要应用在当时的 486 及早期的 Pentium 计算机上。EDO DRAM 有 72 pin 和 168 pin 并存的情况，内存的容量达到了 4～16MB。

图 5.27　72 线的 SIMM 内存条

自 Intel Celeron 系列、AMD K6 处理器以及相关的主板芯片组推出后，EDO DRAM 内存性能再也无法满足需要了，内存技术必须彻底得到个革新才能满足新一代 CPU 架构的需求，此时内存开始进入了比较经典的 SDRAM(Synchronous DRAM，同步 DRAM)时代。

3. SDRAM 系列内存条

随着微处理器的主频不断提高，前端总线频率已经远远超过了 66MHz，因此要求内存条也能在 66MHz 以上工作，这就出现了 SDRAM 内存条(全称为 SDR SDRAM，Single Data Rate SDRAM，单数据传输率同步动态随机存储器)。SDRAM 内存条可以与微处理器共享一个时钟，以相同的速率同步工作，大大提高了计算机系统的性能。第一代 SDRAM 内存为 PC66 规范，即内存主频为 66MHz，后来又发展到了 100MHz、133MHz，尽管没能彻底解决内存带宽的瓶颈问题，但此时 CPU 超频已经成为 DIY 用户永恒的话题，所以不少用户将 PC100 内存超频到 133MHz 使用以获得 CPU 超频成功。SDRAM 内存条通常为 168 线的 DIMM 和 144 线的 SO-DIMM，如图 5.28 所示，前者用于台式计算机，后者用于笔记本计算机。

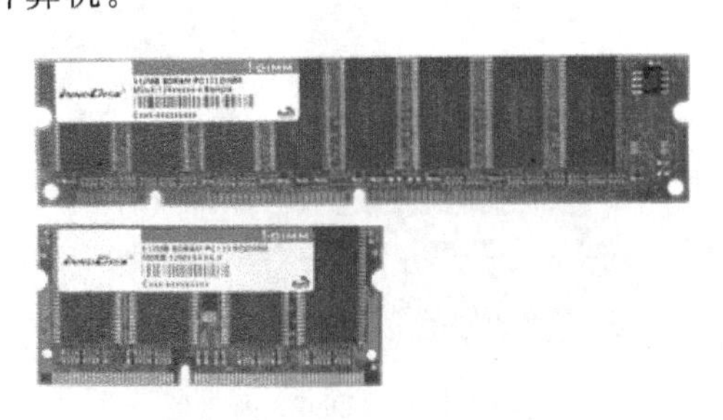

图 5.28　SDRAM 内存条

SDRAM 的升级版本就是 DDR 内存(全称是 DDR SDRAM，Double Data Rate SDRAM，双倍速率同步动态随机存储器)。在 SDRAM 内存条中，存储器芯片存储矩阵的工作频率(称为内核频率)、数据传输速率和时钟频率完全相同，但由于 DDR 在时钟信号上升沿和下降沿各传输一次数据，即所谓的“2 位预取(2-bit Prefetch)技术”，这使得内核频率仅为数据传输速率的一半，因此，DDR 的数据传输速度是传统 SDRAM 的两倍。DDR 内存是作为一种在性能与成本之间折中的解决方案，其目的是迅速建立起牢固的市场空间，继而一步步在频率上高歌猛进，最终弥补内存带宽上的不足。DDR 内存条通常为 184 线的 DIMM、172 线的 Micro-DIMM 和 200 线的 SO-DIMM，前者用于台式计算机，后两者用于笔记本计算机。

DDR2 与 DDR 内存条不同的是，虽然同样采用时钟上升沿和下降沿触发数据传输的方式，但 DDR2 内存条却拥有两倍于 DDR 内存条的预取能力，即 4 位预取技术，所以 DDR2 内存条能够以 4 倍于内核频率进行数据的读或写。同样，DDR3 内存采用了 8 位预取技术，内核频率只有数据传输速率的1/8,如图5.29所示,DDR3比DDR2有更低的工作电压,从DDR2的1.8V降到1.5V,性能更好更为省电。DDR3是目前市场主流内存产品,通常为240线的DIMM、204线的SO-DIMM和214线的Micro-DIMM,如图5.30所示,前者用于台式计算机,后两者用于笔记本计算机。

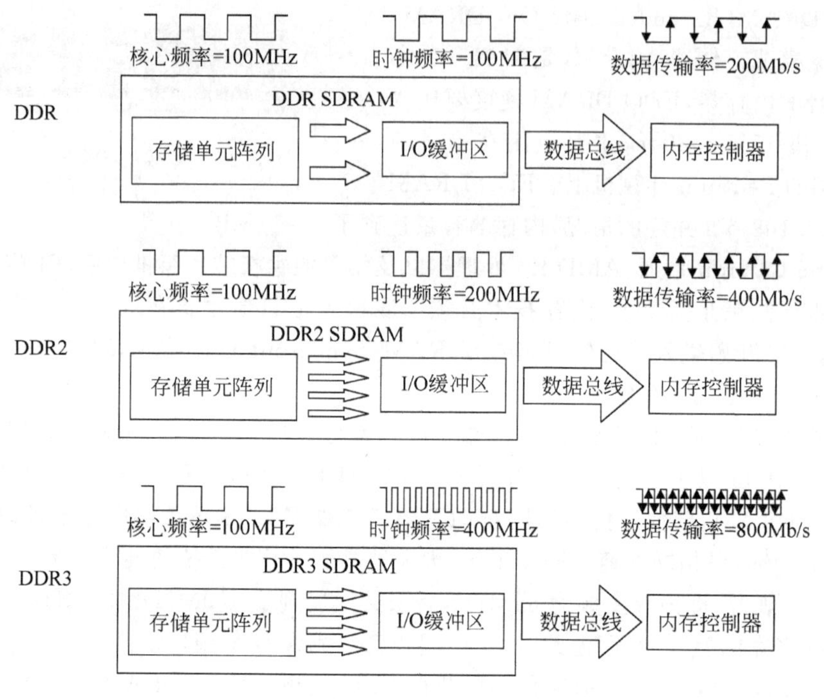

图5.29　DDR系列内存条的工作原理

DDR3内存从2007年服役以来,至今已经走过了近十个年头,相比于微处理器的更新换代步伐来说,内存发展可谓相当缓慢。不过好在2014年底,各大厂商纷纷上架了DDR4内存产品,预示着DDR3时代即将终结。DDR4内存的频率已经飙升到了4300MHz大关,每个针脚都可以提供2Gb/s(256MB/s)的带宽,工作电压降到了1.2V,单条内存的容量最大可以达到目前产品的8倍之多,过渡到DDR4时代已经是不可阻挡的趋势。

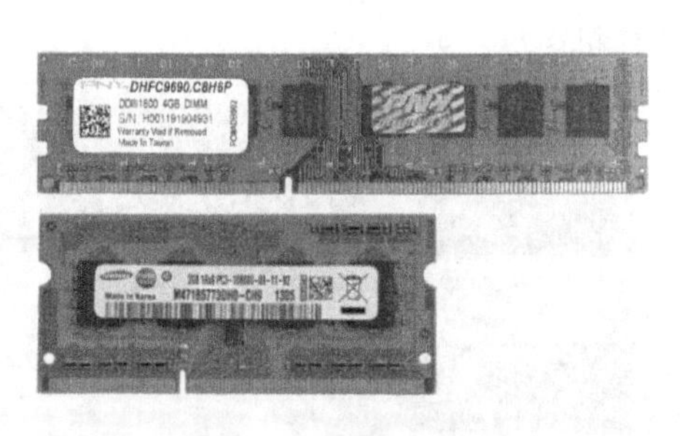

图5.30　DDR3内存条

5.4　外　　存

5.4.1　硬盘

硬盘(Hard Disk Drive,HDD)为计算机提供大容量的、可靠的、高速的外部存储手段。硬盘在访问速度、可靠性、单位容量成本、技术成熟性等方面和其他外部存储器系统相比较最优,所以成为目前计算机中使用最为普遍的外部存储设备。

硬盘是IBM公司于1956年研制成功的，随后在1980年，两位前IBM员工创立的公司开发出了5.25英寸规格的硬盘，这是首款面向台式PC的产品，硬盘的外部尺寸也由此开始标准化，而这家公司正是现在大名鼎鼎的希捷(Seagate)公司。

从5.25英寸硬盘开始，由于制造技术的不断进步，硬盘的外形尺寸开始逐步减小，目前3.5英寸硬盘使用最为普遍，成为台式计算机的标准尺寸硬盘。使用在笔记本计算机中的硬盘一般为2.5英寸和1.8英寸标准，另外，在固态硬盘推出之后，硬盘有了更多种的尺寸。

1. 机械硬盘及其结构

硬盘分为机械硬盘、固态硬盘和混合硬盘三大类。其中，机械硬盘是目前使用最广泛的硬盘种类，它根据电、磁转换的原理来实现存储数据。机械硬盘的外部结构包含正反两面，正面贴有硬盘的标签，标签上一般都标注着产品型号、产地、出厂日期、产品序列号、跳线等信息。而在硬盘的背面则是裸露的控制电路板以及与主机连接的数据和电源接口。机械硬盘的内部结构主要由主轴电机驱动机构、磁盘、磁头组件、磁头传动机构等几个部分组成，如图5.31所示。

图5.31　机械硬盘的内部结构

一块硬盘存取数据的工作完全都是依靠磁头来进行的，磁头在传动机构的驱动下沿盘片径向移动，可以定位到盘片的任一个磁道上，实现对整个盘片的读写。可以说，磁头就是硬盘读写的“笔尖”，而与之相对应，盘片自然就是这“笔”下的“纸”。盘片是硬盘存储数据的媒介，在盘片上密集分布着存储数据的同心圆磁道，当磁头静止不动时，通过盘片旋转即可在一个磁道上读取或写入数据。机械硬盘通常有多个盘片，相互间隔的同轴堆叠，盘片的两个面均用来存储数据。磁头与盘面是一一对应的，每一个盘面有一个磁头，所有的磁头安装在一个公共的传动设备或支架上，所有磁头一致地沿盘面径向移动，某个磁头不能单独移动。

在正常情况下，机械硬盘的磁头不接触盘面。当驱动器正在运转时，非常薄的空气垫层使每个磁头悬浮在盘片之上或之下一个很小的距离上，这就是阻尼效应。当断电时，盘片停止旋转，磁头会“着陆”在盘片上。如果空气垫层受到灰层颗粒或震动的干扰，磁头可能会触及全速旋转的盘片，轻则造成盘片的部分区域无法读写，重则整个硬盘报废。

此外，机械硬盘的盘片还有磁道、扇区和柱面之分，如图5.32所示。磁道是以盘片中心为圆心，以一定半径划分出的同心圆，它是磁头在磁盘表面运动的圆形轨迹，磁盘上的信息便是沿着这样的轨道存放的。相邻磁道之间并不是紧挨着的，这是因为磁化单元相隔太近时磁性会相互影响，同时也为磁头的读写带来困难。另外，如果按照磁道来分配磁盘空间，从数据管理效率来看就太大了。因此，磁道又被分成若干编上号的圆弧段，称为扇区(Sector)，扇区是磁盘的最小访问单位。为了充分利用磁盘的存储能力，每个磁道上的扇区数目并不相同，通常离圆心越远的磁道扇区数目越多。整个磁盘的各个盘面的同一编号的磁道集合叫柱面(Cylinder)，显然，磁盘的柱面数与一个盘面上的磁道数是相等的。磁头或柱面的编号从 0 开始，由于历史原因，0 号磁道和柱面位于盘片的最外端，而扇区的编号从 1 开始。

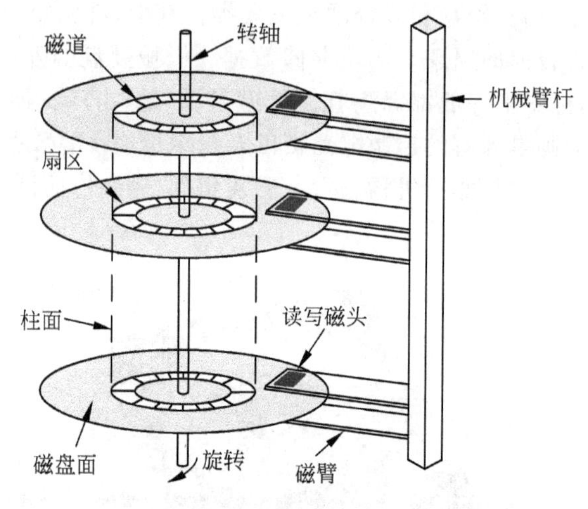

图 5.32 机械硬盘的数据组织

2. 固态硬盘

固态硬盘(Solid State Drives)是用固态电子存储芯片阵列而制成的硬盘，由控制单元和存储单元(Flash 芯片、DRAM 芯片)组成。固态硬盘在接口的规范和定义、功能及使用方法上与普通硬盘的完全相同，被广泛应用于军事、车载、工控、视频监控、网络监控、网络终端、电力、医疗、航空、导航设备等领域。

基于闪存的固态硬盘采用 Flash 芯片作为存储介质，它的外观可以被制作成多种模样，主体是在一块 PCB 板上集成了控制芯片，缓存芯片和用于存储数据的闪存芯片，如图 5.33 所示，主控芯片是固态硬盘的大脑，其作用一是合理调配数据在各个闪存芯片上的负荷，二则是承担了整个数据中转，连接闪存芯片和外部 SATA 接口。不同的主控之间能力相差非

图 5.33 固态硬盘的内部结构

常大，在数据处理能力、算法，对闪存芯片的读取/写入控制上会有非常大的不同，直接会导致固态硬盘产品在性能上差距高达数十倍。固态硬盘最大的优点就是可以移动，而且数据保护不受电源控制，能适应于各种环境，适合于个人用户使用。一般它擦写次数为3000次左右，以常用的64GB为例，在SSD的平衡写入机理下，可擦写的总数据量为64GB×3000＝192 000GB，假如每天写入的数据在10GB左右，可以不间断地用52.5年。

固态硬盘具有传统机械硬盘不具备的优点。

(1) 读写速度快：采用闪存作为存储介质，读取速度相对机械硬盘更快。

(2) 防震抗摔性强：固态硬盘使用闪存颗粒，内部不存在任何机械部件，这样即使在高速移动甚至伴随翻转倾斜的情况下也不会影响到正常使用，而且在发生碰撞和震荡时能够将数据丢失的可能性降到最小。

(3) 低功耗：固态硬盘的功耗要低于传统硬盘。

(4) 无噪音：固态硬盘没有机械马达和风扇，工作时噪声值为0分贝。

(5) 工作温度范围大：典型的机械硬盘驱动器只能在5～55℃范围内工作。而大多数固态硬盘可在－10～70℃工作。

(6) 轻便：体积小、重量轻。

固态硬盘的缺点也很明显。

(1) 售价高：截至2015年，市场上的1TB固态硬盘产品的价格大约三千元人民币左右，是同等容量传统机械硬盘的10倍。

(2) 芯片品质参差不齐：同一款SSD产品，视容量大小里面会有4～16个闪存芯片，消费者不可能知道闪存芯片的品质是否均匀，芯片数量越多意味着出错几率越大，一块劣质的芯片损坏虽不至于全盘皆灭，但如果恰好这个位置储存了重要资料，也将造成不可逆的损失。

(3) 数据丢失不可恢复：传统机械硬盘的数据恢复技术已经相当成熟，即便是硬盘已经损坏，仍可以通过专业工具读取磁层柱面信息来恢复。但是固态硬盘不同，数据被零散地分散在各个闪存之中，而删除文件时也不是像机械硬盘那样仅删除文件的索引，而是全部删除，要从删除或损坏后的闪存芯片中恢复数据，从目前来讲难度极大。

3. 硬盘的性能指标

1) 容量

容量是硬盘最重要的参数，硬盘容量的发展过程可以看作是硬盘存储密度的不断进步，表现在外部指标上就是磁盘容量的不断提高。世界上第一块PC用的硬盘只有几兆字节容量，目前的硬盘容量已经进入了百万兆字节容量时代，图5.34显示了硬盘容量发展的过程和趋势。

此外，机械硬盘容量的指标还包括硬盘的单碟容量，即单张盘片的容量，单碟容量越大，单位成本越低，平均访问时间也越短。

2) 转速

转速是机械硬盘内电机主轴的旋转速度，也就是硬盘盘片在一分钟内所能完成的最大转数。转速的快慢是标示硬盘性能的重要参数之一，在很大程度上影响到硬盘的速度。硬盘的转速越快，硬盘寻找文件的速度也就越快。硬盘转速以每分钟多少转来表示，单位为RPM，即转/分钟。目前的转速标准有5400RPM、7200RPM、10 000RPM、15 000RPM等。

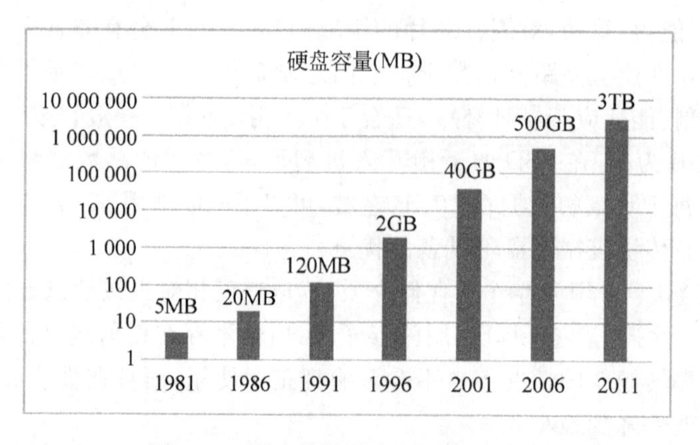

图 5.34　硬盘容量的发展过程和趋势

3）平均访问时间

平均访问时间是指磁头从起始位置到达目标磁道位置，并且从目标磁道上找到要读写的数据扇区所需的时间。平均访问时间体现了硬盘的读写速度，它包括硬盘的寻道时间和等待时间，即：平均访问时间＝平均寻道时间＋平均等待时间。平均访问时间当然越小越好，目前以毫秒为量级。

4）传输速率

硬盘的数据传输率是指硬盘读写数据的速度，单位为兆字节每秒(MB/s)。经常提到的硬盘数据传输率有多个，包括接口标称传输速率、媒体传输速率、突发传输速率等。其中，媒体传输速率是真正的从磁盘上读取数据的速率，它反映的是从磁盘盘片上读取数据的快慢程度，是磁盘持续的传输数据希望达到的最大速率。

5）缓存

缓存是硬盘控制器上的一块内存芯片，具有极快的存取速度，它是硬盘内部存储和外界接口之间的缓冲器。由于硬盘的内部数据传输速度和外部媒介传输速度不同，缓存在其中起到一个缓冲的作用。缓存的大小与速度是直接关系到硬盘的传输速度的重要因素，能够大幅度地提高硬盘整体性能。当硬盘存取零碎数据时需要不断地在硬盘与内存之间交换数据，有大缓存，则可以将那些零碎数据暂存在缓存中，减小外系统的负荷，也提高了数据的传输速度。

4. 磁盘分区

分区和格式化是针对硬盘的操作，是在硬盘使用之前必需的操作。分区是一个硬盘驱动器可安装多个操作系统，或者允许一个操作系统将磁盘空间分为多个卷或逻辑驱动器。

分区是将一个硬盘驱动器的存储空间分割成多个独立的空间的操作，同时被分割出来的独立空间也被称为分区，也称为“卷”或“逻辑盘”。在不考虑安装多个操作系统的情况下，将一个硬盘驱动器分成多个卷有利于实现磁盘空间的合理利用和文件的分类存储管理。

硬盘可以最多拥有 4 个主分区，但扩展分区只能存在一个。扩展分区可以再被划分为多个逻辑分区。一般来说，可以将操作系统安装在第一个主分区，通过操作系统下的磁盘管理工具可以看到系统中的磁盘驱动器的分区情况。

对一块全新的磁盘进行分区操作或改变一块已经分区磁盘的分区状态需要一些磁盘工具软件。这些软件包括 PartitionMagic、Partition Manager 和 DiskGenius 等，这些工具软件都可以在图示界面下实现分区管理和格式化，如图 5.35 所示。由于在对磁盘驱动器进行分区操作时可能并没有操作系统环境，有些磁盘工具软件是在具备启动功能的光盘上，可以不依赖于操作系统运行。

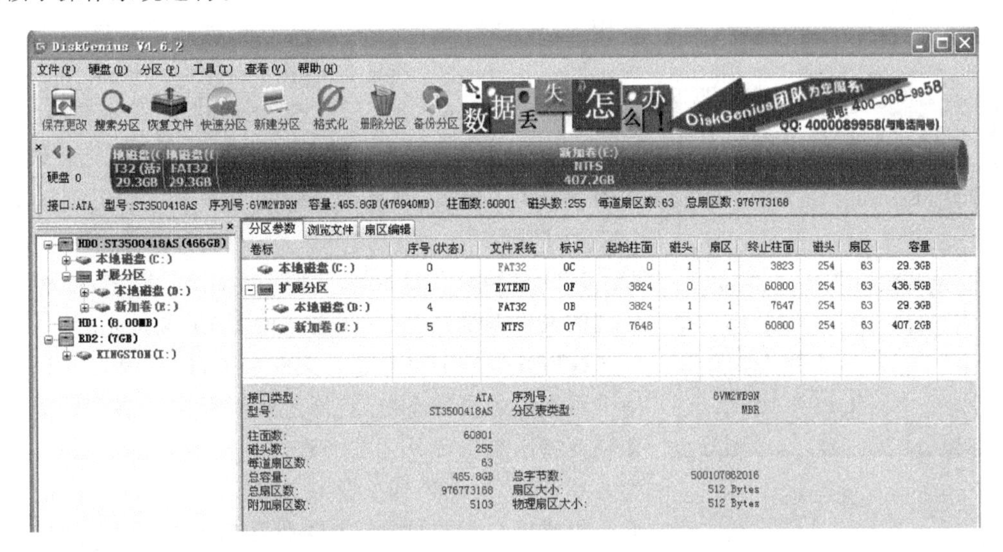

图 5.35　磁盘分区软件 DiskGenius 的操作界面

磁盘驱动器的分区信息被记录在磁盘的第一个扇区，这个扇区就是主引导记录(Master Boot Record，MBR)。主引导记录由 512B 构成，其柱面、磁头和扇区编号是 0、0 和 1。其主要内容包括两部分：第一部分是启动代码，用于引导操作系统。第二部分就是 64 个字节的分区信息表，每一个分区信息占用 16 个字节。需要强调的是，硬盘分区后必须激活主引导分区，否则系统将无法正常启动。激活主引导分区可以在主分区划分完毕之后进行，也可以在所有的分区划分完毕之后激活。

磁盘分区与操作系统无关，而格式化与操作系统有关，因为不同的操作系统支持不同的文件系统，格式化的主要目的之一就是按照某一特定文件系统对分区进行初始化。

5. 文件系统

计算机的文件系统是存储和组织计算机文件和数据的方法，它使得对其访问和查找变得容易。它将存储设备中的空间划分为特定大小的块(扇区)，一般每块 512B。数据存储在这些块中，由文件系统软件负责将这些块组织为文件和目录，并记录哪些块被分配给了哪个文件，以及哪些块没有被使用。下面介绍 Windows 操作系统支持的文件系统。

1) FAT

FAT(File Allocation Table)即文件配置表，也被称为 FAT16，是一种由微软发明并拥有部分专利的文件系统。考虑当时计算机性能有限，所以 DOS 和各版本的 Windows 都支持 FAT，从而适合用作不同操作系统中的数据交流。早期的 FAT 仅支持最长 11 个字符的文件名，在 Windows 9x 以及以后版本支持最长为 255 个字符的文件名。FAT 将磁盘分区分为三个区域，即文件分配表、根目录区和文件数据区。前两个区很小，而文件数据区存放文件内容，该区域占据磁盘分区的绝大部分空间。文件数据区被划分为很多小空间单位——簇，以“簇”作为分区空间分配的最小单位，一个簇由多个扇区组成。簇的大小是可以改变的，如图 5.36 所示，最大值为 64KB，最小值为 512 字节，默认值为 4KB。

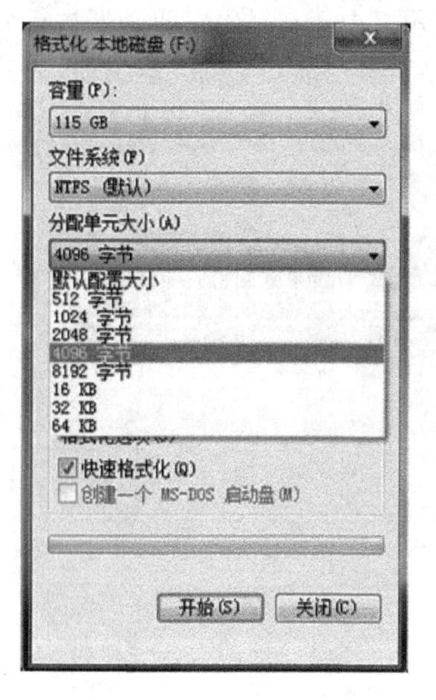

图 5.36 查看簇的大小

2) FAT32

FAT32(32 位 FAT)是继 FAT 之后的文件系统,在 Windows 95 操作系统开始使用。与 FAT 相比,FAT32 采用 32 位的文件分配表,使其对磁盘的管理能力大大增强。FAT32 每个簇容量最小达到 4KB,从而减少了磁盘的浪费。Windows XP 操作系统能够读写任何大小的 FAT32 文件系统,但是系统中的格式化程序只能支持最大为 32GB 的分区,而单个文件的最大尺寸也仅为 4GB。

3) NTFS

NTFS(New Technology File System)是 Windows NT 环境的文件系统,它取代了老式的 FAT 文件系统。

NTFS 是一个更可靠的文件系统,这是因为 NTFS 是一个可恢复的文件系统,它通过使用标准的事务处理日志和恢复技术来保证分区的一致性。在 NTFS 分区上,可以为共享资源、文件夹或文件设置访问许可权限,包括允许哪些组或用户对文件夹、文件和共享资源进行访问,以及获得访问许可的组或用户可以进行什么级别的访问。访问许可权限的设置不仅适合于本地计算机的用户,也适用于通过网络的共享文件夹对文件进行访问的网络用户。

NTFS 支持分区、文件夹和文件的压缩,任何基于 Windows 的应用程序对 NTFS 分区上的压缩文件进行读写时不需要事先由其他程序进行解压缩,当文件进行读取时,文件将自动进行解压缩,而文件关闭或保存时会自动对文件进行压缩。

NTFS 的磁盘空间管理更有效,当分区的大小在 2GB 以下时,簇的容量都比相应的 FAT32 簇小,可以比 FAT32 更有效地利用磁盘空间。而 NTFS 的最大文件尺寸为 16TB,远远大于 FAT32 所支持的 4GB,这在存放高分辨率视频文件时几乎没有限制。

4) exFAT

exFAT(extend FAT)是特别为半导体存储器构成的外存储器系统设计的文件系统。由于 NTFS 文件系统每次操作都需要写日志文件,这就需要对存储日志文件的单元频繁的读写操作,对于擦写次数有限的闪存设备来说会造成一定的损伤,所以 NTFS 不适合用于 U 盘等外存储设备。另一方面,FAT32 最大文件限制为 4GB 也限制了很多大容量的媒体文件在移动设备上的传输。而 exFAT 正是基于以上两个主要原因所产生的。

exFAT 的主要技术参数包括最大分区容量为 256TB,最大文件尺寸为 2^{64} 字节(16EB),这在当前可以认为是没有限制的。

5.4.2 光盘

光盘是以光信息作为存储的载体并用来存储数据的一种物品。光盘利用激光原理进行读、写,可以存放文字、声音、图形图像和动画等多媒体数字信息。光盘属于可更换存储媒体的外存储系统,而不像硬盘那样盘片固定在驱动器中。同其他存储器相比,光盘具有存储密度高、数据保存时间长、价格低廉等特点,因此目前具有不可替代的作用。

1. 光盘的类型

目前在计算机中使用的光盘是CD、DVD和蓝光光盘三大类。光盘存储都是在相同尺寸的圆形光盘盘片上采用螺旋线方式密集的排列存储轨迹，三种标准所不同的是沿轨迹的信息线密度和轨迹密度相差很大，三种技术的基本参数如表5.7所示。在实际应用中，读取和烧录CD、DVD、蓝光光盘的激光是不同的，光盘片的记录密度受限于读出的光点大小，所以光盘的容量与激光光束的波长密切相关。

表5.7 CD、DVD和BD的比较

	CD	DVD	BD
激光波长	780nm	650nm 红色激光	405nm 蓝色激光
轨道间距	1.6μm	0.74μm	0.32μm
凹陷长度	最小0.8μm	最小0.4μm	最小0.15μm
数据容量	700MB	4.7GB/双层8.5GB	25GB/双层50GB

光盘上的数据沿轨道存放，在轨道上有凹陷，当激光光束照射到轨迹上时，凹陷和平面的反射不同，从而可以解调出二进制数字信息。光盘轨迹和凹陷如图5.37所示，从微观上可以比较出DVD与CD盘片容量的差别。

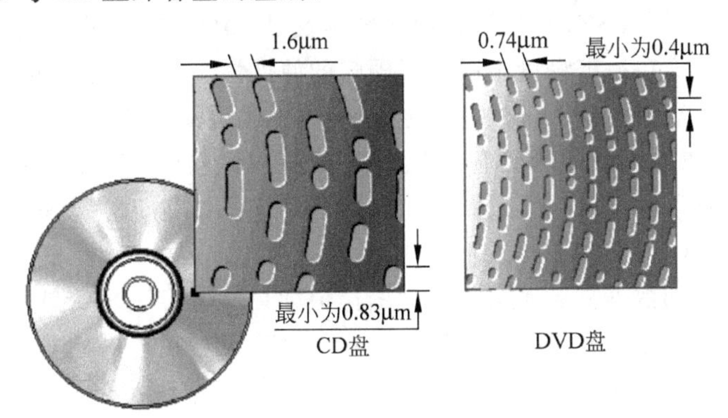

图5.37 CD和DVD的轨道和凹陷尺寸

2. 光盘驱动器

光盘驱动器是一个结合了光学、机械以及电子技术的产品，是读写光盘的设备，在目前的计算机系统上几乎是必不可少的。随着光盘标准的发展，光盘驱动器的类型也从最初的CD-ROM驱动器发展到各种CD、DVD和BD驱动器。

光驱的核心结构是激光头，如图5.38所示，它主要负责数据的读写工作。激光头可以产生一定波长的光束，经过处理后光束更集中且能精确地侦测到光盘中的细密资料。光束首先打在光盘上，再由光盘反射回来，经过光检测器捕获信号。检测器所得到的信息只是光盘上数据的排列方式，驱动器中有专门的部件把它转换并进行校验，然后才能得到实际的数据。光盘在光驱中高速旋转，激光头在伺服电机的控制下前后

图5.38 光驱的激光头

移动读取数据。

在激光头读取数据的整个过程中，寻迹和聚焦直接影响到光驱的纠错能力以及稳定性。寻迹就是保持激光头能够始终准确地对准数据的轨道。当激光束正好与轨道重合时，寻迹误差信号为 0，否则寻迹信号就可能为正数或负数，激光头会根据寻迹信号对姿态进行适当的调整。而所谓聚焦，就是指激光头能够精确地将光束达到盘片上并接收到最强的信号。当激光束从盘片反射回来时会同时打到多个光电二极管上，它们将信号叠加并最终形成聚焦信号。如果聚焦不准确，驱动器会矫正激光头的位置。聚焦和寻迹是激光头工作时最重要的两项性能，我们所说的读盘好的光驱都是在这两方面性能优秀的产品。

5.4.3 移动存储器

1. 移动硬盘

移动硬盘是以硬盘为存储介质，在计算机之间交换大容量数据，强调便携性地存储产品。市场上绝大多数的移动硬盘都是以标准硬盘为基础的，而只有很少部分的是以微型硬盘(1.8 英寸硬盘等)为基础。因为采用硬盘为存储介质，因此移动硬盘在数据的读写模式与标准 IDE 硬盘是相同的。移动硬盘多采用 USB、eSATA 等传输速度较快的接口实现“即插即用”，以较高的速度与系统进行数据传输。

大容量硬盘尤其是台式计算机硬盘由于转速高达 5400 转/分钟甚至更高，往往需要充足的电源保障供电，这在一定程度上限制了硬盘的便携性。另外，有不少劣质台式计算机主板的机箱前置 USB 端口容易出现供电不足情况，这样也会造成移动硬盘无法被操作系统正常发现的故障。在供电不足的情况下就需要给移动硬盘进行独立供电，因此部分移动硬盘都设计了直流电插口以解决这个问题。对于笔记本来说，2.5 英寸 USB 移动硬盘工作时，硬盘和数据接口由 USB 接口供电。USB 接口可提供 0.5A 电流，而笔记本硬盘的工作电流为 0.7～1A，一般的数据复制不会出现问题。但如果硬盘容量较大或移动文件较大时很容易出现供电不足，而且若 USB 接口同时给多个 USB 设备供电时也容易出现供电不足的现象，造成数据丢失甚至硬盘损坏。为加强供电，有的 2.5 英寸 USB 移动硬盘会提供两个 USB 接口。

2. U 盘

U 盘，全称 USB 闪存盘，英文名“USB Flash Disk”。它是一种使用 USB 接口的无须物理驱动器的微型高容量移动存储产品，通过 USB 接口与计算机连接，实现即插即用。U 盘的称呼最早来源于朗科科技生产的一种新型存储设备，名曰“优盘”，使用 USB 接口进行连接。U 盘连接到计算机的 USB 接口后，U 盘的资料可与计算机交换。而之后生产的类似技术的设备由于朗科已进行专利注册，而不能再称为“优盘”，而改称谐音的“U 盘”。后来，U 盘这个称呼因其简单易记因而广为人知，是移动存储设备之一。

U 盘最大的优点就是小巧便于携带、存储容量大、价格便宜、性能可靠。U 盘体积很小，仅大拇指般大小，重量极轻，一般在 15g 左右，特别适合随身携带，可以把它挂在胸前、吊在钥匙串上，甚至放进钱包里。一般的 U 盘容量有 2GB、4GB、8GB、16GB、32GB、64GB，除此之外还有 128GB、256GB、512GB、1TB 等。闪存盘中无任何机械式装置，抗震性能极强。另外，闪存盘还具有防潮防磁、耐高低温等特性，安全可靠性很好。闪存盘几乎不会让水或灰尘渗入，也不会被刮伤，它所使用的固态存储设计让它们能够抵抗无意间的外力撞击。这些优点使得闪存盘非常适合用来从某地把个人数据或是工作文件携带到另一地，例如，从家中到学校或是办公室，或是一般来说需要携带到并访问个人数据的各种地点。由于USB在现今的个人计算机中几乎无所不在，因而到处都可以使用闪存盘。不过，小尺寸的闪存盘也让它们常常被放错地方、忘掉或遗失。

大多数现代的操作系统都可以在不需要另外安装驱动程序的情况下读取及写入闪存盘。闪存盘在操作系统里面显示成区块式的逻辑单元，隐藏内部闪存所需的复杂细节。操作系统可以使用任何文件系统或是区块寻址的方式。也可以制作启动U盘来引导计算机。

与其他的闪存设备相同，闪存盘在总读取与写入次数上也有限制。普通的闪存盘在正常使用状况下可以读取与写入数十万次，但当闪存盘变旧时，写入的动作会更耗费时间。当我们用闪存盘来运行应用程序或操作系统时，便不能不考虑这点。

3. 存储卡

存储卡是用于手机、数码相机、便携式计算机、MP3和其他数码产品上的独立存储介质，一般是卡片的形态，故统称为“存储卡”，又称为“数码存储卡”、“数字存储卡”、“储存卡”等。存储卡具有体积小巧、携带方便、使用简单的优点。同时，由于大多数存储卡都具有良好的兼容性，便于在不同的数码产品之间交换数据。近年来，随着数码产品的不断发展，存储卡的种类、速度和存储容量不断得到提升，应用越来越广泛。常见的存储包括SD卡、TF卡等。

Secure Digital卡简称SD卡，从字面理解，此卡就是安全卡，它比早期的存储卡在安全性能方面更加出色，是由日本的松下公司、东芝公司和SanDisk公司共同开发的一种存储卡产品，最大的特点就是通过加密功能，保证数据资料的安全保密。SD的外形尺寸为32mm×24mm×2.1mm。高容量SD存储卡的全称为“Secure Digital High Capacity”，即SDHC卡，它是容量大于2GB且小于等于32GB的SD卡，而容量大于32GB的SD卡称为“Secure Digital eXtended Capacity”，即SDXC。

SD卡对于手机等小型数码产品略显臃肿，于是TF卡应运而生。TF卡全名TransFlash，由摩托罗拉与SANDISK共同研发，在2004年推出，是一种超小型卡，外形尺寸为11mm×15mm×1mm，约为SD卡的1/4，如图5.39所示，可以算是目前最小的商用储存卡了。TF卡可经SD卡转换器后作为SD卡使用。TF卡主要是为照相手机拍摄大幅图像以及能够下载较大的视频片段而开发研制的。它也可以用来储存个人数据，例如，数字照片、MP3、游戏及用于手机的应用和个人数据等。体积小巧的TransFlash让制造商无须顾虑电话体积即可采用此设计，而另一项弹性运用则是可以让供货商在交货前随时按客户不同需求做替换，这个优点是嵌入式闪存所没有的。

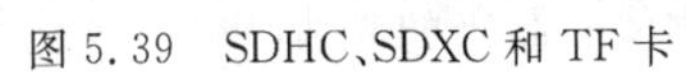

图5.39　SDHC、SDXC和TF卡

5.5 显卡与显示器

计算机的显示系统是由显示适配器和显示器两部分组成的，本节将详细讨论这两个部分。

5.5.1 显卡的功能与结构

显卡(Video card,Graphics card)全称显示接口卡，又称显示适配器，是计算机最基本配置、最重要的配件之一。显卡作为计算机主机里的一个重要组成部分，承担输出显示图形的任务，它对于从事专业图形设计和酷爱玩游戏的人来说非常重要。显卡接在计算机主板上，将计算机的数字信号转换成模拟信号让显示器显示出来，同时显卡还有图像处理能力，可协助 CPU 工作，提高整体的运行速度。

通常，显卡按所处位置不同分为集成显卡和独立显卡。集成显卡是将显示芯片、显存及其相关电路都集成在主板上，与其融为一体的元件。集成显卡的显示芯片有单独的，但大部分都集成在主板的北桥芯片中。集成显卡的优点是功耗低、发热量小，且不必花费额外的资金，但集成显卡性能相对略低，且固化在主板或 CPU 上，本身无法更换，如果必须换，就只能换主板。

独立显卡是指将显示芯片、显存及其相关电路单独做在一块电路板上，自成一体而作为一块独立的板卡存在，它需占用主板的扩展插槽。独立显卡的性能要明显优于集成显卡，但需要额外花费购买显卡的资金，也会增加计算机的功耗。显卡的核心是图形处理器，即 GPU，民用和军用显卡图形芯片供应商主要包括 Intel、AMD 和 Nvidia(英伟达)三家。

1. GPU

如果说 CPU 是计算机的大脑，那么 GPU 则是显卡的大脑，如图 5.40 所示，只不过 GPU 是专为执行复杂的数学和几何计算而设计的，这些计算是图形渲染所必需的。如果 CPU 想画一个二维图形，只需要发个指令给 GPU，如"在坐标位置(x,y)处画个长和宽为 $a\times b$ 大小的长方形"，GPU 就可以迅速计算出该图形的所有像素，并在显示器上指定位置画出相应的图形，画完后就通知 CPU"我画完了"，然后等待 CPU 发出下一条图形指令。有了 GPU，CPU 就从图形处理的任务中解放出来，可以执行其他更多的系统任务，这样可以大大提高计算机的整体性能。

图 5.40 显卡和 GPU

1985 年成立的 ATi 公司(现今已被 AMD 收购)于当年开发出了第一款图形芯片和图形卡，开创了计算机图形显示技术的一个时代。但那时候这种芯片还没有 GPU 的称号，直到 1999 年，NVIDIA 公司在其发布的 GeForce256 图形处理芯片上才首先提出了 GPU 的概念，而现今的 GPU 绝大多数已同时拥有 2D 或 3D 图形加速功能。GPU 能够从硬件上支持 T&L(Transform and Lighting，多边形转换与光源处理)，从而能够输出细致的 3D 物体和高级的光线特效。

随着 GPU 性能的不断提升，今天的 GPU 已经不再局限于 3D 图形处理了，GPU 通用计算技术发展已经引起业界不少的关注，事实也证明在浮点运算、并行计算等部分计算方面，GPU 可以提供数十倍乃至于上百倍于 CPU 的性能，GPU 的应用前景将会越来越广泛。

2. 显卡的硬件接口

显卡在主机一端连接主机的总线或显示专用接口（详见 5.1.3 节），在显示器一端呈现标准的视频接口。与显卡的发展速度相比，视频接口的更新相对慢一些，现在使用的视频接口有 VGA、DVI、HDMI 和 DisplayPort。

1） VGA

VGA（Video Graphics Array，视频图形阵列）是最传统的视频接口，在 PC 发展初期就作为显示标准接口并使用了很长时间，目前很多显示设备包括计算机显示器、投影仪以及平板电视机都有 VGA 接口。

VGA 接口是一个模拟分量视频接口，采用的连接器为 15 线的 D-Sub 连接器，如图 5.41 所示，由显卡通过 VGA 接口输出的基本的信号包含 R、G、B、H 和 V（分别对应红、绿、蓝视频，以及行和场同步）5 个分量，这也是实现扫描所必需的 5 个信号。红、绿、蓝信号各有 6 位，因此总共有 262 144 种颜色，在这其中的任何 256 种颜色都可以被选为色板颜色。

图 5.41　VGA 接口

2） DVI

DVI（Digital Visual Interface，数字视频接口）是 1999 年推出的视频接口标准，它作为 VGA 接口的下一代视频接口，兼有数字和模拟信号，其中的模拟信号与 VGA 中的信号标准相同。相比于靠模拟信号进行传输的 VGA 而言，数字化的 DVI 接口无须进行数字到模拟或模拟到数字之间的烦琐转换，从而减少了信号在传输过程中的损耗。

DVI 接口有 5 种输出信号模式，与之相对应，DVI 的连接器插头也有 5 种，如图 5.42 所示，存在 VGA 信号的 DVI-I 和 DVI-A 接口可以通过简单的机械转接器将 DVI 转换成为 VGA 接口，用于连接仅有 VGA 接口的显示器。

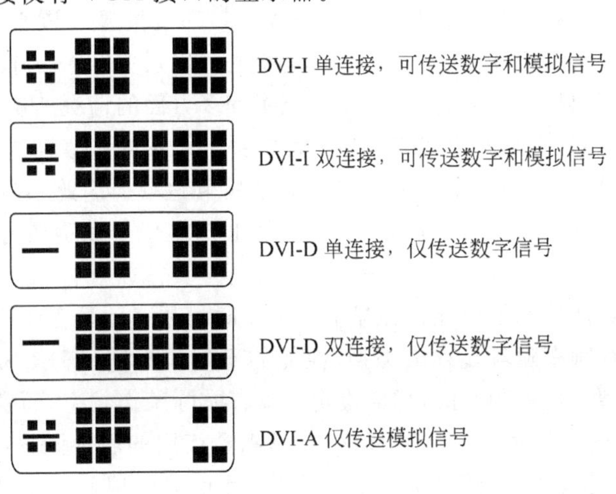

图 5.42　DVI 的 5 种连接器插头

3) HDMI

HDMI(High Definition Multimedia Interface,高分辨率多媒体接口)是一种全数字化的视频和音频接口,用于传输数字视频和无压缩的数字音频信号。该接口标准是2002年由日立、松下、飞利浦等公司组成的HDMI组织所制定。

HDMI广泛用于计算机、数字机顶盒、高清播放器等设备,它不仅可以满足1080P分辨率的视频输出,还能支持非压缩的8声道数字音频传送。由于音频和视频信号采用同一条电缆,大大简化了系统的连接,能有效解决家庭娱乐系统背后连线杂乱纠结的问题。HDMI接口比DVI接口小很多,包括标准尺寸和mini尺寸,如图5.43所示。

4) DisplayPort

DisplayPort(DP)是一个更新型的多媒体接口,于2006年制定。DP接口有意要取代VGA和DVI接口,称为一个新的多媒体标准接口。

DP接口的传输采用了与USB和PCI-E相类似的差分传输机制,也可以同步传输数字视频和音频。除了实现设备与设备之间的连接外,DP还可以作为设备内部的接口,甚至是芯片与芯片之间的数据接口。虽然从外表上看与HDMI相似,如图5.44所示,但二者的结构上却有着巨大的不同。在传输数字视频时也并不是按照色彩分量分配通道,而是按照传输带宽需求进行数据通道的分配。

图5.43 HDMI

图5.44 DisplayPort

5.5.2 显卡的性能指标

1. 频率

显卡的频率有核心频率和显存频率之分。核心频率是指显示核心的工作频率,有点儿类似于CPU的工作主频,其工作频率在一定程度上可以反映出显示核心的性能。但显卡的性能是由核心频率、显存、像素管线、像素填充率等多方面的情况所决定的,因此在显示核心不同的情况下,核心频率高并不代表此显卡性能强劲。在同样级别的芯片中,核心频率高的则性能要强一些,提高核心频率的方法之一就是显卡超频。因此,在同样的显示核心下,部分厂商会适当提高其产品的显示核心频率,使其工作在高于显示核心固定的频率上以达到更高的性能。

显存频率是指默认情况下该显存在显卡上工作时的频率。显存频率一定程度上反映着该显存的速度。显存频率随着显存的类型、性能的不同而不同,DDR SDRAM显存是目前最为广泛的显存类型。显卡制造时,厂商设定了显存实际工作频率,而实际工作频率不一定等于显存最大频率。此外,用于显卡的显存,虽然和主板用的内存同样叫DDR、DDR2甚至DDR3,但是由于规范参数差异较大,不能通用,因此也可以称显存为GDDR、GDDR2、GDDR3。

2. 显存容量

显存容量指显卡上的显示内存的大小，其作用是将显示芯片处理的资料暂时储存在显示内存中，然后再将显示资料映像到显示屏幕上。显存容量的大小决定着显存临时存储数据的能力，在一定程度上也会影响显卡的性能。显存容量也是随着显卡的发展而逐步增大的，并且有越来越增大的趋势。显存容量从早期的512KB、1MB、2MB等极小容量，发展到8MB、12MB、16MB、32MB、64MB，一直到目前主流的1GB、2GB和高档显卡的4GB。值得注意的是，显存容量越大并不一定意味着显卡的性能就越高，因为决定显卡性能的三要素首先是其所采用的显示芯片，其次是显存带宽(这取决于显存位宽和显存频率)，最后才是显存容量。一款显卡究竟应该配备多大的显存容量才合适是由其所采用的显示芯片所决定的，也就是说显存容量应该与显示核心的性能相匹配才合理，显示芯片性能越高由于其处理能力越高所配备的显存容量相应也应该越大，而低性能的显示芯片配备大容量显存对其性能是没有任何帮助的。

3. 显存带宽

显存带宽是指显示芯片与显存之间的数据传输速率，它以字节/秒为单位。显存带宽是决定显卡性能和速度最重要的因素之一。要得到精细(高分辨率)、色彩逼真(32位真彩)、流畅(高刷新速度)的3D画面，就必须要求显卡具有大显存带宽。目前显示芯片的性能已达到很高的程度，其处理能力是很强的，只有大显存带宽才能保障其足够的数据输入和输出。随着多媒体、3D游戏对硬件的要求越来越高，在高分辨率、32位真彩和高刷新率的3D画面面前，相对于GPU，较低的显存带宽已经成为制约显卡性能的瓶颈。显存带宽是目前决定显卡图形性能和速度的重要因素之一。

4. 显存位宽

显存位宽是显存在一个时钟周期内所能传送数据的位数，位数越大则瞬间所能传输的数据量越大，这是显存的重要参数之一。目前市场上的显存位宽有64位、128位、256位和512位，人们习惯上称之为64位显卡、128位显卡、256位显卡和512位显卡。显存位宽越高，性能越好价格也就越高，因此512位宽的显存更多应用于高端显卡，而主流显卡基本都采用128位显存。

显存带宽、频率和位宽之间的关系可以表述为：显存带宽＝显存频率×显存位宽/8，那么在显存频率相当的情况下，显存位宽将决定显存带宽的大小。

例如，同样显存频率为500MHz的128位和256位显存，那么它们的显存带宽将分别为：

128位＝500MHz×128/8＝8GB/s

256位＝500MHz×256/8＝16GB/s

后者是前者的二倍，可见显存位宽在显卡指标中的重要性。

◎延伸阅读

显卡的游戏之道

游戏与显卡的关系正如作用与反作用力。好的显卡能为游戏提供好的画质和特效，而游戏又能推动显卡技术的进步，如果市面上的游戏都使用了高级别的技术效果，需要更强大的GPU才能运行，那么GPU的销量就会上升。

作为GPU领域的两大巨头,AMD和NVIDIA在游戏领域的战争就从来没有平息过。NVIDIA先于AMD推出了其游戏发展战略,名为“The Way It's Meant to Be Played”,如图5.45所示。如果能在某款游戏上看到这样的LOGO,那么表明该游戏与NVIDIA进行了深度的合作,NVIDIA显卡在该游戏上会有更好的表现。对于这样的战略,NVIDIA投入了庞大的人力、物力和财力,他们组建的游戏合作团队会与游戏厂商一道研发游戏的引擎、特效以及创新技术的使用等,甚至会向合作伙伴展示绝密的GPU架构,通过长期积累,NVIDIA在游戏合作方面已经形成了一套完整的商业模式。与之类似,AMD推出的“Gaming Evolved”大有后来者居上的势头,如图5.46所示,“Gaming Evolved”秉承了4个原则,即“推动创新、业界标准技术、支持PC游戏和PC游戏开发商、玩家第一”,得到了业内的普遍认可。AMD的游戏发展战略得益于对ATI公司的成功收购,而AMD更大的优势在于其CPU与GPU和谐共存的技术,AMD公司几乎完成了对家用游戏机核心硬件市场的垄断。

图5.45 NVIDIA的游戏发展战略

图5.46 AMD的游戏发展战略

GPU厂商与游戏厂商的合作主要有两种情况,第一是游戏厂商和GPU厂商颇有渊源,这样游戏在开发初始阶段就会对技术应用定下排他性的协议。第二种则是GPU厂商在游戏开发的初期通过频繁联系厂商,给出合作条件,以大量的技术交换来获得双赢。不管是哪种情况,对于GPU厂商来说,通过与游戏厂商的合作,既在游戏中加入了自己的技术,扩大了品牌的影响力,推动了产品的销量,也可以在业内形成标杆,拉拢更多的厂商加入,这是一个正循环的商业运作过程,而今天的游戏市场正是在双方的这种供求关系下形成的。

5.5.3 显示器

显示器是用于显示图像及色彩的电器。从广义上讲,街头随处可见的大屏幕、电视机的荧光屏、手机等的显示屏都算是显示器的范畴,而狭义的显示器则指的是计算机系统的一个重要的部件。

从早期的黑白世界到现在的彩色世界,计算机显示器走过了漫长而艰辛的过程。最初的显示器都是阴极射线管(Cathode Ray Tube,CRT)显示器,这种显示器在水平和垂直方向上都是弯曲的,这种弯曲的屏幕造成了图像失真及反光现象。到了1994年,为了减小球屏四角的失真和反光,新一代“平面直角”显像管诞生了,纯平显示器使人眼在观看时的聚焦范围增大,失真、反光都被减少到了最低限度,它的出现使得画面质量有了显著的提高,并逐渐取代了采用球面显像管的显示器。

由于物理结构的限制和电磁辐射的弱点,CRT显示器已逐渐退出了历史舞台,而取代它的正是液晶显示器。

1. 液晶显示器

人们习惯上把液晶显示器称为LCD(Liquid Crystal Display)显示器,它被广泛应用于电子和计算机的各个领域。液晶是一种介于固体和液体之间的特殊物质,它是一种有机化合物,常态下呈液态,但是它的分子排列却和固体晶体一样非常规则,因此取名液晶,它的另一个特殊性质在于其本身不会发光,但它会影响光的投射。因此,如果给液晶施加一个电场,再给它配合偏振光片,它就具有阻止光线通过的作用,如果再配合彩色滤光片,改变加给液晶电压大小,就能改变某一颜色透光量的多少。利用液晶的电光效应,在显示平面均匀分布发光点,就可以显示出图形。

同CRT显示器相比较,液晶显示器具有鲜明的特点。

(1) 机身薄,节省空间。与比较笨重的CRT显示器相比,液晶显示器只要前者三分之一的空间。

(2) 省电,不产生高温。它属于低耗电产品,可以做到完全不发热(主要耗电和发热部分存在于背光灯管或LED),而CRT显示器,因显像技术不可避免产生高温。

(3) 低辐射,益健康。液晶显示器的辐射远低于CRT显示器(仅仅是低,并不是完全没有辐射,电子产品多多少少都有辐射),这对于整天在计算机前工作的人来说是一个福音。

(4) 画面柔和不伤眼。不同于CRT技术,液晶显示器画面不会闪烁,可以减少显示器对眼睛的伤害,眼睛不容易疲劳。

◎ 延伸阅读

LED显示器

目前市面上普遍推广LED显示器。LED显示器中的"LED"全称是Light-Emitting Diode,也就是人们常听说的发光二极管,而LED显示屏是指以发光二极管制作的发光元件作为液晶屏背光源的液晶显示屏,实质上应该属于液晶显示器的一个分支。但市面上习惯将LCD显示器和LED显示器区分开来,其实是针对于背光源材质不同做的笼统划分,前者采用CCFL(Cold Cathode Fluorescent Lamp,冷阴极荧光灯)作为背光光源,在使用寿命、功耗、尺寸等性能方面要略逊于LED显示器。

2. 液晶显示器的主要技术参数

LCD显示器的技术参数主要包括以下几点。

(1) 屏幕尺寸。对于尺寸的标示方法,传统的CRT和液晶显示器并不一致。CRT显示器的尺寸指显像管的对角线尺寸,常见的有15英寸、17英寸、19英寸、20英寸等,而可视面积通常都会小于显示管的大小,例如,17英寸显示器的可视区域大多在15~16英寸之间,19英寸显示器可视区域达到18英寸左右。LCD显示器的尺寸是指液晶面板的对角线尺寸,LCD显示器的可视面积跟它的对角线尺寸相同,也就是说,一个19英寸的LCD显示器的实际可视尺寸也是19英寸。这也是为什么一台17英寸的LCD显示器跟一台19英寸的CRT显示器看上去差不多的原因了。

(2) 物理分辨率。分辨率通常用水平像素点与垂直像素点的乘积来表示,像素数越多,其分辨率就越高。常见的LCD液晶显示器的分辨率为:320×240,640×480,800×600,1024×768,1280×720,1440×900,1920×1080及以上的分辨率的屏。分辨率通常是以像素数来计量的,如 640×480 的分辨率,其像素数为 307 200。由于在图形环境中,高分辨率能有效地收缩屏幕图像,因此,在屏幕尺寸不变的情况下,其分辨率不能越过它的最大合理限度,否则,就失去了意义。

(3) 点距。点距=可视宽度/水平像素(或者可视高度/垂直像素),如果一块 LCD 显示屏的可视面积为 285.7mm×214.3mm,它的最大分辨率为 1024×768,那么,点距为 285.7mm/1024 = 0.279mm(或者是 214.3mm/768 = 0.279mm)。

(4) 亮度和对比度。LCD 的亮度取决于 LCD 的结构和背景照明的类型,亮度的测量单位通常为坎德拉/每平方米(cd/m^2)。技术上可以达到高亮度,但也并不是亮度值越高越好,因为太高亮度的显示器也意味着更耗电,也有可能使观看者眼睛受伤。对比度是定义最大亮度值(全白)除以最小亮度值(全黑)的比值。对比度越高,色彩越鲜艳饱和,还会呈现出更佳的立体感。目前的桌面显示器亮度能够达到 $250cd/m^2$ 以上,对比度能够达到 1000∶1 以上。

(5) 信号响应时间。响应时间指的是液晶显示器对于输入信号的反应速度,也就是液晶由暗转亮或由亮转暗的反应时间,通常是以毫秒(ms)为单位。响应时间越小越好,如果响应时间太长了,就有可能使液晶显示器在显示动态图像时,有尾影拖曳的感觉。一般的液晶显示器的响应时间在 2~8ms 之间。

(6) 可视角度。液晶显示器的可视角度左右对称,而上下则不一定对称。一般来说,上下角度要小于或等于左右角度。如果可视角度为左右 80°,表示在始于屏幕法线 80°的位置时可以清晰地看见屏幕图像。但是,由于人的视力范围不同,如果没有站在最佳的可视角度内,所看到的颜色和亮度将会有误差。现在许多新型的面板技术都能把液晶显示器的可视角度增加到 178°。

主流显示器的技术参数如表 5.8 所示。

表 5.8　典型显示器的规格参数

产品名称	三星 S24D360HL
面板类型	PLS
尺寸	23.6 英寸
屏幕比例	16∶9
最佳分辨率	1920×1080
响应时间	5ms
点距	0.2865mm
色数	16.7M
亮度	$250cd/m^2$
对比度	1000∶1
可视角度	(水平/垂直):178°/178°(CR>10)

5.6 网络设备

5.6.1 网络线缆

网络线缆是从一个网络设备(例如计算机)连接到另外一个网络设备传递信息的介质,是网络的基本构件。在常用的局域网中,使用的网线也具有多种类型。在通常情况下,由于每一种物理介质在带宽、延迟、成本和安装维护难度上都不相同，一个典型的局域网一般是不会使用多种不同种类的网线来连接网络设备的。在大型网络或者广域网中为了把不同类型的网络连接在一起就会使用不同种类的网线。在众多种类的网线中，具体使用哪一种网线要根据网络的拓扑结构、网络结构标准和传输速度来进行选择。

1. 双绞线

双绞线由两条互相绝缘的铜线组成，其典型直径为1mm，如图5.47所示。这两条铜线像螺纹一样拧在一起，如同一条DNA分子链，这样可减少邻近线对的电气干扰。双绞线既能用于传输模拟信号，也能用于传输数字信号，其带宽取决于铜线的直径和传输的距离。双绞线电缆可以分为两类：屏蔽型双绞线（STP）和非屏蔽型双绞线（UTP）。屏蔽型双绞线外面环绕着一圈保护层，有效减小了影响信号传输的电磁干扰，但相应增加了成本。而非屏蔽型双绞线没有保护层，易受电磁干扰，但成本较低、利于安装，是办公环境下网络介质的首选。

UTP网线有8种颜色，分别是：橙白、橙、绿白、蓝、蓝白、绿、棕白、棕。UTP的制作标准遵循美国电子工业协会和美国通信工业协会的T568A/B标准，如图5.48所示，UTP网线使用RJ-45水晶头进行连接，RJ-45接头是一种只能固定方向插入并自动防止脱落的塑料接头，网线内部的每一根信号线都需要使用专用压线钳使它与RJ-45的接触点紧紧连接。

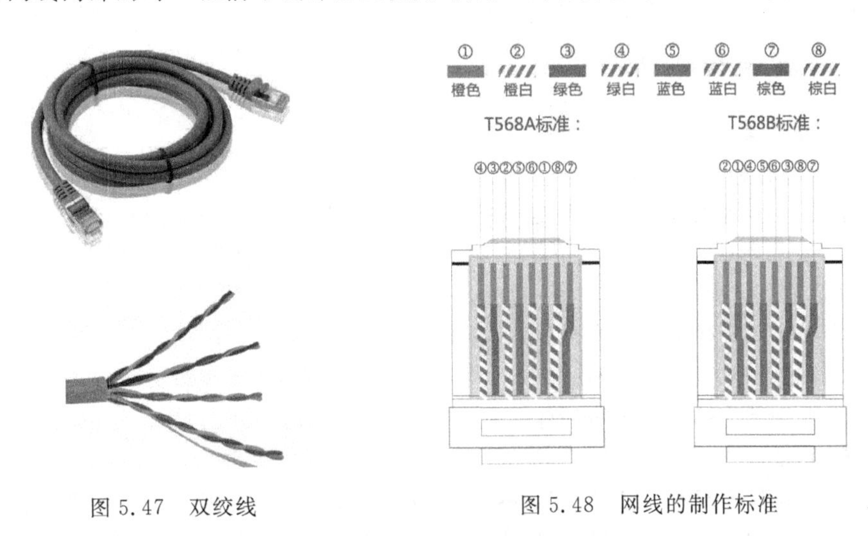

图5.47　双绞线

图5.48　网线的制作标准

2. 同轴电缆

同轴电缆由内、外两个导体组成，且这两个导体是同轴线的，所以称为同轴电缆，如图5.49所示。在同轴电缆中，内导体是一根导线，外导体是一个圆柱面，两者之间有填充物，能够屏蔽外界电磁场对内导体信号的干扰。同轴电缆既可以用于基带传输，又可以用于宽带传输。基带传输时只传送一路信号，而宽带传输时则可以同时传送多路信号。用于局域网的同轴电缆都是基带同轴电缆。

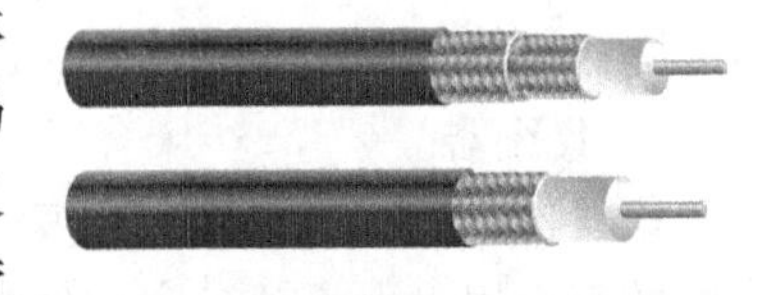

图5.49　同轴电缆

3. 光纤

光导纤维简称为光纤，如图5.50所示。对于计算机网络而言，光纤具有无可比拟的优势。光纤由纤芯、包层及护套组成。纤芯由玻璃或塑料组成，包层则是玻璃的，使光信号可以反射回去，沿着光纤传输；护套则由塑料组成，用于防止外界的伤害和干扰。光波由发光二极管或激光二极管产生，接收端使用光电二极管将光信号转为数据信号。

图 5.50 光纤

光纤最大的特点就是传导的是光信号，因此不受外界电磁信号的干扰，信号的衰减速度很慢，所以信号的传输距离比以上传送电信号的各种网线要远得多，并且特别适用于电磁环境恶劣的地方。由于光纤的光学反射特性，一根光纤内部可以同时传送多路信号，所以光纤的传输速度可以非常高，目前 1Gb/s～1000Mb/s 的光纤网络已经成为主流高速网络，理论上光纤网络最高可达到 50 000Gb/s～50Tb/s 的速度。光纤网络由于需要把光信号转变为计算机的电信号，因此在接头上更加复杂，除了具有连接光导纤维的多种类型接头以外，还需要专用的光纤转发器等设备，负责把光信号转变为计算机电信号，并且把光信号继续向其他网络设备发送。

光纤是前景非常看好的网络传输介质。但由于目前价格昂贵，因此中小型的办公用局域网没有必要选它。目前光纤的主要应用是在大型的局域网中用作主干线路。但随着成本的降低，在不远的未来，光纤到楼、到户，甚至会延伸到桌面，给人们带来全新的高速体验。

5.6.2 网络硬件设备

1. 网络适配器

网络适配器也被称为“网卡”，在 PC 发展的早期，一方面局域网还不普及，另外网络接口标准也不统一，网卡作为计算机可选部件，通常以总线扩展卡方式存在。在当前的网络普及时代，网卡成为台式计算机和笔记本计算机的标准配置被集成在了主板中。网卡的主要作用是让计算机接入局域网，目前用户端的局域网接口几乎都是以太网接口标准，采用 RJ-45 作为连接器的双绞线为通信介质。

以太网传输速率经历了 10Mb/s 到 100Mb/s，再到 1000Mb/s 的发展过程，不同时代的网络适配器也符合不同的速率标准。当前的主板芯片组都支持千兆以太网（Gigabit Ethernet，GbE）。

网络适配器具有 MAC（Media Access Control）地址，用于实现计算机的唯一访问标识。MAC 地址是一个 48 位的二进制数，生产网卡时写入到电路中的一块 ROM 中。每一个网卡的 MAC 地址都是全球唯一的。在 Windows 系统中选择“开始”→“运行”，在打开的对话框中输入“cmd”并确定，进入 DOS 会话界面，输入“ipconfig/all”，按 Enter 键即可显示计算机网络适配器的全部参数，而 Physical Address（物理地址）项目即为网络适配器的 MAC 地址。

2. 集线器

集线器（Hub）是一个简单廉价的网络设备，在联网的直接用途上是把一个局域网接口扩展成为多个，如图 5.51 所示。连接到集线器上的计算机发出的数据分组在集线器上被广播到其他计算机，集线器并不检测数据分组的碰撞，相当于一个多端口的信号放大和整形设备。目前集线器已经很少用到，它的联网作用被网络交换机所替代。

图 5.51 集线器

3. 交换机

交换机的联网用途是把多台计算机连接在一起，如图 5.52 所示。交换(Switch)意为"开关"，是按照通信两端传输信息的需要，用人工或设备自动完成的方法，把要传输的信息送到符合要求的相应路由上的技术的统称。交换机根据工作位置的不同，可以分为广域网交换机和局域网交换机。广域网交换机主要应用于电信领域，提供通信用的基础平台。而局域网交换机则应用于局域网络，用于连接终端设备，如PC 及网络打印机等。从传输介质和传输速度上可分为以太网交换机、快速以太网交换机、千兆以太网交换机、FDDI 交换机、ATM 交换机和令牌环交换机等。从规模应用上又可分为企业级交换机、部门级交换机和工作组交换机等。

图 5.52　交换机

在计算机网络系统中，交换概念的提出改进了共享工作模式。而 Hub 集线器就是一种物理层共享设备，Hub 本身不能识别 MAC 地址和 IP 地址，当同一局域网内的 A 主机给 B 主机传输数据时，数据包在以 Hub 为架构的网络上是以广播方式传输的，由每一台终端通过验证数据报头的 MAC 地址来确定是否接收。也就是说，在这种工作方式下，同一时刻网络上只能传输一组数据帧的通信，如果发生碰撞还得重试。而交换机则不同，它能形成一个MAC 地址和 IP 地址的对应表，从而能将数据按照其目的 MAC 地址发送到指定的计算机，而不是所有连接的计算机。通过交换机的过滤和转发，可以有效地减少数据冲突以及数据被窃听的机会。

4. 路由器

路由器(Router)是连接各局域网、广域网的设备，它会根据信道的情况自动选择和设定路由，以最佳路径、按前后顺序发送信号，如图 5.53 所示。路由器是互联网络的枢纽，扮演着"交通警察"的角色。路由器具有判断网络地址和选择 IP 路径的功能，它能在多网络互联环境中，建立灵活的连接，可用完全不同的数据分组和介质访问方法连接各种子网，路由器只接受源站或其他路由器的信息，属网络层的一种互连设备。

图 5.53　无线路由器

不同结构的网络互联，以及具有多个子网的互联都需要由路由器来实现。所以路由器可能需要支持多种网络协议。路由器为收到的每一个数据分组确定一条最佳传输路径，确定最佳路径的策略即路由算法。

路由器和交换机的区别在于交换机主要是实现大家通过一根网线上网，但是大家上网是分别拨号的，各自使用自己的宽带，大家各自上网没有影响，哪怕其他人在下载，对自己上网也没有影响，并且所有使用同一台交换机的计算机都是在同一个局域网内。而路由器比交换机多了一个虚拟拨号功能，通过同一台路由器上网的计算机是共用一个宽带账号，大家同时上网是相互影响的，比如一台计算机在下载，那么同一个路由器上的其他计算机会很明显感觉到网速很慢。同一台路由器上的计算机也是在一个局域网内的。例如，我们家庭上网，肯定是只拉一个宽带，但是家里有三台计算机，都想通过同一个宽带上网，那么就使用路由器。再如很多大学宿舍只有一个宽带接口，但是全寝室的人都需要上网，而且是各自都拥有自己的宽带账号，又想大家上网相互之间不影响，那么这时就可以使用交换机，大家各自拨号上网，相互之间无影响。

路由器同时具有交换机的功能，如果大家已经有路由器了，但是现在想把路由器当交换机使用怎么办呢？很简单，路由器上分为 WAN 接口和 LAN 接口，宽带线都是接在 WAN 接口上的，当把路由器当交换机使用时，把 WAN 接口上的宽带线拔掉，插到其他接口上去，把 WAN 口空出来就可以了。

小 结

本章依次介绍了主板、微处理器、内存、外存、显卡、显示器和网络设备的硬件特性和技术参数，对于用户来说这些硬件组件显得既熟悉又陌生，熟悉在于它们都是日常生活中看得见摸得着的产品，而陌生则是因为即便是同一种组件，在性能上也是千差万别。显而易见的是，单一地提升某一个硬件组件的性能并不一定能够达到提升整个硬件系统性能的目的。因此，如何合理、均衡地选配硬件产品是用户在购买计算机时需要着重考虑的问题，而本章所介绍的内容期望能为读者的决策提供参考。性能和价格永远是计算机硬件中一个针锋相对的话题，事实上，当你正为挑选产品时一大堆技术参数所犯愁的时候，价格往往能给你提供最为理性的答案。

复 习 题

5.1 名词解释

PCB、PCI-E、SATA、USB、RAM、ROM、DDR SDRAM、SPD、HDD、SSD、GPU、HDMI、北桥芯片、南桥芯片、磁道、扇区、柱面、簇、显卡。

5.2 什么是“大板”，什么是“小板”？它们的特点分别是什么？

5.3 什么是主板芯片组？其主要功能是什么？

5.4 PCI-E 总线在什么时代出现？计算机采用 PCI-E 总线的主要目的是什么？

5.5 迄今为止 USB 经历了几个版本的发展？USB 3.0 与 USB 2.0 相比，其优势主要体现在哪些方面？

5.6 微处理器的基本技术参数包括哪些？微处理器的主频、外频和倍频的关系如何？能不能说核心数越多的处理器其性能越好？

5.7 Intel 公司的“Tick-Tock”战略是什么？ARM 公司为什么能在夹缝中求生存？

5.8 半导体存储器主要分为哪两大类？它们的特点分别是什么？

5.9 DDR 系列内存条速度优于其他 SDRAM 内存条的根本原因是什么？

5.10 相比于传统的机械硬盘，固态硬盘的优缺点分别是什么？

5.11 与 FAT32 相比，NTFS 有什么特点？为什么说 exFAT 比 NTFS 更适合移动存储设备？

5.12 显卡的常见接口包括哪几种？能不能说显存容量越大，显卡性能越佳？

5.13 液晶显示器的主要技术参数有哪些？

5.14 网线的线序标准有哪两种？怎样获得计算机的 MAC 地址？

第 6 章　应用：IT 时代的齿轮

6.1　数 值 计 算

人们研制计算机的初衷是数值计算，希望用机器计算来帮助人们快速完成复杂的计算任务，而今天，计算不仅仅是简单的数字的加减乘除，大量的工程问题都是用计算来完成的，从高能物理、工程设计、地震预测、气象预报到航天技术等诸多领域，都包含着巨大的数值计算量，也正是这些客观需求，才导致了计算机的不断发展。因此，数值计算是计算机最基本的应用。

和手工计算相比，计算机有无可比拟的优势，它包括自动的运行程序、运算速度快、运算精度高、具有记忆和逻辑判断能力。计算机的计算是通过计算机软件或程序来实现的，其硬件和软件的工作状况影响计算精度和速度。在计算机硬件、操作系统和计算方法一定的情况下，合理地设计计算程序是提高计算精度和速度的主要途径。计算机的数值计算性能也是经历了由简单到复杂，由低级到高级的发展过程，最早的 ENIAC 计算机每秒钟只能可以完成 5000 次加法运算，而现代个人计算机，运算速度达到每秒数亿次，对于巨型计算机甚至达到了数万亿次/秒的惊人速度。

数值模式是数值计算求解基于有限认识的基础上建立的描述某种物理、化学等变化规律的近似理论模型，是数值模拟和预报的一种工具。数值模式是伴随着电子计算机的发展而出现的。1950 年，Charney 等人用准地转正压模式，在电子计算机上首次成功地对北美地区 500 百帕高度的气压场，做了 24 小时的预报。这一结果的公布被认为是数值模式和数值预报发展的重要里程碑，而当时所用的计算工具是一台可编程式的电子数字积分计算机。借助计算机，从 Charney 等人的成功工作开始，数值模式和数值预报步入了繁荣发展的时期。数值模式的发展与计算机的发展紧密相联，计算机由传统的单核 CPU 的处理器发展为多核 CPU 的处理器，而数值模式也由单 CPU 的串行计算，发展到多 CPU 的并行计算，这大大提高了模式的计算速度。随着计算机发展，数值模式的计算方式、程序结构也将不断得到改进，这将使数值模式的模拟能力和预报能力不断得到提高。

数值计算软件最典型的代表是 MATLAB。MATLAB 是美国 MathWorks 公司出品的商业数学软件，用于算法开发、数据可视化、数据分析以及数值计算的高级技术计算语言和交互式环境。MATLAB 是 matrix&laboratory 两个词的组合，意为矩阵工厂。MATLAB 的基本数据单位是矩阵，它的指令表达式与数学、工程中常用的形式十分相似，其解算问题要比高级编程语言简捷得多。MATLAB 强大的数值计算功能使得它已经成为应用线性代数、自动控制理论、数理统计、数字信号处理、时间序列分析、动态系统仿真等领域的基本工具，用户只需要输入简单的指令即可完成数学问题的求解。

比如，要求多项式 $x^3-6x^2-72x-27$ 的根，可以输入指令：

```
r = roots([1, - 6, - 72, - 27])
```

得到的输出结果是：

```
r =
      12.1229
      - 5.7345
      - 0.3884
```

6.2 信息管理

20 世纪 90 年代以来，人类已经进入了以“信息化”、“网络化”和“全球化”为主要特征的信息时代。信息已成为支撑社会经济发展的重要资源，它正在改变着社会资源的配置方式，改变着人们的价值观念及工作、生活方式。信息管理就是用计算机对信息进行采集、组织、检索、加工等处理，转换成人们所需要的形式。

计算机所管理的信息可以分为文本信息、多媒体信息和超媒体信息，其管理的过程实际上与人类信息管理的过程是一致的。信息的接收包括信息感知、信息测量、信息识别、信息获取以及信息输入等；信息存储就是把接收到的信息通过存储设备进行缓冲、保存、备份；信息转化就是把信息根据人们的特定需要进行分类、计算、分析、检索和综合等处理；信息的传送把信息通过计算机内部的指令或计算机之间构成的网络从一地传送到另外一地；信息的发布就是把信息通过各种形式展示出来。

在信息管理中，计算机不仅展示了其快速的计算特性，还利用了其大存储的特性。例如，某地各个超市每天上报的商品价格信息，其数据记录综合大概在 40 万条左右，如果通过人工来记录和存储势必会占用很大的物理空间，而使用计算机的数据库进行存储，三年的数据量也不过 1TB，数据库管理人员可以很轻易地对这些信息进行日常维护和管理。

提到信息管理就不能不提到管理信息系统，管理信息系统（Management Information System，MIS）是一个以人为主导，利用计算机硬件、软件、网络通信设备以及其他办公设备，进行信息的收集、传输、加工、储存、更新、拓展和维护的系统。完善的管理信息系统具有以下 4 个标准：确定的信息需求、信息的可采集与可加工、可以通过程序为管理人员提供信息、可以对信息进行管理。MIS 是一个交叉性的综合学科，它在强调管理、强调信息的现代社会中得到了越来越多的普及，并在管理现代化中起着举足轻重的作用。它不仅是实现管理现代化的有效途径，同时也促进了企业管理走向现代化的进程。

管理信息系统的发展经历了由单机到网络，由低级到高级，由电子数据处理到信息管理再到决策支持，由单项事务处理到企业资源计划系统等综合集成管理的发展历程。其主要发展方向有如下几个：电子数据处理系统（EDPS）、管理信息系统（MIS）、决策支持系统（DSS）、企业资源计划系统（ERP）、电子商务系统（EC）等。

具有统一规划的数据库是 MIS 成熟的重要标志，要实现信息的安全有效管理，数据库的建设是至关重要的。数据库管理系统（Database Management System）是一种操纵和管理数据库的大型软件，用于建立、使用和维护数据库，简称 DBMS。它对数据库进行统一的管理和控制，以保证数据库的安全性和完整性。用户通过 DBMS 访问数据库中的数据，数据库管理员也通过 DBMS 进行数据库的维护工作。它可使多个应用程序和用户用不同的方法在同时或不同时刻去建立、修改和查询数据库。大部分 DBMS 提供数据定义语言(Data Definition Language,DDL)和数据操作语言(Data Manipulation Language,DML),供用户定义数据库的模式结构与权限约束,实现对数据的追加、删除等操作。数据库管理系统是数据库系统的核心,是管理数据库的软件。数据库管理系统就是实现把用户意义下抽象的逻辑数据处理,转换成为计算机中具体的物理数据处理的软件。有了数据库管理系统,用户就可以在抽象意义下处理数据,而不必顾及这些数据在计算机中的布局和物理位置。常用的数据库管理系统包括 SQL Server、Oracle、Sybase、DB2 等。

在生活中常见的管理信息系统有企业资源计划、供应链管理、客户关系管理、电子商务、电子政务。下面主要介绍这 5 类。

(1) 企业资源计划(Enterprise Resource Planning,ERP)。

随着信息技术的迅猛发展和现代管理理念的不断推陈出新,企业的信息化也在向纵深发展,企业资源计划、供应链管理、客户关系管理等就是现代企业信息系统的典型代表。

企业资源计划的概念是在 20 世纪 90 年代初由美国 GartnerGroup 咨询顾问与研究机构提出的。GartnerGroup 公司给出的 ERP 定义的主要内容是:ERP 是用于描述下一代制造业系统和制造资源计划的软件,其主要内涵是"打破企业四壁,把信息集成的范围扩大到企业的上下游,管理整个供应链,实现供应链制造"。由此可见,ERP 首先是一种先进的管理思想,其主要内容是打破企业的四壁,把信息集成的范围扩大到企业的上下游,以管理整个供应链,实现供应链制造;其次,ERP 是综合应用了客户/服务器体系结构、关系数据库和面向对象技术、图形用户界面、第 4 代语言以及计算机网络技术等现代 IT 技术的成果,以 ERP 的先进管理思想为灵魂开发的一类集成的、灵活的信息系统软件;最后,ERP 系统是整合了先进的企业管理理念、企业业务流程、企业基础数据、企业人力物力等各种资源以及集成计算机硬件和软件于一体的现代企业管理系统。

ERP 的意义在于以企业经营资源配置最佳化为出发点,整合企业所有资源的管理并最大限度地提高企业经营效率。它包含准时制造生产、精益生产、柔性制造、敏捷制造等现代管理思想。

(2) 供应链管理(Supply Chain Management,SCM)。

供应链管理的基本思想就是用系统的观点和方法,对整个供应链上的企业进行管理,以协调供应链上各企业的活动,加强链上各企业的合作,避免和减少链上各企业协作的延误或浪费,以达到整个供应链的优化,最终使供应链上各企业都受益。支持供应链管理的信息系统称为供应链管理系统(SCMS)。SCMS 是利用计算机和网络通信技术,全面规划供应链中的商流、物流、信息流、资金流等,并对其进行计划、组织、协调与控制。

(3) 客户关系管理(Customer Relationship Management,CRM)。

客户关系管理(CRM)的核心思想是在整个客户生命周期中企业始终保持"以客户为中心"的理念。CRM 的宗旨是改善企业与客户的关系,提高客户满意度和忠诚度,吸引新客户、保留老客户,最大化客户价值,为企业制造效益。

支持客户关系管理的信息系统成为客户关系管理系统。它通过客户资源信息化、销售自动化、服务自动化、电子商务、商业机会挖掘等现代化管理手段和方法,帮助企业提高对客户的响应速度、实现对销售的控制、提高销售预测准确度、提升客户服务水平、提高市场活动效率、寻找新的销售机会提升销售业绩、提升客户满意度和忠诚度、提高企业决策的精度,从而提高企业的市场竞争力。

(4) 电子商务。

简单地说电子商务是指利用电子信息技术从事的各种商务活动。常见的分类方法是按参与交易的对象分类,主要有企业与企业间的电子商务(B2B)、企业与消费者间的电子商务(B2C)、企业与政府间的电子商务(B2G)、线上到线下的电子商务(O2O)以及企业内部电子商务等。电子商务的主要特点有全球性、直接性、均等性、较大风险性。

基于Internet的宏观电子商务系统的构成,它是运行在Internet信息系统的基础上的,由参与交易的企业、组织和消费者,提供实物配送服务和支付服务的机构,以及提供网上商务服务的电子商务服务商等几个大部分构成的一个复杂系统,同时它要受到一些环境因素的影响和制约,这些环境因素包括经济环境、政策环境、法律环境和技术环境等方面。

从硬件结构上看,目前常用的三层分布式体系结构,即客户端服务层(即数据表示层或用户界面层)、业务逻辑层(即业务服务和其他"中间"服务层,该层是实现电子商务系统功能的应用程序核心与主体)、数据服务层(即数据存储层)。从软件组成上看,通常可分为前台网页信息发布和后台管理系统两大部分。前台电子商务网页为客户提供产品浏览、查询、订购以及与企业联系等功能和服务;后台管理系统是提供企业内部管理和业务人员使用的,主要是帮助他们对整个网站系统的数据信息进行维护和管理等处理,图6.1是典型的电子商务货品管理流程示意图。

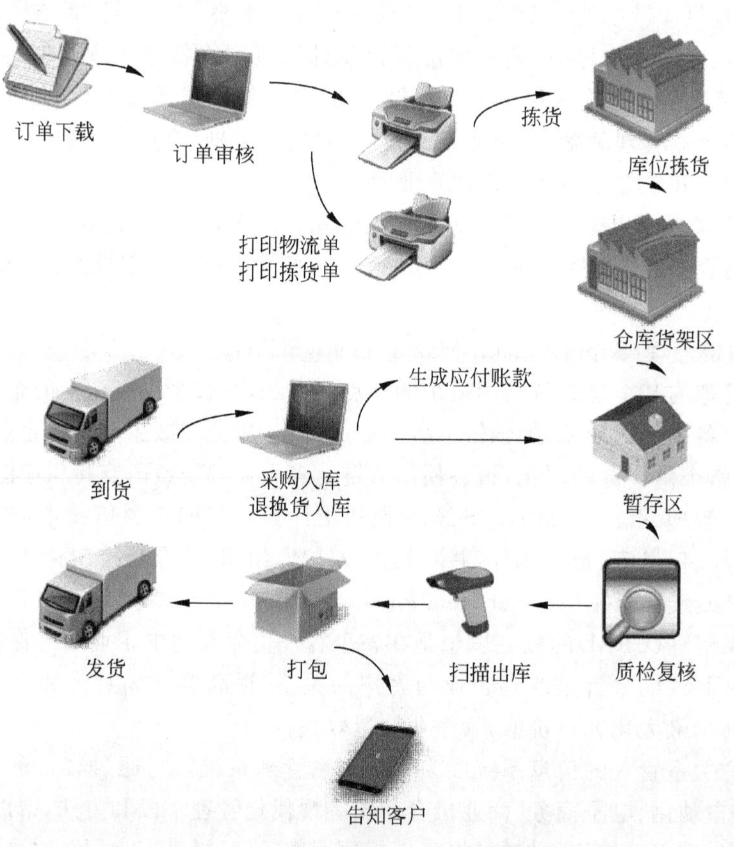

图6.1 电子商务的货品管理流程

◎延伸阅读

O2O与移动互联网

O2O(Online To Offline)即线上到线下的电子商务,这是由美国人Alex Rampell最早提出的概念,在Alex看来,"线上预先支付,然后去线下体验"可以形成闭环,使线下商户的营销效果"可追踪,可衡量,可预测"。然而O2O在当时的美国并没有火热起来,几年之后,伴随着中国移动互联网的兴起,O2O开始为越来越多的人所关注。很多传统企业也不再局限于当初提出的"闭环"、"预支付"等概念,转而形成了更加实用的线上线下配合营销机制。在今天看来,移动互联网具有三大优势——随时、随地、随意,而O2O正是扎根移动互联网的肥沃土壤,与移动互联网形成优势互补,完美地打通了线上与线下,实现了线上线下的多场景互动。如今生活中随处可见的移动支付(比如打车、点餐、预订电影片等)都逃脱不掉O2O行业的精髓,即引导线上客流到线下商家,也走不出O2O最为常见的三大主要商业模式——团购、数字优惠券和在线预订。

实现O2O营销模式的核心是在线支付,通过移动互联网,可以把商家信息传播得更加广阔,从而在瞬间聚集强大的消费能力。仔细观察不难发现,如今实体货币在生活服务方面的流通量已经大幅降低了,人们更愿意选择价格便宜、购买方便的消费行为,即便是在餐饮、旅游、健身、租房这样的服务性行业。围绕"服务"这一竞争核心,商家也在通过不断推陈出新来满足个性化的用户需求,让线上与线下擦出更耀眼的火花。

(5) 电子政务。

随着社会信息化进程的不断推进,大量的社会、经济、文化活动都开始在网上进行,这就要求相应的政府管理和服务活动,也应运作于该信息平台上,以提升社会信息化的整体水平和效益。因此,通过政府信息化建设,实施电子政务是信息时代对政府管理方式变革提出的历史发展要求。

电子政务是指借助计算机和网络通信等信息技术进行的各种政务活动的总称,如图6.2所示。电子政务是政府信息化的手段和内容。实施电子政务的目的,是要实现政府组织机构和工作流程的优化与重组,以向社会提供全方位优质高效、透明规范的管理和服务,促进政府由工业时代的政府向信息时代的政府发展演变。

电子政务与传统政务的不同有:存在形式的不同、手段的不同、行政业务流程不同、服务方式不同,传统政务以政府机构和职能为中心,电子政务以社会的需求为中心。电子政务几乎包括传统政务活动中的各个方面,根据服务对象的不同,基本上可以分为政府对政府(G to G)、政府对企业(G to B)、政府对公民(G to C)、政府对公务员(G to E)等4种模式。

电子政务系统是电子政务活动实现的手段途径,它是一个复杂的大系统,覆盖各地各级政府部门。其功能涵盖政府信息发布、政府网上服务、政府部门内部及政府部门间的业务协作与信息共享。电子政务系统的基本功能有:政府部门内部办公的自动化、网上信息发布与信息服务、政府部门网上联合办公、宏观决策支持和运行控制等。

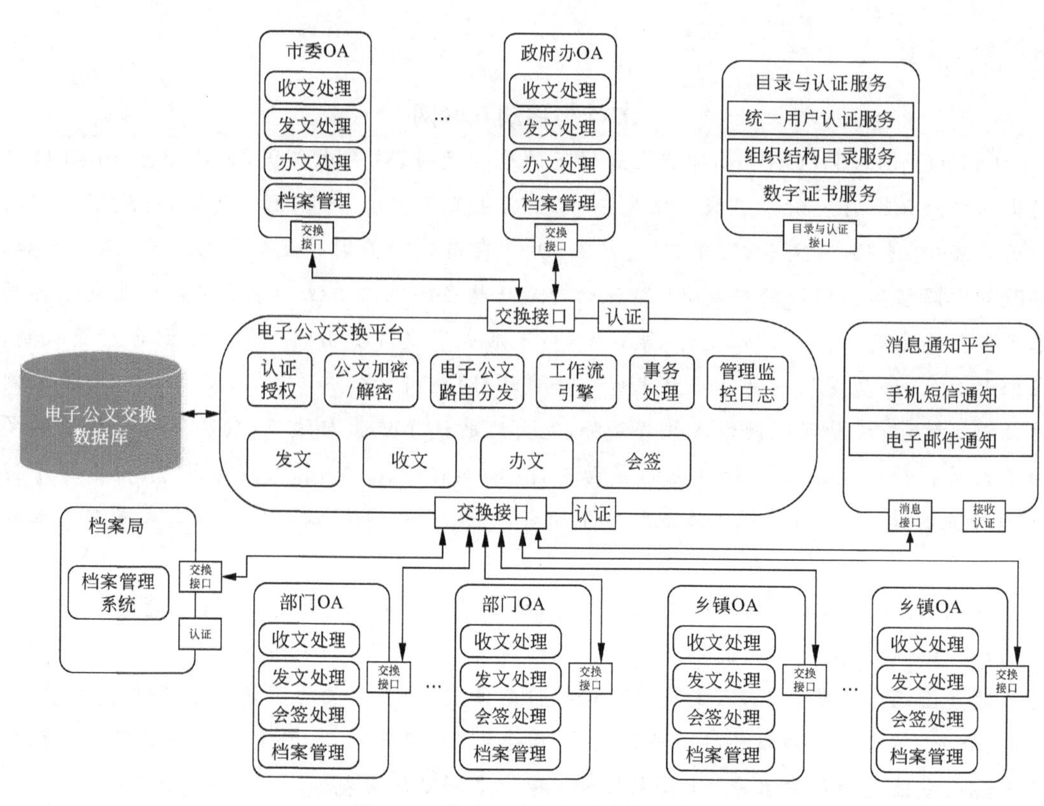

图 6.2　某地区政府电子政务平台

6.3　辅助设计

虽然计算机的功能强大，但是和人类相比，有些工作目前还是无法独立完成，它依然是一种人们进行科研、工作和生活的工具。将计算机看作一种辅助工具来完成人工很难做到的事情，计算机现在已经广泛应用于各个领域。

6.3.1　计算机辅助设计

在工业生产领域，进行工程设计、产品制造时，常常可以通过计算机辅助设计(Computer Aided Design，CAD)，由计算机自动地编制程序，优化设计方案并绘制出产品或零件图。

计算机辅助设计兴起于20世纪50年代，当时在美国诞生了第一台计算机绘图系统，开始出现具有简单绘图输出功能的被动式的计算机辅助设计技术。到20世纪60年代初期出现了CAD的曲面片技术，中期推出商品化的计算机绘图设备。20世纪70年代，完整的CAD系统开始形成，后期出现了能产生逼真图形的光栅扫描显示器，推出了手动游标、图形输入板等多种形式的图形输入设备，促进了CAD技术的发展。20世纪80年代，随着强有力的超大规模集成电路制成的微处理器和存储器件的出现，工程工作站问世，CAD技术在中小型企业逐步普及。20世纪80年代中期以来，CAD技术向标准化、集成化、智能化方向发展。一些标准的图形接口软件和图形功能相继推出，为CAD技术的推广、软件的移植和数据共享起了重要的促进作用；系统构造由过去的单一功能变成综合功能，出现了计算机辅助设计与辅助制造联成一体的计算机集成制造系统；固化技术、网络技术、多处理机和并行处理技术在 CAD 中的应用，极大地提高了 CAD 系统的性能；人工智能和专家系统技术引入 CAD，出现了智能 CAD 技术，使 CAD 系统的问题求解能力大为增强，设计过程更趋自动化。

CAD 的应用降低了产品开发成本、提高了生产力、提高了产品质量并且加快了新产品上市速度。用 CAD 系统来改善最终产品、子装配以及零部件的可视化，加快了设计过程。同时，CAD 软件提高了准确性，减少了错误，使设计(包括几何与尺寸、物料清单等)文档化变得更容易、更稳定。目前，CAD 已在建筑设计、电子和电气、科学研究、机械设计、软件开发、机器人、服装业、出版业、工厂自动化、土木建筑、地质、计算机艺术等各个领域得到广泛应用。

CAD 基本技术主要包括交互技术、图形变换技术、曲面造型和实体造型技术等。交互技术指在计算机辅助设计时，人和机器可以及时地交换信息。采用交互式系统，人们可以边构思、边打样、边修改，随时可从图形终端屏幕上看到每一步操作的显示结果，非常直观。图形变换的主要功能是把用户坐标系和图形输出设备的坐标系联系起来；对图形做平移、旋转、缩放、透视变换；通过矩阵运算来实现图形变换。实体造型技术(Solid Modeling)是计算机视觉、计算机动画、计算机虚拟现实等领域中建立 3D 实体模型的关键技术。实体造型技术是指描述几何模型的形状和属性的信息并存于计算机内，由计算机生成具有真实感的可视的三维图形的技术，如图 6.3 所示。

除计算机本身的软件如操作系统、编译程序外，CAD 主要使用交互式图形显示软件、CAD 应用软件和数据管理软件三类软件。交互式图形显示软件用于图形显示的开窗、剪辑、观看，图形的变换、修改，以及相应的人机交互。CAD 应用软件提供几何造型、特征计算、绘图等功能，以完成面向各专业领域的各种专门设计。数据管理软件用于存储、检索和处理大量数据，包括文字和图形信息。

AutoCAD 是最常用的工业设计软件之一，是美国 Autodesk 公司首次于 1982 年开发的自动计算机辅助设计软件，用于二维绘图、详细绘制、设计文档和基本三维设计等，如图 6.4 所示。AutoCAD 现已经成为国际上广为流行的绘图工具，可以用于土木建筑、装饰装潢、工业制图、工程制图、电子工业、服装加工等多方面领域，.dwg 文件格式成为二维绘图的标准格式。AutoCAD 有着良好的用户界面，它的多文档设计环境，让非计算机专业人员也能非常快地学会使用。AutoCAD 拥有广泛的适应性和良好的兼容性，可以在各种 PC 系统和工作站上运行，支持的图形显示设备达四十余种。

图 6.3　实体造型技术实例

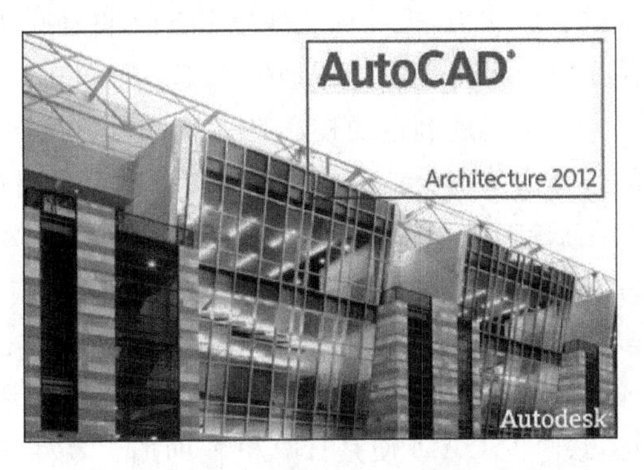

图 6.4　AutoCAD 设计效果图

◎延伸阅读

虚拟战场

虚拟战场是20世纪90年代随着计算机科学技术的发展而兴起的一种新型的军用仿真系统。虚拟战场能够通过计算机仿真和计算机网络，营造虚拟的战场环境，进行战略、战役和战术演练。与真实的军事演习相比，虚拟战场不受现实环境的影响，具有广阔的自由度，同时也能节约大量的经费开支。

虚拟战场基于计算机虚拟现实技术。虚拟现实(Virtual Reality,VR)通过构建多源信息融合的交互式三维动态视景和实体行为来模拟真实环境，使用户从感官上达到"沉浸"于人工环境的目的。近年来，虚拟现实技术在民用和军用中都得到了大力的发展。在民用方面，时下正如火如荼的VR头显技术就是最为典型的代表，用户只需要佩戴好VR头显设备就能体验到无边界的3D虚拟环境。在军用方面，利用虚拟现实技术可以生成虚拟作战环境，模拟真实战争中的地形、气候、人、装备、设施甚至是作战事件，满足全维度和全空间军事实践的需要。虚拟战场作为一种高级军事仿真系统，得到了全世界许多国家的重视，以美国为代表，在构建大规模分布式虚拟战场环境和多任务训练系统等方面已经形成了一套完备的技术体系。我国对于虚拟战场的研究起步于"九五"期间，发展至今已经取得了许多突出的成果，但要赶上军事发达国家的规模和技术水平还任重而道远。

6.3.2 计算机辅助制造

计算机辅助制造(Computer Aided Manufacturing,CAM)是指在机械制造中，利用计算机分级结构将产品的设计信息自动转换成制造信息，以控制产品的加工、装配、检验、试验和包装等全工作，以及与此过程有关的全部物流系统和初步的生产调度。除狭义CAM的定义外，国际计算机辅助制造组织(cam-i)关于计算机辅助制造有一个广义的定义："通过直接的或间接的计算机与企业的物质资源或人力资源的连接界面，把计算机技术有效地应用于企业的管理、控制和加工操作。"按照这一定义，计算机辅助制造包括企业生产信息管理、计算机辅助设计(CAD)和计算机辅助生产、制造三部分。计算机辅助生产、制造又包括连续生产过程控制和离散零件自动制造两种计算机控制方式。这种广义的计算机辅助制造系统又称为整体制造系统(IMS)。采用计算机辅助制造零件、部件，可改善对产品设计和品种多变的适应能力，提高加工速度和生产自动化水平，缩短加工准备时间，降低生产成本，提高产品质量和批量生产的劳动生产率。

计算机辅助制造的核心是计算机数值控制(简称数控)，是将计算机应用于制造生产过程的过程或系统。1952年，美国麻省理工学院首先研制成数控铣床。数控的特征是由编码在穿孔纸带上的程序指令来控制机床。此后发展了一系列的数控机床，包括称为"加工中心"的多功能机床，它能从刀库中自动换刀和自动转换工作位置，能连续完成铣、钻、铰、攻丝等多道工序。这些行为都是通过程序指令控制运作的，只要改变程序指令就可改变加工过程，数控的这种加工灵活性称为"柔性"。加工程序的编制不但需要相当多的人工，而且容易出错，最早的CAM便是计算机辅助加工零件编程工作。麻省理工学院于1950年研究开发数控机床的加工零件编程语言APT，它是类似FORTRAN的高级语言，但增强了几何定义、刀具运动等语句，应用 APT 使编写程序变得更加简单。数控除了在机床应用以外，还广泛地用于其他各种设备的控制，如冲压机、火焰或等离子弧切割、激光束加工、自动绘图仪、焊接机、装配机、检查机、自动编织机、计算机绣花和服装裁剪等，成为各个相应行业 CAM 的基础。

CAM 系统一般具有数据转换和过程自动化两方面的功能。从自动化的角度看，数控机床加工是一个工序自动化的加工过程，加工中心是实现零件部分或全部机械加工过程自动化，计算机直接控制和柔性制造系统是完成一族零件或不同族零件的自动化加工过程，而计算机辅助制造是计算机进入制造过程这样一个总的概念。一个大规模的计算机辅助制造系统是一个计算机分级结构的网络，它由两级或三级计算机组成，中央计算机控制全局，提供经过处理的信息，主计算机管理某一方面的工作，并对下属的计算机工作站或微型计算机发布指令和进行监控，计算机工作站或微型计算机承担单一的工艺控制过程或管理工作。

计算机辅助制造系统的组成可以分为硬件和软件两方面：硬件方面有数控机床、加工中心、输送装置、装卸装置、存储装置、检测装置、计算机等，软件方面有数据库、计算机辅助工艺过程设计、计算机辅助数控程序编制、计算机辅助工装设计、计算机辅助作业计划编制与调度、计算机辅助质量控制等。

6.3.3 计算机辅助诊断

在医学领域，有计算机辅助诊断（Computer Aided Diagnosis，CAD），通过影像学、医学图像处理技术以及其他可能的生理、生化手段，结合计算机的分析计算，辅助影像科医师发现病灶，提高诊断的准确率。因此，CAD 技术又被称为医生的“第三只眼”。

计算机辅助诊断在医学中的应用可追溯到 20 世纪 50 年代。1959 年，美国学者 Ledley 等首次将数学模型引入临床医学提出了计算机辅助诊断的数学模型，并诊断了一组肺癌病例，开创了计算机辅助诊断的先河。1966 年，Ledley 首次提出“计算机辅助诊断”的概念。20 世纪 80 年代初，计算机辅助诊断系统获得进一步发展，其中应用在中医领域的专家系统最为引人注目。计算机辅助诊断的过程包括病人一般资料和检查资料的搜集、医学信息的量化处理、统计学分析，直至最后得出诊断。

目前，国外学者对于计算机辅助诊断在医学影像学中的含义基本达成共识，即：应用计算机辅助诊断系统时最终诊断结果仍是由医生决定的（并不是完全由机器进行自动诊断），只是医生在判断时会参考计算机的输出结果，这样使得诊断结果更客观更准确。目前国外学者强调计算机的输出结果只是作为一种参考，这与最初 20 世纪 60、70 年代的计算机自动诊断的观念以及现在某些人对于 CAD 的理解是不同的。以医学影像学为例，计算机辅助诊断通常分为三步，即图像的处理过程、图像的特征提取和数据处理。计算机的输出结果是定量分析相关影像资料特点而获得的，其作用是帮助影像科医师提高诊断准确性以及对于图像、疾病解释的一致性，换言之，计算机的输出结果只可以作为一种辅助手段，而不能完全由其进行相应的诊断，如图 6.5 所示。CAD 之所以能够提高医生的诊断准确性，原

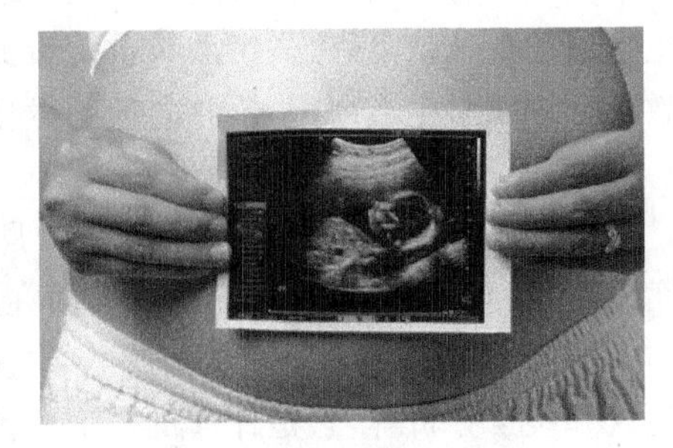

图 6.5　B 超辅助诊断

因在于，在传统诊断方法中，放射科医生的诊断完全是主观判断过程，因而会受到诊断医生经验及知识水平的限制和影响；其次，医生诊断时易于遗漏某些细微改变；再次，不同医师间及同一医师间的阅片存在差异。而计算机客观的判断对于纠正这些错误和不足具有巨大的优势。

6.3.4 计算机辅助教育

计算机辅助教育(Computer-Based Education，CBE)指以计算机为主要媒介所进行的教育活动，也就是使用计算机来帮助教师教学，帮助学生学习，帮助教师管理教学活动和组织教学等。

计算机辅助教育又分为计算机辅助教学、计算机管理教学、计算机辅助教育行政管理等部分。

1. 计算机辅助教学

计算机辅助教学(Computer Assisted Instruction，CAI)是以计算机为主要教学媒介所进行的教学活动，即利用计算机帮助教师进行教学活动。例如，用计算机演示数学的各种函数图像，帮助学生弄清函数性质，让学生在计算机终端上做有关的操练，并由计算机提供适当的帮助和鼓励；或是由计算机提出一个任务，让学生使用各种工具和方法去解决，等等，都属于计算机辅助教学活动。

CAI 能够大容量地以非顺序式信息呈现，学习者既可以浏览所有知识，也可以按需要获取其中任意所感兴趣的一部分，而不仅是按顺序阅读，或是按教师所给出的那一部分的内容进行阅读。学生可以控制学习内容和学习进度，通常的 CAI 系统都允许学生选择学习内容，也设置一些同步措施，仅当学生学习了前一部分知识后才进入下一步的学习。这样，学生的学习进展不受时间与地点的限制，可以取得最佳的学习速度。CAI 还可以通过提问、判断、转移等交互活动，分析学生的能力和学习状况，调节学习过程，实现因人施教的教学原则和及时的反馈原则。

与 CAI 相关联的还有计算机辅助训练(CAT)与计算机辅助学习(CAL)。计算机辅助训练是指用于职业培训的计算机辅助教学，其特点是学习目标十分明确，偏重于操作能力及应变能力的培养与训练。计算机辅助学习强调学生的学习方面，例如，用计算机查询有关教学内容；用计算机来从事问题求解，学习各种学科问题的解决方法等。

2. 计算机管理教学

计算机管理教学(Computer-Managed Instruction，CMI)是以计算机为主要处理手段所进行的教学管理活动，包括用计算机帮助教师监测和评价学生的学习进展情况，收集反映学生学习的各种信息，提供帮助教学决策的信息，指导学生的学习过程，存放和管理教学材料、教学计划及学生成绩记录，并向教师做出报告，等等。

3. 计算机辅助教育行政管理

计算机辅助教育行政管理的作用是：收集和汇总各种行政管理信息(如财政、教师档案、学生档案、资源物资状况等)，存放在相应数据库中，以备学校和各级教育行政部门的工作人员查询或向上级领导做出报告；提供有关教育工作的计划、管理、调度、规划等方面的建议和决策分析等，它是计算机在学校教育中应用最早的领域之一。

计算机辅助教育行政管理的许多功能与一般事业单位的行政管理并没有很大的差别，

因此可以借用企事业的事务管理系统。

6.4 控制与监测

在工业生产和各类业务管理中都存在过程控制的问题，自动控制能有效地提高工作效率，例如，在工业生产中，可以将温度、压力、流量、液位和成分等工艺参数作为被控变量，利用计算机来监控生产过程。现代许多工业设备都内嵌了计算机模块，可以对设备的运行进行有效、精确的控制，比传统的人工操作具有更大的优势。

在管理领域同样也存在控制问题，这通常是通过数据流的形式来记录、调度、分析工业过程的各个环节，通过数据统计、分析和挖掘发现过程中存在的问题，从而对工作进行有效的调度和调控。

计算机控制系统就是利用计算机(通常称为工业控制计算机)来实现工业过程自动控制的系统。在计算机控制系统中，由于工业控制机的输入和输出是数字信号，而现场采集到的信号或送到执行机构的信号大多是模拟信号，因此计算机控制系统需要有数/模转换器和模/数转换器这两个环节。计算机控制系统由控制部分(工业控制机)和被控对象(生产过程)组成，其控制部分包括硬件部分和软件部分，硬件指计算机本身及外围设备，包括计算机、过程输入输出接口、人机接口、外部存储器等。而软件又分为系统软件和应用软件。系统软件一般包括操作系统、语言处理程序和服务性程序等，它们通常由计算机制造厂为用户配套，有一定的通用性。应用软件是为实现特定控制目的而编制的专用程序，如数据采集程序、控制决策程序、输出处理程序和报警处理程序等。它们涉及被控对象的自身特征和控制策略等，由实施控制系统的专业人员自行编制。

嵌入式系统(Embedded System)是计算机控制系统的一个发展方向。嵌入式系统是一种“完全嵌入受控器件内部，为特定应用而设计的专用计算机系统”。与个人计算机这样的通用计算机系统不同，嵌入式系统通常执行的是带有特定要求的预先定义的任务。由于嵌入式系统只针对一项特殊的任务，设计人员能够对它进行优化，减小尺寸降低成本。嵌入式系统通常进行大量生产，所以单个的成本节约能够随着产量进行成百上千地放大。事实上，所有带有数字接口的设备，如手表、微波炉、录像机、汽车等，都使用嵌入式系统，有些嵌入式系统还包含操作系统，但大多数嵌入式系统都是由单个程序实现整个控制逻辑。嵌入式系统的核心是由一个或几个预先编程好以用来执行少数几项任务的微处理器或者单片机组成。与通用计算机能够运行用户选择的软件不同，嵌入式系统上的软件通常是暂时不变的。嵌入式系统是面向用户、面向产品、面向应用的，它必须与具体应用相结合才会具有生命力、才更具有优势。

一般而言，嵌入式系统的构架可以分成4个部分：处理器、存储器、输入输出(I/O)和软件(由于多数嵌入式设备的应用软件和操作系统都是紧密结合的，在这里对其不加区分，这也是嵌入式系统和一般的PC操作系统的最大区别)，如图6.6所示。

其中，嵌入式微处理器是系统硬件层的核心，它与通用CPU最大的不同在于嵌入式微处理器大多工作在为特定用户群所专用设计的系统中，它将通用CPU许多由板卡完成的任务集成在芯片内部，从而有利于嵌入式系统在设计时趋于小型化，同时还具有很高的效率和可靠性。存储器用来存放和执行代码，包含Cache、主存和辅助存储器。嵌入式系统和外

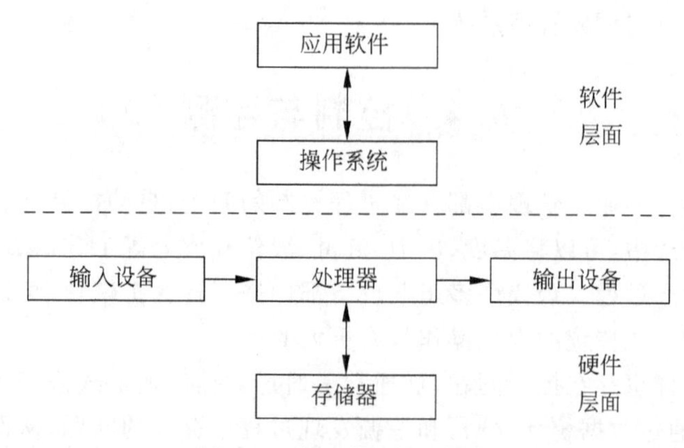

图 6.6　嵌入式系统的结构

界交互需要一定形式的通用设备接口，如 A/D、D/A、I/O 等，外设通过和片外其他设备的或传感器的连接来实现微处理器的输入/输出功能。每个外设通常都只有单一的功能，它可以在芯片外也可以内置芯片中。外设的种类很多，可从一个简单的串行通信设备到非常复杂的 802.11 无线设备。

硬件层与软件层之间为中间层，也称为硬件抽象层（Hardware Abstract Layer，HAL）或板级支持包（Board Support Package，BSP），它将系统上层软件与底层硬件分离开来，使系统的底层驱动程序与硬件无关，上层软件开发人员无须关心底层硬件的具体情况，根据 BSP 层提供的接口即可进行开发。该层一般包含相关底层硬件的初始化、数据的输入/输出操作和硬件设备的配置功能。实际上，BSP 是一个介于操作系统和底层硬件之间的软件层次，包括系统中大部分与硬件联系紧密的软件模块。设计一个完整的 BSP 需要完成两部分工作：嵌入式系统的硬件初始化以及 BSP 功能，设计硬件相关的设备驱动。

系统软件层由实时多任务操作系统（Real-time Operation System，RTOS）、文件系统、图形用户接口（Graphic User Interface，GUI）、网络系统及通用组件模块组成。嵌入式操作系统（Embedded Operation System，EOS）是一种用途广泛的系统软件，负责嵌入系统的全部软、硬件资源的分配、任务调度，控制、协调并发活动。它必须体现其所在系统的特征，能够通过装卸某些模块来达到系统所要求的功能。嵌入式系统的应用软件是面向特定的实际专业应用领域的，基于相应的嵌入式硬件平台，并能完成用户预期任务的计算机软件。某些用户的任务可能有较长时间和精度的要求，因此其应用软件需要嵌入式操作系统的支持，在简单的应用场合下不需要专门的操作系统，只需要编写程序、调用相应的库文件并完成相应的功能即可。嵌入式应用软件对成本十分敏感，为减少系统的成本，不仅要精简每个硬件单元的成本外，还应减少应用软件的资源消耗、功耗，尽可能地优化应用软件。

◎延伸阅读

自动化立体仓库

在物流领域，计算机控制系统也得到了广泛应用，自动化立体仓库就是一个典型实例。自动化立体仓库是现代物流系统中迅速发展的一个重要组成部分，一般是指采用几层、十几层乃至几十层高的货架储存单元货物，用相应的物资搬运设备进行货物入库和出库作业的仓库，如图 6.7 所示。

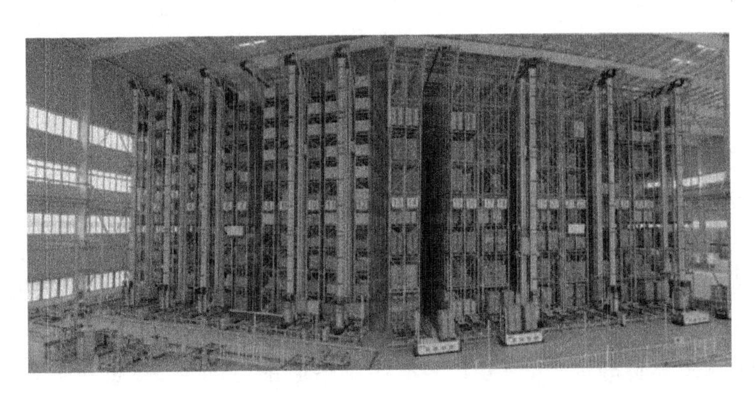

图 6.7　自动化立体仓库

自动化立体仓库由主体建筑、高层货架和托盘、巷道堆垛机、计算机管理和控制系统、入出库输送机系统等组成，用高层货架储存货物，以巷道堆垛机存取货物，通过出入库输送机系统自动进行出入库存取作业，具有自动识别、监控和计算机集中管理等功能的仓库。自动化立体仓库的优点在于能够节约用地、减轻劳动强度、消除差错、提高仓储自动化水平及管理水平、提高管理和操作人员素质、降低储运损耗、有效地减少流动资金的积压、提高物流效率和企业社会效率等，目前正越来越广泛地应用于各行各业。

6.5　人工智能

6.5.1　概述

智能(Intelligence)是人类与生俱来的，它是人类感觉器官的直接感觉和大脑思维的综合体。智能及智能的本质是古今中外许多哲学家、脑科学家一直在努力探索和研究的问题，但至今仍然没有完全了解，以至于智能的发生与物质的本质、宇宙的起源、生命的本质一起被列为自然界的 4 大奥秘。

人工智能(Artificial Intelligence，AI)是相对于人类的自然智能而言的，即用人工的方法和技术，对人类的自然智能进行模仿、扩展及应用，让机器具有人类的思维能力。它是研究、开发用于模拟、延伸和扩展人的智能的理论、方法、技术及应用系统的一门新的技术科学。人工智能是计算机科学的一个分支，它企图了解智能的实质，并生产出一种新的能以人类智能相似的方式做出反应的智能机器。

计算机的人工智能无疑是计算机应用的最高境界，它追求机器和人类深层次上的一致。但是，人工智能的研究和应用并不像数值计算、信息管理、过程控制那样的直接和可描述。因为，人类本身的思维就是最复杂的事情，它涉及哲学、思维科学、逻辑学、生命科学、心理学、语言学、数学、物理学、计算机科学等众多科学领域，所以，人工智能的研究道路更加曲折。但是，近些年来，一些融合了人类知识的具有感知、学习、推理、决策等思维特征的计算机系统也不断出现。例如，各种建立在领域专家知识基础上的专家系统，辅助决策支持系统等都取得了良好的应用效果。

6.5.2 人工智能的研究及应用领域

1. 问题求解

人工智能的第一个大成就就是发展了能够求解难题的下棋程序。通过研究下棋程序，人们发展了人工智能中的搜索策略及问题归约技术。搜索尤其是状态空间搜索和问题归约已经成为一种十分重要而又非常有效的问题求解手段。

问题求解研究涉及问题表示空间的研究、搜索策略的研究和归约策略的研究。目前有代表性的问题求解程序就是下棋程序，计算机下棋程序涉及围棋、中国象棋、国际象棋和扑克等，已达到国际锦标赛的水平。1991 年 8 月在悉尼举行的第 12 届国际人工智能联合会议上，IBM 公司研制的 Deep Thought 2 计算机系统就与澳大利亚国际象棋冠军约翰森举行了一场人机对抗赛，结果以 1∶1 平局告终；1997 年 5 月 IBM 公司研制的 IBM 超级计算机“深蓝”在美国纽约曼哈顿与当时人类国际象棋世界冠军苏联人卡斯帕罗夫对弈 6 盘，结果“深蓝”获胜，如图 6.8 所示。尽管计算机下棋程序具有很高的水平，但还有一些未解决的问题，比如人类棋手所具有的但尚不明确表达的能力，如国际象棋大师们洞察棋局的能力。这些问题正是人工智能问题求解下一步所要解决的。

图 6.8　卡斯帕罗夫与“深蓝”对弈

2. 机器学习

学习是一种多侧面、综合性的心理活动，它与记忆、思维、知觉、感觉等多种心理行为都有着密切的联系，而机器学习则是要让计算机来模拟人类的学习活动，即让机器通过识别和利用现有知识来获取新知识和新技能。目前在机器学习领域影响较大的观点是，学习是系统中的任何改进，这种改进使得系统在重复同样的工作或进行类似的工作时，能完成得更好。

为了使计算机系统具有某种程度的学习能力，使它能通过学习增长知识，改善性能，提高智能水平，需要为它建立相应的学习系统。一个学习系统通常由环境、学习、知识库、执行和评价 4 个基本部分组成，如图 6.9 所示，其中，环境为系统的学习提供相关信息，学习则对信息进行分析、综合、类比、归纳并获得知识。知识库中存储由学习得到的知识，执行则应用学习到的知识求解问题，之后通过评价来验证执行环节的效果，最后反馈信息决定是否要从环境中索取进一步的信息进行学习以修改、完善知识库中的知识。

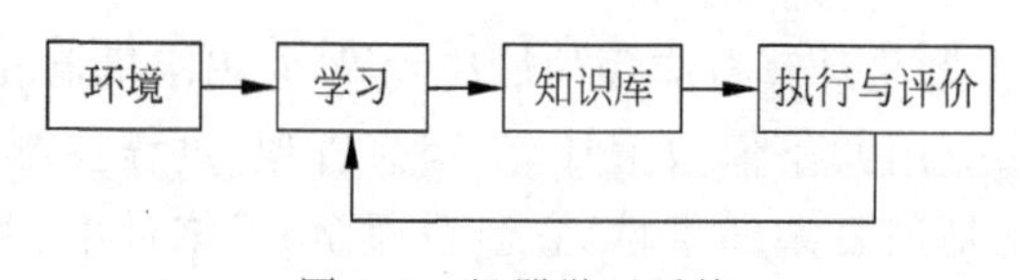

图 6.9　机器学习系统

延伸阅读

围棋人工智能与深度学习

围棋一向被视作人工智能击败人类的“最后一道壁垒”，这种说法虽显夸张，但是要实现围棋的人工智能究竟有多难呢？有这样的一组数据，一局150回合的围棋可能出现的局面多达10^{172}种，比全宇宙原子的总数还多。而同样作为桌面类竞技项目的中国象棋和国际象棋却分别只有10^{48}和10^{46}种，这仿佛就是太阳系直径和原子核直径的差别。另外，围棋的规则相当微妙，它要求棋手自建目标，有时候还需要根据经验积累的直觉来评估局势。然而就在2016年3月，谷歌围棋人工智能AlphaGo以总比分4∶1战胜了近十年来获得世界冠军最多的棋手——韩国人李世石，这是继国际象棋人机大战之后又一件震惊世界的"人机对话"。

实际上，如果我们能够换位思考就会明白，穷举对于计算机来说并不是难事，最多只是时间问题，而AlphaGo与前任人工智能相比，最大的优势在于其充分利用了深度学习(Deep Learning)来分析局面，最终取得了比赛的胜利。深度学习是机器学习研究中的一个分支，它通过构建多隐层的神经网络模拟人脑进行分析。今天的大数据时代为深度学习的发挥提供了广阔的空间，以AlphaGo为例，研究人员首先给AlphaGo输入数千万步人类围棋大师的走法，AlphaGo在随后的时间里展开自我对弈并在训练中对各类局面进行评估，最终形成完善的策略体系，并且随着训练的增加，AlphaGo还在进步。所以围棋人工智能战胜人类是靠长期积累而水到渠成的事情。

这次比赛让很多人开始思考人机大战的意义何在。人们觉得人工智能进步速度极快，仿佛瞬间就能超越了人类，有人担心在不久的将来人类会制造出自身无法驾驭的"神"，呼吁限制人工智能的发展，但这样的担心其实是毫无依据的。事实上，这次比赛对于从事人工智能研究的科技工作者来说是一次不小的激励，它让人工智能的未来有了更多的可能性；同时也向全世界展示了围棋这项运动的独特魅力，宣传了围棋文化，这早已无关胜负。

3. 专家系统

专家系统是一种基于知识的计算机知识系统，其实质是应用大量人类专家的知识和推理方法求解复杂实际问题的一种人工智能计算机程序。专家系统能够模拟、再现、保存和复制人类专家的脑力劳动，是人工智能领域中近三十年来最活跃的一个分支。在专家系统中，求解问题的知识已不再隐含在程序和数据结构中，而是单独构成一个知识库。这种分离为问题的求解带来极大的便利和灵活性。

4. 模式识别

人类智慧的一个重要方面是其认识外界事物的能力，在人们的日常生活中，几乎每一项活动都离不开对外界事物的识别，而人们对外界事物的识别，有很大部分是把事物按分类来进行的，比如，"人"、"男人"、"女人"、"动物"、"植物"等，都是类别的概念。"模式"一词包含两重含义，一是代表事物的模板或原型，二是表征事物特点的特征或性状的组合。在模式识别学科中，模式可以看作是对象的组成成分或影响因素间存在的规律性关系，或者是因素间存在确定性或随机性规律的对象、过程或事件的集合，而识别就是对模式的区分和认识，把对象根据其特征归到若干类别中适当的一类。对于人工智能的模式识别，它所研究的是如何通过一系列数学方法让机器(计算机)来实现类似人的模式识别能力。

解决模式识别问题的方法包括基于知识的方法和基于数据的方法两大类。基于知识的方法主要是指以专家系统为代表的方法，而基于数据的方法则是通过收集一定数量的已知样本，用这些样本作为训练集来训练一定的模式识别机器，使之在训练后能够对未知样本进行分类。

5. 自动定理证明

自动定理证明的研究在人工智能方法的发展中曾经产生过重要的影响和推动作用，是人工智能中最先进的研究并得到了成功应用。许多非数学领域的任务，如医疗诊断、信息检索、机器人规划和难题求解等，都可以转化成定理证明问题，所以自动定理证明的研究具有普遍意义。

6. 自动程序设计

自动程序设计包括程序综合与程序正确性验证两个方面的内容。程序综合用于实现自动编程，即用户只需告诉计算机要“做什么”，无须说明“怎样做”，计算机就可自动实现程序的设计。程序正确性的验证是要研究出一套理论和方法，通过运用这套理论和方法就可证明程序的正确性。目前常用的验证方法是穷举法，即用一组已知其结果的数据对程序进行测试，如果程序的运行结果与已知结果一致，就认为程序是正确的。这种方法对于简单程序来说未必不可，但对于一个复杂系统来说就很难行得通，因为复杂程序中存在着纵横交错的复杂关系，形成难以计数的通路，用于测试的数据即便很多，也难以保证对每一条通路都能进行测试，这就不能保证程序的正确性。程序正确性的验证至今仍是一个比较困难的课题，有待进一步研究。

7. 自然语言理解

语言是人类进行信息传递的自然媒介，如果能让计算机“听懂”、“看懂”人类自身的语言，那将使更多的人可以使用计算机，大大提高计算机的利用率。然而，对自然语言的理解是一个十分艰难的任务，即使建立一个只能理解片言断语的计算机系统也需要极为复杂的编码。自然语言理解是一门交叉学科，要求计算机能以自然语言与人类沟通交流，就需要计算机具有自然语言的能力，这其中涉及语言学、逻辑学、生理学、心理学、计算机科学等诸多学科门类。从20世纪80年代开始，自然语言理解得到了广泛的发展，现今新型的计算机、智能手机不仅要求具有友好的人机界面，同时还能够将文字、图像甚至是人类口语直接输入计算机，计算机能够真正理解人类语言的时刻已离我们越来越近。

自然语言理解是一个层次化的过程，它包括语音分析、词法分析、句法分析和语义分析。虽然每一个层次都有突出的成果，但对于人自身来说，理解一个句子并不完全是单凭语法，人类还会运用大量的相关知识，而一个靠理论方法来理解语言的计算机系统却只能建立在有限的词汇、句型和特定的主题范围之内，对于分析歧义、词语省略、同一句话在不同场合或由不同的人说出来所具有的不同含义等问题尚无明确的规律可循，这也是目前自然语言理解的机器还不能够让普通用户真正满意的原因。

8. 机器人学

机器人学是人工智能研究中日益受到重视的研究领域。这个领域研究的问题从机器人手臂的最佳移动到实现机器人目标的动作序列的规划方法，无所不包。尽管已经研制出了一些比较复杂的机器人系统，但目前在工业上应用的成千上万台机器人都是一些按预先编好的程序执行某些重复作业的简单装置，即属于可再编程序控制机器人，这种机器人能有效地从事安装、搬运、包装、机械加工等工作，但只能刻板地完成程序规定的动作，不能适应变化的情况。

随着技术的发展，自适应机器人和智能机器人开始涌现。自适应机器人其主要标志是自身配备有相应的感觉传感器，通过传感器获取作业环境和操作对象的简单信息，然后由计算机对获得的信息进行分析和处理来控制机器人的动作，它能够随着环境的变化而改变自己的行为。智能机器人也具有感知环境的能力，同时也具有思维能力，能够对感知到的信息进行处理以控制自己的行为，其发展前景十分乐观。

◎ 延伸阅读

仿人形机器人

机器人技术是人工智能的典型代表。机器人是靠自身动力和控制能力来实现各种功能的一种机器，它可以接受人类指挥，又可以运行预先编排的程序，也可以根据以人工智能技术制定的原则纲领行动。机器人从应用环境出发一般分为工业机器人和特种机器人两大类。工业机器人是面向工业领域的多关节机械手或多自由度机器人，而特种机器人则是除工业机器人之外的、用于非制造业并服务于人类的各种先进机器人。日常生活中，人们所提到的机器人往往是指仿人形机器人，如图 6.10 所示，仿人形机器人具有近似于人类的外表、行为和思维能力，它是一个国家高科技实力和发展水平的重要标志。仿人形机器人包含许多不同的主题，有对人类的认知做研究的，有对信息处理下工夫的，也有对人类行动的能力做模拟的，而最终目的都是希望能够将机器人以类似人的形态融入人类的生活，协助人类创造美好的未来。

图 6.10　仿人形机器人

◎ 延伸阅读

全国大学生机器人大赛

我国在机器人方面做了大量的研究，并取得了很多成果。在大学生人群中间，机器人受到了极高的追捧，而各式各样的机器人比赛也成为大学生展示梦想的舞台。“全国大学生机器人大赛(Robocon)”是“亚太大学生机器人大赛”的国内选拔赛，该项赛事是亚洲广播联合会(ABU)在 2002 年发起的一个大学生机器人创意和制作比赛。比赛每年发布一个新规则，需要参赛者综合运用机械、电子、控制等技术手段完成规则设置的任务。作为高技术门槛的机器人竞赛平台，自 2002 年来，国内先后有百余所院校踊跃参加。中国代表队在 ABU 年度总决赛中曾获 5 次亚太冠军，见表 6.1。目前，全国大学生机器人大赛由共青团中央学校部、全国学联秘书处、CCTV 共同主办；教育部高等学校机械类专业教学指导委员会、计算机类专业教学指导委员会协办。十年磨砺，在“让思维活跃起来、让智慧沸腾起来”口号的激励下，前后共有约一万三千名大学生投身这项高水平的机器人赛事中来。参赛学生在创新思维意识、工程实践能力、团队协作水平等方面得到极大提高，培养出一批爱创新、会动手、能协作、肯拼搏的科技精英人才。

表 6.1 历届全国大学生机器人大赛概况

时间	届次	比赛主题	冠军	国际赛冠军
2015	第十四届	羽球双雄	电子科技大学	越南队
2014	第十三届	舐犊情深	太原工业学院	越南队
2013	第十二届	绿化星球	电子科技大学	日本队
2012	第十一届	平安大吉	电子科技大学	中国队
2011	第十届	荷灯祈福	华中科技大学	泰国队
2010	第九届	埃及金字塔	电子科技大学	中国队
2009	第八届	胜利鼓	哈尔滨工业大学	中国队
2008	第七届	印度牛郎	西安交通大学	中国队
2007	第六届	华夏之光	西安交通大学	中国队
2006	第五届	修建双子高塔	西安交通大学	越南队
2005	第四届	登长城，燃圣火	北京科技大学	日本队
2004	第三届	鹊桥相会	西南科技大学	越南队
2003	第二届	太空征服者	北京科技大学	泰国队
2002	第一届	抢攀珠穆朗玛峰	中国科技大学	越南队

9. 人工神经网络

人工神经网络从信息处理的角度对人类神经元网络进行抽象，建立某种简单模型来模拟大脑神经系统的结构和功能。人工神经网络是一种信息处理系统，它具有自学习、自组织、自适应以及很强的非线性函数逼近能力，是处理非线性系统的有力工具。

人工神经网络有三个要素：神经元的传递函数、网络结构(神经元的数目和相互间的连接形式)和连接权值的学习算法。其中，神经元表示不同的对象，可分为输入单元、输出单元和隐单元。输入单元接收外部世界的信号与数据，输出单元实现系统处理结构的输出，隐单元为不能由系统外部观察的单元。连接权值反映了单元间的连接强度，信息的表示和处理体现在网络处理单元的连接关系中。神经网络可以根据环境的变化对权值进行调整，改善系统的行为，构造客观世界的内在表示，从而适应不同网络模型的需要。人工神经网络是一种并行分布式系统，在信息来源不完整、决策规则相互矛盾等问题中，都能很好地进行处理并给出合理的识别和判断。

10. 智能检索

“信息大爆炸”给现代社会带来了无法估量的影响，国内外各种文献和资料种类繁多，想要在浩如烟海的数据中寻找需要的信息，必须借助搜索引擎。传统的搜索引擎不能有效地筛除无关信息且对于搜索结果缺乏类型区分，检索效率普遍偏低，于是智能检索随之诞生了。智能检索将信息检索从目前基于关键词层面提高到基于知识(或概念)层面，对知识有一定的理解和处理能力，能够运用分词技术、同义词技术、概念搜索、短语识别以及机器翻译等技术。比如要从大量的文献中寻找出有关“计算机”方面的信息，那么智能检索不仅能够把有关“计算机”的文献检索出来，还能检索出“电脑”的相关文献，因为“计算机”和“电脑”是同一个概念。此外，智能检索是面向检索者的智能化，具有信息服务人性化的特征。智能引擎通过观察用户的行为，了解用户的兴趣爱好，为用户提供个性化的服务从而提高检索效率。

小　　结

信息社会的飞速发展带动了计算机的普及，现今计算机的应用领域已经覆盖了科技、教育、医疗、军事、交通、娱乐的方方面面，计算机影响着人类的生活，促进了人类文明的发展。时至今日，计算机仍然在以惊人的速度不断地推陈出新，而人类也将在以后的很长一段时间里与计算机共存。所以，我们才有必要更加深入地了解计算机，构建协作共赢的人机模式，让计算机更加精准地为人类服务。

复　习　题

6.1　计算机的应用领域包括哪些?

6.2　什么是管理信息系统? 完善的管理信息系统的 4 个标准分别是什么?

6.3　计算机辅助教育包含哪几个部分?

6.4　嵌入式系统与个人计算机系统有何异同?

6.5　什么是人工智能? 它有哪些主要的研究领域?

第7章 未来：你是谁

计算机正以不可思议的速度深刻地影响着人类，以及与人类有关的一切。互联网+、可穿戴设备、物联网、云计算、大数据等概念层出不穷，量子计算机、生物计算机、光学计算机等颠覆性计算设备渐露曙光，人工智能、机器思维从计算机产生的那一天起就为我们描绘着美好(抑或是悲剧?)的明天……

作者本想在本书的最末一章为读者介绍传统电子计算机的发展趋势，展望未来新一代计算机，提笔后却深感无从写起，也许是编者才疏学浅，也许是……

这一时刻，一个问题始终在作者脑海中不断地萦绕：你是谁?

谁在问？在问谁?

参考文献

[1] Andrew Hodges. 艾伦·图灵传——如迷的解谜者. 孙天齐,译. 长沙：湖南科学技术出版社,2012.

[2] Andrew S Tanenbaum. 现代操作系统(原书第三版). 北京：机械工业出版社,2009.

[3] Charles Petzold. 编码：隐匿在计算机软硬件背后的语言. 左飞,等译. 北京：电子工业出版社,2014.

[4] David A Patterson,John L Hennessy. 计算机组成与设计——硬件、软件接口. 康继昌,等译. 北京：机械工业出版社,2013.

[5] EDVAC. http://www.techcn.com.cn/index.php?edition-view-148752-0.

[6] J Glenn Brookshear. 计算机科学概论(原书第10版). 北京：人民邮电出版社,2009.

[7] James Gleick. 信息简史. 高博,译. 北京：人民邮电出版社,2013.

[8] John L Hennessy,David A Patterson. 计算机体系结构量化研究方法. 贾洪峰,译. 北京：人民邮电出版社,2013.

[9] Norman Macrae. 天才的拓荒者：冯·诺依曼传. 范秀华,等译. 上海：上海科技教育出版社,2008.

[10] Randal E Bryant,David O'Hallaron. 深入理解计算机系统(原书第二版). 北京：机械工业出版社,2011.

[11] William Stallings. 操作系统精髓与设计原理(原书第6版). 北京：机械工业出版社,2010.

[12] 陈国良等. 计算机思维导论. 北京：高等教育出版社,2012.

[13] 郝兴伟. 大学计算机——计算机思维的视角. 北京：高等教育出版社,2014.

[14] 康华光,邹寿彬. 电子技术基础——数字部分(第四版). 北京：高等教育出版社,1998.

[15] 康培和,徐奕奕. 计算机思维——计算学科导论. 北京：电子工业出版社,2015.

[16] 李忠. 穿越计算机的迷雾. 北京：电子工业出版社,2011.

[17] 刘越.《大学计算机基础》慕课. http://mooc.guokr.com/course/1307/%E5%A4%A7%E5%AD%A6%E8%AE%A1%E7%AE%97%E6%9C%BA%E5%9F%BA%E7%A1%80/.

[18] 刘真. 数字逻辑与计算机设计基础. 北京：高等教育出版社,2003.

[19] 沈鑫剡,沈梦梅等. C语言程序设计与计算思维. 北京：清华大学出版社,2015.

[20] 沈鑫剡等. 计算机网络技术及应用. 北京：清华大学出版社,2010.

[21] 沈鑫剡等. 计算机基础与计算思维. 北京：清华大学出版社,2014.

[22] 王爱英. 计算机组成与结构. 北京：清华大学出版社,2013.

[23] 吴宁,崔舒宁,陈文革. 大学计算机——计算、构造与设计. 北京：清华大学出版社,2014.

[24] 熊巧玲. 电脑软硬件维修：从入门到精通. 北京：科学出版社,2012.

[25] 袁春风. 计算机系统基础. 北京：机械工业出版社,2014.

[26] 张仰森,黄改娟. 人工智能教程. 北京：高等教育出版社,2008.

[27] 支持-Windows 帮助. http://windows.microsoft.com/zh-cn/windows/support#1TC=windows-8.

[28] 周洪利,朱卫东,陈连坤. 计算机硬件技术基础. 北京：清华大学出版社,2012.

[29] 周奇. 计算机组装与维护教程. 北京：清华大学出版社,2014.

[30] 周颖等. 程序员的数学思维修炼. 北京：清华大学出版社,2014.

[31] 邹逢兴,陈立刚. 计算机硬件技术基础. 北京：高等教育出版社,2005.

[32] 邹赛,刘昌明等. 计算机硬件与维护. 北京：清华大学出版社,2011.

教学资源支持

敬爱的教师：

感谢您一直以来对清华版计算机教材的支持和爱护。为了配合本课程的教学需要，本教材配有配套的电子教案（素材），有需求的教师请到清华大学出版社主页（http://www.tup.com.cn）上查询和下载，也可以拨打电话或发送电子邮件咨询。

如果您在使用本教材的过程中遇到了什么问题，或者有相关教材出版计划，也请您发邮件告诉我们，以便我们更好地为您服务。

我们的联系方式：

地　　址：北京海淀区双清路学研大厦 A 座 707

邮　　编：100084

电　　话：010－62770175－4604

课件下载：http://www.tup.com.cn

电子邮件：weijj@tup.tsinghua.edu.cn

教师交流 QQ 群：136490705

教师服务微信：itbook8

教师服务 QQ：883604

（申请加入时，请写明您的学校名称和姓名）

用微信扫一扫右边的二维码，即可关注计算机教材公众号。

扫一扫

课件下载、样书申请

教材推荐、技术交流